应用型本科风景园林专业规划教材

园林规划设计

（第二版）

主　编　常俊丽　娄　娟

副主编　黄丽霞　张　谦

U0295144

上海交通大学出版社

内 容 提 要

本书主要阐述园林规划设计的理论、规划方法与发展、城市园林绿地系统的规划与内容,介绍带状绿地规划设计、居住区绿地规划设计、城市广场规划设计、附属绿地规划设计、公园绿地规划设计、城市湿地公园规划设计、农业观光园规划设计的原则和方法,并对各种绿地规划的案例进行分析。

本书可作为高等院校园林、风景园林及相关专业教学用书,也可供从事园林规划设计、环境艺术设计、城市规划、旅游规划等相关工作的人员学习和参考。

图书在版编目(CIP)数据

园林规划设计/常俊丽,娄娟主编. —2 版. —上海:
上海交通大学出版社,2018(2021重印)
应用型本科风景园林专业规划教材
ISBN 978-7-313-08556-6

Ⅰ. 园... Ⅱ. ①常... ②娄... Ⅲ. ①园林—
规划—高等学校—教材②园林设计—高等学校—教材
Ⅳ. TU986

中国版本图书馆 CIP 数据核字(2012)第 164743 号

园林规划设计
(第二版)

常俊丽 娄 娟 主编

上海交通大学出版社出版发行
(上海市番禺路951号 邮政编码200030)
电话:64071208
上海新艺印刷有限公司 印刷 全国新华书店经销
开本:787mm×1092mm 1/16 印张:18.75 字数:461千字
2012年8月第1版 2018年6月第2版 2021年6月第4次印刷
ISBN 978-7-313-08556-6 定价:52.00元

前　言

　　城市园林绿地具有体现城市特色、美化城市面貌、改善城市生态环境等诸多积极的作用，也为城市居民提供了文化休息和多种活动的场所，在城乡建设中的地位非常重要。优美如画的城市园林景观是经过规划设计、工程建造、后期管理等过程才得来的，在这一系列过程中园林规划设计是整个过程体系的基础、指导和决定成败的最重要环节。

　　在园林本科专业教学中，园林规划设计是最重要的专业必修课程之一。本课程以绘画、园林制图、园林设计初步、测绘、观赏树木等课程为基础，与园林建筑、园林工程等专业课程相平行。

　　本书主要阐述园林规划设计的理论、规划方法与发展、城市园林绿地系统的规划与内容，介绍带状公园规划设计、居住区绿地规划设计、城市广场规划设计、附属绿地规划设计、公园绿地规划设计、城市湿地公园规划设计、观光农业园规划设计的原则和方法，并分析各种绿地规划设计的案例。为了让读者了解每章节的重点和园林绿地规划设计的针对性，在每章前列出学习重点，章后附有思考题。

　　本书具有以下特点："详"——全面系统地阐述园林绿地规划设计理论、规范，包含城市绿地系统的内容和各类绿地的规划与设计理论及方法。"实"——实际的项目案例穿插在每个章节的理论知识中，并在每章最后有完整项目的介绍、分析、总结，以再现理论知识的应用。这些案例均为编者参加设计的实际项目，重视实用性。"新"——书中内容以国家建设部颁布的最新的城市绿地分类标准为依据，系统地阐述了城市园林绿地规划设计的基本原理、规划设计的原则和方法。"广"——既继承和总结国内优秀园林作品的成就，又有大量国外当前规划设计案例，汇集世界各地的最新景观实例。

　　本书图文并茂，系统性强，并结合实际案例讲述，既有较高的理论水平，又有一定的可实践性，在作为高等院校园林、风景园林及相关专业教学用书的同时，也可供从事园林规划设计、环境艺术设计、城市规划、旅游规划等相关工作的人员学习和参考。

　　本书由金陵科技学院、重庆文理学院、河南工业大学、浙江工业大学、江苏省城市规划设计研究院、河北政法学院的教师及研究人员编写。常俊丽、娄娟担任主编，黄丽霞、张谦担任副主编，具体编写工作如下：第1章常俊丽，第2章张鑫磊、刘丽霞，第3章常俊丽、何丛仟，第4章王欢，第5章廖静，第6章娄娟、孙青丽，第7章常俊丽，第8章张谦，第9章张惬寅，第10章黄丽霞。

　　在编写中我们参考了国内外有关著作、论文，谨向有关专家、学者、单位表示衷心感谢！

编　者

2012 年 6 月

目　　录

1 园林绿地绪论

【学习重点】

理解园林、绿地及景观的概念,中西方园林发展趋势,园林有关法律、法规、条例。

城市中的园林绿地不仅是城市环境中的"生态绿洲",也是城市人们户外公共活动的优美环境空间,它提供了居民进行文化休憩、交流、了解城市文化和社会、接触自然的场所,展示了当地社会生活和精神风貌。城市园林绿地的景观可以起美化城市面貌、调节小气候、净化空气等各方面作用。

1.1 园林绿地相关概念

1.1.1 园林

在中国历史上,园林因内容和形式的不同有过不同的名称,如囿、园、圃、宅园、别业等。中国古典园林的雏形一般认为是约公元前 700 的周代周灵王所建的囿(图 1.1)。从《诗经》"王在灵囿,麀鹿攸伏"来看,囿就是用墙围合一定的地域,里面有人工建造的灵台、挖掘的灵沼,用来眺望、集会、玩乐、观天象,以及天然的草木、自然繁殖的鸟兽供奴隶主贵族狩猎、游赏的用地。它并非是现在的动物园,集中了珍禽奇兽用以观赏和教育,而是由于古时农闲时讲习武事,猎于田野,有毁田害民之弊,故划定土地,筑成垣壁而设囿,主要是大量饲养牛马之类以供军用,养禽供食用。

"园林"一词最早出现在西晋的诗文中,如西晋张翰《杂诗》有"暮春和气应,白日照园林"句。唐宋以后"园林"一词的应用更加广泛,但是到明代还不是专有名词,仅指城市中私家建筑的宅园。直到明末造园学家计成著《园冶》后,"园林"才成为造园学中的专有名词。

对于什么是园林,目前还没有统一的看法。《江南园林志》、造园学家陈植的《长物志校注》、孙筱祥的《园林艺术及园林设计》、彭一刚的《中国古典园林分析》、园林基本术语标准中对园林有不同的定义。

目前,对"园林"一词的界定普遍以《中国大百科全书》为准,即"在一定的地域,运用工程技术和艺术手段,通过改造地形(筑山、叠石、理水)、种植树木花卉、营造建筑、布置园路等途径,创建而成的美的自然环境和游憩环境"。园林通常包含四种基本要素:地貌、道路广场、建筑和

图 1.1　囿——周灵王的狩猎所复原图

植物,是人们在一定地域范围内人工建造或对自然景观的改造利用,强调人的使用,这种园林通常是以观赏、游憩或居住为主。

随着经济、社会的发展,园林的含义在不断地变化,已由传统造园提升到环境生态建设层次,一般使用城市园林、景观或生态园林的定义。

1.1.2　绿地

绿地和园林属于同一范畴,但在概念上有区别。绿地具有多种多样的目的和功能,就所指对象的范围,"绿地"比"园林"广泛,园林只是绿地中设施质量和艺术水准较高、环境优美、可供游憩观赏的绿地。而凡是生长植物的土地,不论是自然植被或是人工栽植的,包括农、林、牧生产用地及城市中种植花草、树木的地块,均可称为绿地。绿地比园林范围广泛,包含面比较广,功能多样,大小悬殊。园林必可供游憩,属于绿地,但绿地不一定都是园林和供游憩使用。

1.1.3　景观

景观(Landscape)一词最早可追溯到公元前《圣经》旧约全书中对耶路撒冷壮丽景色的描述,希伯来文为"noff",从词源上与"yafe"即美(Beautiful)有关。

现代英语中的 Landscape 一词约于 16 世纪与 17 世纪之交来自荷兰语,主要受荷兰风景画影响而作为一个描述自然景色的绘画术语引入英语的。Landscape 最初仅指一幅内陆的自然风景画,区别与肖像画、海景画,后来可以指所画的对象,即自然风景与田园景色,与汉语中"风景"、"景色"相同,具有表述环境景象的含义。以后该词又用来指人们一眼望去的视觉环境。随着德国地理学中景观概念的发展,德语 Landschaft 的景观含义被英语同源词 Landscape 所吸收,使该词词义更加复杂。地理学家洪堡德将景观定义为"某个地球区域内的总体特征",基本上等同于"地形"。美国学者索尔指出景观由自然景观和文化景观两部分构成。目前,地理学意义上的景观是指地球上有机界与无机界对象的有机结合,也就是自然景观与人文景观的结合。景观是客观物质环境的构成要素,既是环境资源,又是人类主体对环境的反应,具有主客观双重性。

景观是指土地及土地上的空间和物体所构成的综合体。它是复杂的自然过程和人类活动在大地上的烙印。景观是多种功能过程的载体,因而可被理解和表现为:

(1) 风景:视觉审美过程的对象;外在人眼中的景象。

(2) 栖居地:人类生活其中的空间和环境;内在人的生活体验。

(3) 生态系统:一个具有结构和功能、具有内在和外在联系的有机系统;科学、客观地解读。

(4) 符号:一种记载人类过去、表达希望与理想,赖以认同和寄托的语言和精神空间是人类理想与历史的书。

1.1.4 园林规划设计

园林规划设计包含园林绿地规划和园林绿地设计两层含义。

1.1.4.1 园林绿地规划

从大的方面讲,园林绿地规划是指对未来园林绿地发展方向的设想安排,其主要任务是按照国民经济发展需要,提出园林绿地发展的战略目标、发展规模、速度和投资等。这种规划是由各级园林行政部制定。由于这种规划是若干年以后园林绿地发展的设想,因此常制定长期规划、中期规划和近期规划,用以指导园林绿地的建设。这种园林绿地规划也称为发展规划。

园林绿地规划另一方面是指对某一个园林绿地(包括已建和拟建的园林绿地)所占用的土地进行安排和对园林要素如山水、植物、建筑等进行合理的布局与组合。一个城市的园林绿地规划,要结合城市的总体规划,确定出园林绿地的比例。要建一座公园,也要进行规划,如需要划分哪些景区、各布置在什么地方、要多大面积以及投资和完成的时间等,从时间、空间方面对园林绿地进行安排,使之符合生态、社会和经济的要求,同时又能保证园林规划设计各要素之间取得有机联系,以满足园林艺术的要求。因此,园林绿地规划是指综合确定安排园林建设项目的性质、规模、发展方向、主要内容、基础设施、空间综合布局、建设分期和投资估算的活动。

1.1.4.2 园林绿地设计

虽然通过园林绿地规划,在时空关系上对园林绿地建设进行了安排,但是这种安排还不能给人们提供一个优美的园林环境,因此还需要进一步对园林绿地进行设计。

园林绿地设计是在一定的地域范围内,运用园林艺术和工程技术手段,通过改造地形(或进一步筑山、叠石、理水)、种植树木、花草,营造建筑和布置园路等途径创作建成的美的自然环境和生活、游憩空间境域的过程。所以,园林绿地设计就是为了满足一定目的和用途,在园林绿地规划指导下,围绕园林地形,利用植物、山水、建筑等园林要素创造出具有独立风格、有生机、有力度、有内涵的园林环境,或者说设计就是对园林空间进行组合,创造出一种新的园林环境。这个环境是一幅立体画,是无声的诗,它可以使游人愉快并产生联想。

园林绿地设计的内容包括地形设计、建筑设计、绿地出入口设计等。

1.2　园林绿地规划设计

1.2.1　园林绿地规划设计思想

1.2.1.1　城市公园运动

1) 公园

世界造园的历史有 6 000 年以上,而城市公园的出现只是近一两百年。随着工业化大生产导致的人口剧增和环境恶化,在 19 世纪末,西方城市已开始通过建造城市公园等城市绿色景观系统来解决城市环境问题。

英国流行的田园主义对美国具有深刻的影响。受英国田园与乡村风景的影响,美国设计师唐宁(A. J. Downing)、奥姆斯特德(F. L. Olmsted)竭力倡导的美国第一个城市公园——纽约中央公园(Central Park of New York)于 1858 年在曼哈顿岛诞生(图 1.2)。纽约中央公园的设计者是奥姆斯特德和沃克斯(Calvert Vaux),设计立意为"绿草地计划"(Green Sward Plan),方案表达了设计者渴望传递民主思想进入林木和泥土之中的创新思维,在修饰裸露岩石、处理沼泽地、下沉交通、原有建筑、隔离公园与城市等方面体现了因地制宜的方法。纽约中央公园规划设计尊重现状,保护自然景观,中心区草坪和周边当地乔灌木生态林地的种植形式,形成自然式的园林布局风格。流畅弯曲的道路划分全园不同区域,人行道、跑马路以及观光车道自成循环体系。该公园不仅在人工环境中建立了一块绿洲,并且改善了城市的经济、社会和美学价值,提高了城市土地利用的税金收入。中央公园成功激发了后来者的创作灵感并成了他们竞相效仿的典范,推动了美国城市公园运动。

奥姆斯特德等人后来又陆续设计了旧金山、芝加哥、波士顿等城市的主要公园,并在 1870 年撰写《城市与公园扩建》一书。

图 1.2　纽约中央公园

2) 城市公园运动

19 世纪下半叶,欧洲、北美掀起了城市公园规划与建设的高潮,被称为"公园运动"(Park

Movement），目的是改善城市环境、解决城市问题。公园运动的范畴逐步扩大到包括城市公园和绿地系统、城乡景观道路系统、居住区、校园、地产开发和国家公园的规划设计管理的广阔领域。一系列作为民主和理想象征的、自然风景式风格的城市公园与当时大城市的恶劣环境形成鲜明的对比，并以其开放的姿态成为普通人生活的一部分。在"公园运动"时期，欧美各国普遍认同城市公园具有五个方面的价值，即保障公众健康、滋养道德精神、体现浪漫主义（社会思潮）、提高劳动者工作效率、促使城市地价增值。

城市公园运动对美国的景观设计（Landscape Architecture）专业的形成起到了推波助澜的作用，1900 年哈佛大学率先开设了景观设计专业，是由奥姆斯特德等人创建。

3）城市公园体系

1878～1895 年，奥姆斯特德等人为波士顿做了大面积的城市开放空间和林荫路系统规划，包括五个独立的公园和连接它们长达十余千米的林荫路，被誉为翡翠项链（Emerald Necklace）。波士顿公园体系突破了美国城市方格网格局的限制，以河流、泥滩、荒草地所限定的自然空间为定界依据，利用 60～450m 宽的带状绿化，将数个公园连成一体，在波士顿中心地区形成了景观优美、环境宜人的公园体系（Park System）（图 1.3）。如今，该公园体系的两侧分布着世界著名的学校、研究机构和富有特色的居住区。从波士顿公地到富兰克林公园绵延约 16km，由波士顿公园（Boston Common）、公共花园（Public Garden）、马省林荫道（Commonwealth Avenue）、查尔斯河滨公园（Charlesbank Park）、后湾沼泽地（Back Bay Fens）、河道景区（Riverway）、牙买加公园（Jamaica Park）、阿德诺植物园（Arnold Arboretum）、富兰克林公

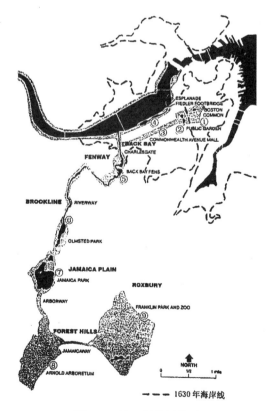

图 1.3　波士顿公园体系

园(Franklin Park)九个部分组成。前三部分是在人为划定的几何图形内的原有公共绿地,局限于城市公园的设计,而其他部分则是结合地形、地貌向城市延伸,具有超前的生态观念并对城市总体规划布局产生一定的影响。

1.2.1.2 霍华德与田园城市(Ebenezer Howard, *Garden City*)

1898 年,埃比尼泽·霍华德出版了《明日,一条通向真正改革的和平道路》(*Tomorrow: A Peaceful Path to Real Reform*)。书中他认为应该建设一种兼有城市和乡村优点的理想城市,称之为"田园城市"。霍华德认为大城市是远离自然、灾害肆虐的重病号,"田园城市"是解决这一社会问题的方法。"田园城市"直径不超过 2km,城市中央是由公共建筑环抱的公园,外围是宽阔的林荫大道,内设学校、教堂和放射状的林间小径。有六条主干道路从中心向外辐射,人们可以步行到达外围绿化带和农田。放射状的林间小径,整个城市鲜花盛开、绿树成荫,形成一种城市与乡村田园相融的健康环境。

1.2.1.3 勒·柯布西埃与明日的城市(*Tomorrow of City*)

《明日的城市》是法国现代主义建筑大师之一的经典著作。柯布西埃(Le Corbusier, 1887~1965),他指出当时城市中绿地空地太少,日照、通风、游憩、运动条件太差。他主张要从规划着眼,以技术为手段,改善城市的有限空间,市中心空地、绿化要多,并增加道路宽度、停车场及车辆与住宅的直接联系,减少街道交叉口,或组织分层的立体交通;建筑物用地应只占城市的 5%,其余 95%为开阔地,布置公园和运动场,道路采用棋盘式系统,建造高架、地下多层道路等。

1.2.1.4 沙里宁与有机疏散理论(E. Saarinen, *Organic Decentralization*)

在欧洲大陆,受《进化的城市》一书的影响,芬兰建筑师沙里宁的"有机疏散"理论认为,城市只能发展到一定的限度,老城周围会生长出独立的新城,老城则会衰落并需要彻底改造。他在大赫尔辛基规划方案(1918 年)中表达了这一思想。这是一种城区联合体,城市一改集中布局而变为既分散又联系的有机体,绿带网络提供城区间的隔离、交通通道,并为城市提供新鲜空气。"有机疏散"理论中的城市与自然的有机结合原则,对以后的城市绿化建设具有深远的影响。

1.2.1.5 《雅典宪章》(*Charter of Athens*)

随着社会经济的发展,城市化的进程逐渐加快,人口越来越向城市集聚,城市逐步发展成综合多功能、多样化产业结构并存的特点。1933 年国际现代建筑协会在雅典的帕提农神庙的中心议题是城市规划,并制定了一个"城市规划大纲",这个大纲后来被称为"雅典宪章"。

《雅典宪章》指出现代建筑的特征要与城市规划结合,城市要与其周围影响地区成为一个整体来研究。现代城市要解决居住、工作、游憩和交通四大功能,明确提出要在城市中建造公园、运动场和儿童游戏场所等户外场所,并要求把城市附近的河流、海滩、森林和护坡等自然景观优美的地段开辟为大众使用的公共绿地。《雅典宪章》反映了人们认识到自然环境在城市生活中的积极作用,同时绿地在城市中占有一定的比重得以落实。

1.2.1.6 《绿带法案》(*Green Belt Act*)

1938年,英国议会通过了《绿带法案》。1944年的大伦敦规划,环绕伦敦形成一道宽达5ft $3.048×10^{-1}$m的绿带;1955年,该绿带宽度又增加到6~10ft。英国"绿带政策"的主要目的是控制大城市的无限蔓延、鼓励发展新城、阻止城市连体、改善大城市环境质量。

1.2.1.7 《马丘比丘宪章》(*Charter of Machu Picchu*)

第二次世界大战后城市建设无节制的大发展、绿色消失、生态系统遭到破坏,人们开始反思由此引起的生存环境危机。随着环境科学、生态科学的形成以及《寂静的春天》的出版和《人类环境宣言》发表"人类只有一个地球"的宣言,人们对自然地认识开始提高,衡量城市的标准由"技术、工业和现代建筑"转为"文化、绿色、传统建筑",园林绿地受到重视。在这些理论的倡导下,1977年一批建筑和规划专业的人在秘鲁古文化遗址马丘比丘山签署了新宪章——《马丘比丘宪章》,指出"建筑—城市规划—园林的再统一",即人工环境和自然环境的协调。把园林作为自然环境的代表而成为人类环境的一个主要组成部分。

1.3 园林绿地规划设计的原则

1.3.1 坚持相地合宜

要结合不同场地的自然条件与周边的文化特性,将原有景观要素加以利用,并使它们发挥新的实用与审美功能,因地制宜地进行创新设计,避免雷同单一。

1.3.2 以人为本

人本主义心理学的奠基人马斯洛认为:科学必须把注意力投射到"对理想的、真正的人,对完美的或永恒的人的关心上来"。因此,所谓人性化的空间,就是能满足人舒适、亲切、轻松、愉悦、安全、自由和充满活力等体验和感觉的空间。创造人性化的空间包含两方面内容:一是设计者利用设计要素构筑空间的过程;其次,涉及人的维度,是设计者在构筑空间的同时赋予空间的意义,进而满足人不同需要的过程。园林绿地规划设计应以人为本,为人们提供休憩的空间,满足不同使用者的基本需求,关照普通人的空间体验,摈弃对纪念性、非人性化的展示与追求。

1.3.3 生态化原则

充分发挥园林绿地天然氧吧、空调器、隔音板的作用,在设计中顺应自然,坚持以乡土植物为主,有效地利用植物的生物学特性,使其在净化空气、调节气候、减少噪音、保持水土等方面发挥作用,不断改善生态条件。

1.3.4　美学原则

　　园林绿地景观空间是由多个要素组成的综合体,其景观空间的构成要素包括地形、植物、地面铺装、构筑物、小品等,这些构成要素之间有着色彩与色彩、造型与造型、质感与质感以及色彩、造型、质感之间错综复杂的组合关系。为了妥善处理这些关系,使景观为大众普遍接受,设计人员就要遵循一定的形式规律对它们进行构思、设计并进而实施、建造。绿地景观设计要融入现代艺术,与现代科学、现代环境艺术、装饰艺术、多媒体艺术等相结合,使绿地表现出鲜明的时代性和艺术性,创造出具有合理的使用功能、良好的经济效益和高雅品位的景观。

1.4　现代园林设计的倾向

　　人类已进入 21 世纪,经济的繁荣和环境意识的提高,使我国的各项建设事业面临着新的机遇和挑战。园林作为一种精神生活方面的载体,获得了前所未有的长足发展,所涉及的种类更加多样,设计形式、手法更加丰富,呈现多样的发展前景。

1.4.1　生态设计

　　对现代园林影响最大的是宾夕法尼亚大学景观规划设计和区域规划专业麦克哈格所倡导的生态设计。20 世纪 60 至 70 年代,美国"宾西法尼亚学派"的兴起,为景观规划设计提供了科学量化的生态工作方法。麦克哈格的《设计结合自然》(*Design With Nature*)一书使园林规划设计的视野扩展到包括城市在内的、多个生态系统镶嵌的大地综合体。这一学派的园林规划设计方法反对以往城市规划和园林规划中机械地功能分区的做法,以因子分层分析和地图叠加技术为核心,强调土地利用规划应遵从自然的固有价值和自然过程,即土地的适应性。麦克哈格称这一生态主义的规划方法为"千层饼模式",用生态学的原理研究大自然的特征,提出创造人类生存环境的新的思想基础和方法。

　　随着人们对景观生态学的认识进一步加深,今天的生态主义园林规划理论强调水平生态过程与景观格局之间的相互关系,用一个基本模式"斑块(Patch)—廊道(Corridor)—基质(Matrix)"来认识和分析景观。城市绿地系统中的大型绿地斑块具有多种重要的生态功能,能为景观带来许多益处;小的绿地斑块可以作为物种迁徙的歇脚地,保护与规划分散的稀有种类和小生境绿地有利于提高景观的异质性。小绿地斑块是大绿地斑块的补充,两者分布均匀,有机地结合,并通过带状绿地廊道连接。城市绿地景观规划中应尽可能设计多种园林类型,增加景观的多样性,在城外自然环境之间修建绿色廊道,形成城市园林网络,把自然引入城市,不仅给生物提供更多的栖息地,而且利于野生动植物的迁移。生态设计的理论与方法赋予了现代园林规划设计的科学性质。

　　荷兰景观设计师高尹策的设计反映了人类与自然是共生舞台的生态设计思想。在荷兰南部塞兰德堤坝设计中(图 1.4),高尹策利用生态因素的设计,将附近蚌养殖场废弃的蚌壳布置成黑白相间成条带和棋盘方格有韵律的图案(荷兰绘画中就运用棋盘格地面),创造了一处人工的自然。坐在飞驰于公路上的汽车里的人可以领略远处的大海和黑白韵律,不同的速度有不同的景观。另外,海鸟栖息在与身体颜色相近的贝壳场地,废弃的建筑垃圾场成为濒临灭绝海鸟的一个繁衍环境。

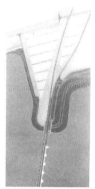

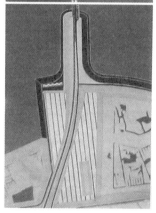

图 1.4　塞兰德堤坝设计平面图与实景

1.4.2　功能主义

　　园林规划设计同样逐渐为功能主义所影响。20 世纪初,瑞典斯德哥尔摩将城市公园作为一个系统,以功能主义为指导,使公园成为城市结构中为市民生活服务的网络,创造了有着广泛社会基础的、城市服务功能的城市景观系统。1938 年,英国人特纳德(Christopher Tunnard)写成了被称为现代园林设计第一则声明的《现代景观中的花园》(*Garden in the Modern Landscape*)一书,其中新理念的第一条就是从现代主义建筑中借鉴而来的功能主义。功能主义的理论和实践对现代园林规划设计产生了巨大的影响,标志着功能理性在现代园林规划设计中的兴起。

1.4.3 艺术的影响

艺术对园林的风格、特色产生重要的影响。20 世纪的西方,艺术发展迅猛,园林不可避免地受绘画和雕塑的影响,正如美国园林设计家汤姆林逊所说:20 世纪的园林始于艺术。

1.4.3.1 极简主义艺术

20 世纪 60 年代初出现在美国的极简主义艺术(Minimalism Art),抛弃了内在形式的联系、视觉空间、表现和叙述内容、态度倾向以及主题与演变等,追求的是形式特征的简约、明晰、外向和单一性,作品多用简单的几何形体,不做任何表面的修饰,具有纪念碑式的风格。他们认为现实生活的内在韵律就是:简单的纯净和简单的重复。受极简主义影响的极简主义园林,用简洁的元素表现了深奥的思想。其特征为:传统设计要素的独特运用,自然环境因素的创新引入,设计新要素的介入,表现四维空间的时间引入,用点、直线、圆、四角锥等最为简洁的形式表达某种象征的含义。

美国景观设计师彼得沃克是这种园林形式的代表。1983 年设计的作为美国德州福特沃斯市入口重要形象之一的伯奈特公园,其性质是现代城市公园,为市民提供一处放松心情和亲近自然的场所(图 1.5)。方形几何体的重复运用,形成公园的主道路,控制了整个用地范围;次要园路以 45°与主道路斜交,形成规整的构图,成为系统的第一层。以草坪为主的绿地略微低于道路,平坦开阔,是公园景观的第二层。第三层是由方形小水池阵列布置组成长方形几何状水渠,穿插在道路与绿地之间,打破了略显呆板的方形网格状构图。水渠中的排列式喷泉柱,丰富了场所的视觉和听觉效果。入夜,池底的光纤维发出迷人的光线,使得雾状喷泉像黑夜中的点点烛火,透过树丛闪烁着神秘的色彩,引人遐思。品红的卡里兰花岗岩的道路、绿色的草坪、蓝色喷水池展现了色彩的宁静,创造了清新、安逸的氛围。公园中的乔木、灌木散植在草地上,打破了由严谨几何式平面构成的规整空间。

伯奈特公园的独特之处在于:多层要素叠合与简洁几何要素组成简洁、有序的景观,表现了现代工业的规则特征和宇宙的神秘性;整体结构看似复杂,但其组成的基本单元却以简单的几何形体进行一定序列组织,极简的手法使它成为"美学的统一体",而不是任何事物的背景或附属物。

1.4.3.2 大地艺术

20 世纪 60 年代后期,艺术家走出博物馆、画廊和都市环境,在远离城市的广阔空间中寻找灵感,用石头、水和其他自然因素改变并重新构造景观空间,创造出一种超大尺度的雕塑形式,形成了具有与大地景观相结合的艺术流派——大地艺术(Land Art)。艺术家开始摆脱画布与颜料,走出艺术展览馆,在远离城市的更广阔的基地上寻找灵感,别开生面地大胆创作并展示他们的作品。

西班牙巴塞罗那北站公园(Parc de L'Estació del Nord Public Park)是为了 1992 年奥运会对原有的北火车站进行改建而成的一个新的城市公园,由建筑师阿瑞拉和克斯塔与美国艺

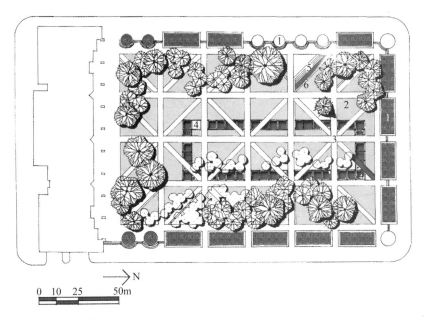

图 1.5　伯奈特公园的平面图、俯视图与夜景图

1—花坛；2—草坪；3—公园道路；4—水池带；5—小水池；6—雕塑墙

家培派合作创作，是大地艺术景观的代表作(图 1.6)。公园的原地形高低不平，整体为北部较低，南部是山丘高地，周边还有一些规整的土坡。公园的基本设计思想是解决地形与公园使用功能的矛盾。设计师受西班牙建筑师高迪风格的启发，在南边场地设计了"落下的天空"，利用流动、纤细、水彩般透明的淡蓝色陶片作为墙体，中心部分与场地山丘融为一体，最高处高达7m，成为公园醒目的景物，又是人们攀爬的设施。在其周边稍微平坦的草坡上设置了同心半弧形和月牙形线状两组陶艺雕塑，与其遥相呼应。沙德尼亚桥南面公园的入口附近地势较低，活动的铺装顺应螺旋线的形式逐步降低，树木沿螺旋线种植加强了空间形状特点。

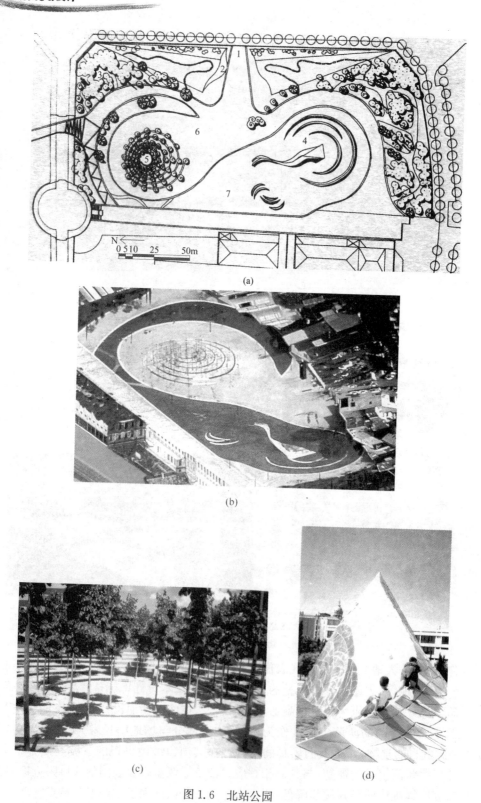

图 1.6　北站公园

（a）北站公园平面图；（b）北站公园俯视图；（c）林荫螺旋阵；（d）落下的天空景墙；

1—公园主入口；2—陶片挡土景墙；3—林荫路；4—"落下的天空"陶艺雕塑；5—林荫螺旋阵；6—小广场；7—大草坪

1.4.4　抽象自然

抽象自然是以大自然作为设计构思的源泉,直接吸取其养分,获取设计素材和灵感,将自然现象及变化过程抽象,用联想、类比、隐喻等手法加以艺术形式的再现,创造新的园林境界的方法。海尔普林在他的《笔记》一书中记录了石块周围水的运动、石块纹理和质感变化等自然现象和变化过程,由此产生灵感而设计了演讲堂前广场(图1.7)。广场利用混凝土块组成的方形,上方是一连串清澈的水流组成的大瀑布,从上而下层层落下,气势雄伟。这个大瀑布也是对自然界中的悬崖和台地的大胆想象。

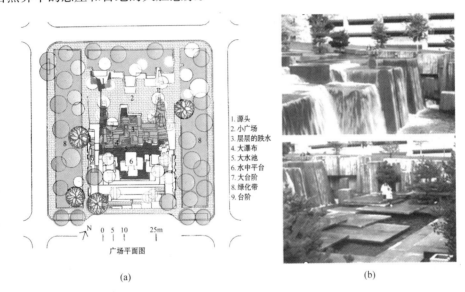

1. 源头
2. 小广场
3. 层层的跌水
4. 大瀑布
5. 大水池
6. 水中平台
7. 大台阶
8. 绿化带
9. 台阶

(a)　　　　　　　　　　　　　(b)

图1.7　演讲堂前广场
(a)演讲堂前广场平面图;(b)演讲堂前广场景观

波特兰市爱悦广场中极具韵律感的折线型大台阶和休息屋顶,就是对自然等高线的高度抽象与简化,象征不规则台地和象征洛基山山脊线(图1.8)。

图1.8　波特兰市爱悦广场

1.4.5　场所精神和文脉精神

20 个世纪 80 年代设计师热衷于文脉主义,对文脉的深层阅读要求深入到一个场所的精神领域之中,并关注到传统的阻力。从某种程度上讲,每一设计实际上都是在创造一种场所,只有更倾心地体验设计场地中隐含的特质,充分揭示场地的历史人文或自然物理特点时,才能领会真正意义上的场所精神,使设计本身成为一部关于场地的自然历史或演化过程的美学教科书。法国园林师谢墨托夫(Alexandre Chemetoff)在拉·维莱特公园(Parc de la Villette)中设计的下沉式竹园(The Bamboo Garden),有意识地保留了城市的地下管线设施,给水干管、排水管、电力管纵横于场地之中,让人们了解到这一小小的绿色空间实际上是城市庞大聚集体的一个"碎片",表达了对城市结构的理解。

1.5　园林绿地相关法律、法规

城市园林绿地的建设,不仅需要科学的规划、设计,同时还需要适用健全的法律、法规、条例作保障。我国城市园林绿地规划设计的有关法规主要有《城市绿地分类标准》、《公园设计规范》、《居住区环境景观设计导则》、《城市道路绿化规划与设计规范》、《风景名胜区管理暂行条例》等。

1.5.1　《城市绿地分类标准》

2002 年 6 月 3 号中华人民共和国建设部颁布《城市绿地分类标准》,编号为 GJJ/T85-2002,自 2002 年 9 月 1 日起施行。《城市绿地分类标准》将城市绿地按大、中、小三类分类,内容包括绿地的计算原则、统计与规划设计的编制与审批,绿地的建设与管理。

1.5.2　《公园设计规范》

1992 年 6 月 18 日中华人民共和国建设部发布〔1992〕381 号文,批准实施《公园设计规范》CJJ 48-92。《公园设计规范》适用于全国新建、扩建、改建和修复的各类公园设计,居住用地、公共设施用地和特殊用地的附属绿地设计也可参照执行。为了便于实施,《公园设计规范》包括标准和条文说明两部分,内容包括:公园与城市规划的关系、公园的内容和规模、公园的用地比例及常规设施的规定;总体设计的容量计算、布局及竖向的控制;排水的处理;园路及铺装场地的设计;种植设计;建筑物及其他设施的设计等,并对各方面内容做了明确的规定和解释说明。

1.5.3　《居住区环境景观设计导则》

《居住区环境景观设计导则》是 2006 年中华人民共和国建设部住宅产业化促进中心为了贯彻科学发展观,适应全面建设小康社会的发展要求,满足 21 世纪居住生活水平日益提高的要求,迅速提升我国居住区环境景观设计及建造水平而编制的。导则包括住区环境的综合营造,景观设计分类,绿化种植景观、住区道路景观、各种场所景观、硬质景观、水景观、庇护景观等设计规范要求。

1.5.4 《城市道路绿化规划与设计规范》

1997 年 10 月 8 日中华人民共和国建设部发布〔1997〕259 号文,批准实施《城市道路绿化规划与设计规范》CJJ 75-97。《城市道路绿化规划与设计规范》适用于城市的主干道、次干道、支路用地、公共广场用地、公共使用停车场范围内的绿地规划设计。为了便于实施,规范包括标准和条文说明两部分。规范的主要内容包括:有关的术语解释;道路绿化的绿地率指标、道路绿地的布局及树种植被的选择;道路绿带的设计;交通岛、广场和停车场绿地的设计;道路绿化有关的管线设施的距离要求等,并对各内容作了明确的规定和解释说明。

1.5.5 《风景名胜区管理暂行条例》

1985 年 6 月 7 日国务院发布了《风景名胜区管理暂行条例》,并由国家城乡建设环境保护部制定实施细则,统一管理内容、方法及标准,充分发挥风景名胜区的生态、社会和经济效益。《风景名胜区管理暂行条例》是独立的风景名胜区管理准则。

《条例》规定:凡具有观赏、文化或科学价值,自然景观、人文景观比较集中,环境优美,具有一定规模和范围,可供人们游览、休息或进行科学、文化活动的地区,应当划为风景名胜区。

《条例》强调要确定风景名胜区的性质、范围和外围保护地带;要划分景区和其他功能区;确定保护开发利用风景名胜资源的措施和接待游览容量、游览组织管理措施;统筹安排公用、服务及其他设施;估算投资和效益。其规划要在所属人民政府领导下,由主管部门会同有关部门组织编制,并征求有关部门、专家和人民群众意见,进行比较论证,报审该风景名胜区的人民政府审批,并报上级主管部门备案。规划批准后,必须严格执行,任何单位、个人不能擅自改变。

以上法规、条例都是城市园林绿化工作的保证,具有重要的指导意义,适用于设计单位、开发单位的景观设计人员、管理人员、策划人员等,大专院校相关专业师生学习参考、借鉴使用。这些法规对我国城市园林绿化的建设、管理将起到积极作用,使园林绿化工作走上健康发展的道路。总之,只有依法建设,才能稳定、持续、健康地发展,城市园林绿地的建设才能服务于当代、造福于未来。

思考题

1. 园林、绿地、景观的定义分别是什么?
2. 简述园林规划设计的含义。
3. 我国进行园林规划设计所依据的法律、法规有哪些?

2 城市绿地系统

【学习重点】

  了解城市园林绿地、城市绿地系统、城市绿地系统规划的概念,重点掌握城市绿地的分类及要求,城市园林绿地的主要定额指标,城市园林绿地系统布局的形式和规划原则。

  城市是由城市工业、交通、商业、园林绿地等许多系统组成的综合性系统,城市绿地系统是城市建设中的重要环节,其规划是城市总体规划中的组成部分。

2.1 概念

2.1.1 城市绿地

  城市绿地是指以自然和人工植被为地表主要存在形态的城市用地,包括城市建设用地范围内用于绿化的土地和城市建设用地之外对城市生态、景观和居民休闲生活具有积极作用、绿化环境较好的特定区域。

2.1.2 城市绿地系统

  城市绿地系统是指城市中具有一定数量和质量的各类绿化及其用地、相互联系并具有生态效益、社会效益和经济效益的有机整体。城市园林绿地系统也是城市生态系统中最重要的组成之一,是城市生态系统实现良性运行的基本保障。

2.1.3 城市绿地系统规划

  城市绿地系统规划是对各种城市绿地进行定性、定位、定量的统筹安排,形成具有合理结构的绿色空间系统,以实现绿地所具有的生态保护、游憩休闲和社会文化等功能。

  城市绿地系统专项规划,是城市总体规划阶段的多个专项规划之一,属城市总体规划的必要组成部分,该层次的规划主要涉及城市绿地在总体规划层次上的统筹安排。

2.2 城市绿地系统功能

城市园林绿地解决城市发展与自然环境恶化的尖锐矛盾,作为有生命的城市元素,它的效益价值不是单一的,而是综合的,具有多层次、多功能和多效益等特点。城市园林绿化的材料是有生命的绿色植物,所以它具有自然属性;它又能满足人们的文化艺术享受,因此具有文化属性;它也具有社会再生产推动自然再生产、取得产出效益的经济属性。因此,城市绿地具有生态环境功能、使用功能和经济效益这三大综合效益。

2.2.1 生态环境功能

城市环境由于工业化、人口增多与集中,环境污染状况日益严重。人们面对这种状况,在20 世纪 70 年代初开始重视环境,全球兴起了保护生态环境的高潮。在日本,1970 年 6 月的一项调查表明,市民开始视城市绿化与环境作与物价、住宅同等重要。在美国,麦克哈格于 1971年出版了《设计结合自然》(*Design with nature*,I. L Mcharg),提出在尊重自然规律的基础上,建造与人共享的人造生态系统的思想。在欧洲,1970 年被定为欧洲环境保护年。联合国在1971 年 11 月召开了人类与生物圈计划(MAR)国际协调会,并于 1972 年 6 月在斯德哥尔摩召开了第一次世界环境会议,会议通过了《人类环境宣言》。同年,美国国会通过了《城市森林法》。20 世纪 70 年代以后的城市绿地建设开始呈现出新的特点。

园林绿地对于保护环境、防止污染具有重要的作用,主要表现在以下几个方面:

2.2.1.1 净化空气、土壤和水体

1) 净化空气

植物还可吸收有害气体,分泌挥发性物质,杀灭空气中的细菌。如香樟、紫薇、茉莉、兰花、丁香等具有特殊的香气或气味,对人无害,而蚊子、蟑螂、苍蝇等害虫闻到就会避而远之,并且还可以抑制或杀灭细菌和病毒。在化工区,还可利用植物对有害气体的吸收原理,如紫薇、月季、桂花吸收二氧化硫,棕榈、天竺葵、茉莉等吸收 HF,苏铁、合欢吸收氯气等,合理种植这些功能植物,可将化工区的有毒气体拒之门外。

2) 净化土壤

植物地下根系可以吸收大量有害物质而具有净化土壤的作用。植物根系使土壤的好气性细菌增加几百倍,促使土壤有机物迅速无机化,达到既净化土壤又增加了肥力的目的。因此,城市绿地的植物不仅可以改善地上环境质量,对土壤也具有净化作用。

3) 净化水体

树木可以吸收水中的溶解质,减少水中含菌数量。林木还可以减少水中含菌量。在通过30~40m 宽的林带后,每升水中所含细菌的数量比不经过林带的减少 1/2,在通过 50m 宽树林后,细菌数量减少 90% 以上。许多水生植物如芦苇能吸收酚、绿化物,吸取汞、银、金、铅等重金属物质。另外,植物的根系能吸收、转化、降解和合成土壤中的大量有害和有毒物质,从而净化土壤、改善土质。

2.2.1.2　改善城市局部环境气候

1）调节温度

园林绿地的植物阻挡阳光直射,通过它本身的蒸腾和光合作用消耗许多热量,调节环境的气温和湿度。另外,植物的不同组合与栽植可以对风具有阻挡与引导的作用,调节温度改善局部小气候。常绿针叶和阔叶植物组合植栽在环境的西北方向,可以在寒冷的冬季阻挡凛冽的寒风(在中国)。而在南向将植物种植形成窄廊,则可引导夏日凉风,为人们减少夏日的炎热。

2）调节湿度

进行光合作用时蒸发水分,吸收二氧化碳,排放出氧气,以此来调节小环境的空气湿度和空气中的氧含量。通常大片绿地调节湿度的范围,可以达到绿地周围相当于树高10～20倍的距离,甚至扩大到半径500m的邻近地区。据测定,公园的湿度比其他绿化少的地区高27%,行道树也能提高相对湿度10%～20%。

2.2.1.3　防护作用

1）减低噪音作用

绿色树木对声波有散射、吸收作用,阔叶乔木树冠,约能吸收到达树叶上噪声声能的26%,其余74%被反射和扩散。没有树木的高层建筑街道,要比有树木的人行道噪声高5倍。

2）安全保护作用

城市中的绿地也和森林一样,具有削减和预防自然灾害的重要作用。沿海城市多植树,沿海岸线设防风林带,可减轻台风破坏;在山地城市或河流交汇的三角地带城市,多栽树可保水固土,防洪固堤,有效防止洪水和塌方;在地震区城市,绿地能有效的成为防灾的避难场所,发挥避震、防火、疏散的作用。绿色植物还可过滤吸收和阻隔放射性物质、减低光辐射的传播和冲击波的杀伤力,同时对红外侦察设备都有良好防护作用,对现代化战争具有防护和伪装作用。

2.2.2　园林绿地的使用功能

城市园林绿地的使用功能与社会制度、历史传统、民族习惯、科学文化、经济生活以及地理环境等有密切关系。城市园林绿地成为城市居民生活空间的一部分。

2.2.2.1　日常游憩娱乐活动

人类的日常休闲生活可分为动、静两类,活动内容包括文娱活动、体育活动、儿童活动、安静休息等。环境优美、空气新鲜的城市绿地是人们开展活动、调节心情、进行游憩的良好场所。这些活动对于体力劳动者可消除疲劳、恢复体力;对于脑力劳动者可调剂生活、振奋精神、提高工作效率;对于儿童可培养勇敢、活泼、伶俐的素质,并有益于健康成长;对于老年人,则可享受阳光空气、增进生机、延年益寿。园林绿地的规划设计必须充分考虑以上活动的要求,提供相关活动场地、配置活动设施、组织活动内容,为人们提供健康、舒适的游憩休闲环境与场所。

2.2.2.2　文化宣传、科普教育

城市园林绿地是进行文化宣传、开展科普教育的场所,通过书画展、影展、雕塑、工艺品等的展出,可提高人们艺术修养;文物古迹、科技成果等的展出可以丰富人们的历史与科技知识,陶冶情操。另一方面,通过与城市绿地的经常接触,有利于少年儿童对自然界的认识,弥补课堂教育的不足,园林绿地在这方面所起的作用尤为显著。

2.2.2.3　为旅游等第三产业服务

我国幅员辽阔,风景资源丰富;历史悠久,文物古迹众多,园林艺术负有盛誉,加之社会主义建设日新月异,这些都是发展旅游事业的优越条件。随着我国人民物质文化水平的提高,国内旅行游览事业也在日益发展,通过有效的经营手段和途径,城市可以将生态环境的改善转换为经济优势,从而带动周边地区商贸、房地产、旅游等第三产业的快速发展。

2.2.2.4　休、疗养的基地

由于风景区常具景色优美、气候宜人的自然条件,可为人们提供休、疗养的良好环境。许多国家从区域规划角度安排休、疗养基地,充分利用某些特有的自然地理条件,如海滨、高山气候、矿泉等作为较长期的休、疗养之用。我国有许多在自然风景区中开发的休、疗养地,从城市规划来看,主要是利用城市郊区的森林、水域附近风景优美的园林绿地来安排为居民服务的休、疗养地,特别是休假活动用地,有时也与体育娱乐活动结合在一起。

2.2.3　园林绿地的美化城市功能

园林绿地美化市容,增加城市景观效果。作为城市景观效果的重要组成部分,园林绿地景观已成为城市窗的一个重要展现载体。城市绿地的景观功能包括美化市容、增加艺术效果、参与城市景观意象组成。

2.2.3.1　美化市容

城市中的道路、广场绿化对于市容面貌影响很大。园林绿地能够美化市容,绿地掩饰了裸露的地面,遮挡有碍观瞻的景象,使城市面貌更加整洁、生动;街道旁边的绿化广场,既可以供行人短暂休息、观赏街景,又可以变化空间、美化城市环境。

2.2.3.2　增加艺术效果

园林绿地的色彩和形态丰富着城市建筑群体轮廓线,烘托着城市景观,增加了艺术效果,达到城市环境美的统一性和多样性;同时又显示出都市的田园风貌,给人们以静谧之感,令人心旷神怡。

2.3　城市绿地的类型

2.3.1　国外城市绿地分类

目前尚无统一的城市绿地分类方法,各国采用不同的分类方法,也一直在不断地调整。德国将城市绿地分为郊外森林公园、市民公园、运动娱乐公园、广场、分区公园、交通绿地等。美国(洛杉矶市)将公园与游憩用地(Parkand Recreation)分为游戏场、邻里运动场、地区运动场、体育运动中心、城市公园、区域公园、海岸、野营地、特殊公园、文化遗迹、空地、保护地等。苏联将城市绿地划分为公共绿地、专用绿地、特殊用途绿地(见表2.1)。

表 2.1　苏联的城市绿地分类

绿地类型	绿 地 名 称
公共绿地	文化休息公园、体育公园(体育场)、植物园、动物园、散步和休息公园、儿童公园,花卉园、小游园、林荫道、街头绿地、公共设施的绿地、森林公园、禁猎禁伐区、街坊绿地
专用绿地	学校绿地、幼托园绿地、公共文化设施的绿地、科研机关绿地、医疗机关绿地、工业企业绿地、农场居住区绿地、休疗园绿地及夏令营地
特殊用途绿地	工厂企业的防护地带、防治有害因素影响的绿带、水土保护林带、防火林带、森林改良和土壤改良林带、交通绿地、墓园、苗圃和花圃

"二战"期间,日本东京绿地规划协议会将绿地分为三类:普通绿地、生产绿地、准绿地。普通绿地是指直接以公众的休闲娱乐为目的的绿地,生产绿地是指农林渔地区,准绿地是指庭园和其他受法律保护的保存地和景园地。1971年,日本建设省制定城市绿地分类标准,将城市绿地分为四大类,1976年增加了城市(指街头,作者增译)绿地、绿道、国家设置的公园三类绿地,1991年新增加城市林地、广场公园两类。至此,日本城市绿地共分为九大类。日本城市绿地分类的发展变化状况见表2.2。

表 2.2　日本建设省颁布的城市绿地分类标准历次变化

颁布年代			绿地类型	二级类型	备　　注
1991 √	1976 √	1997 √	一	基干公园	居住区基干公园 城市基干公园	街区公园(平均面积2 500m²),邻里公园(平均面积2hm²),地区公园(平均面积4hm²),综合公园(平均面积10~15hm²),运动公园(115~75hm²)
√	√	√	二	特殊公园	风景公园 动植物公园 历史公园	

				绿地类型	二级类型	备　注
√	√	√	三	大规模公园	大型公园娱乐城	50hm² 以上；私人投资，面积 500～1 000hm²
√	√	√	四	缓冲绿地		指防护林、防灾缓冲地等
√	√		五	城市林地		林地与自然保留地
√			六	广场公园		商业中心、办公区室外游憩场
√			七	城市绿地		相当于中国的"街头游园"，面积要求 100m² 以上
√	√		八	绿道		要求宽 10m 以上
√	√		九	国家设置的城市公园		国家纪念园等，一般在 300hm² 以上

注：本表根据《都市公园制度》（日本建设省都市局、公园地行政研究会，1991 年）、《国外园林法规研究》（冯采芹，1991 年）等资料编译、整理而成。

2.3.2　我国城市绿地分类

我国城市绿地的分类也经历了一个逐步发展的过程。1961 年版高等学校教材《城乡规划》中将城市绿地分为公共绿地、小区和街坊绿地、专用绿地、风景游览或休疗绿地共四类。1973 年国家建委有关文件把城市绿地分为五大类，即公共绿地、庭院绿地、行道树绿地、郊区绿地、防护林带。1981 年版高等学校试用教材《城市园林绿地规划》（同济大学主编）将城市绿地分为六大类，即公共绿地、居住绿地、附属绿地、交通绿地、风景区绿地、生产防护绿地。1990 年国标《城市用地分类与规划建设用地标准》GBJl37-90 将城市绿地分为三类，即公共绿地 C1、生产防护绿地 C2 及居住用地绿地 R14、R24、R34、R44。

1992 年，国务院颁布中华人民共和国成立以来第一部园林行业行政法规《城市绿化条例》，条例将城市绿地分为"公共绿地、居住区绿地、防护林绿地、生产绿地"及"风景林地、干道绿化等"，即至少六类。1993 年建设部印发的《城市绿化规划建设指标的规定》（建城〔1993〕784 号文件）中，"单位附属绿地"被列为城市绿地的重要类型之一。

2002 年，国家建设部颁布了《城市绿地分类标准》CJJ/T85-2002。该分类标准将城市绿地划分为五大类，即公园绿地 C1、生产绿地 G2、防护绿地 C3、附属绿地 G4、其他绿地 G5，见表 2.3。

2.3.2.1　公园绿地(C1)

公园绿地是指"向公众开放，以游憩为主要功能，兼具生态、美化、防灾等作用的绿地"，包括城市中的综合公园、社区公园、专类公园、带状公园以及街旁绿地。公园绿地与城市的居住、生活密切相关，是城市绿地的重要部分。

1）综合公园(G11)

内容丰富，有相应设施，适合于公众开展各类户外活动的规模较大的绿地。

(1) 全市性公园(G111)：为全市居民服务，活动内容丰富，设施完善的绿地。

(2) 区域性公园(G112)：为市区内一定区域的居民服务，具有较丰富的活动内容和设施完善的绿地。

2) 社区公园(G12)

为一定居住用地范围内的居民服务，具有一定活动内容和设施的集中绿地。不包括居住组团绿地。

(1) 居住区公园(G121)：服务于一个居住区的居民，具有一定活动内容和设，为居住区配套建设的集中绿地。服务半径：0.5~1.0km。

(2) 小区游园(G122)：为一个居住小区的居民服务，配套建设的集中绿地。服务半径：0.3~0.5km。

3) 专类公园(G13)

具有特定内容或形式，有一定游憩设施的绿地。

(1) 儿童公园(G131)：单独设置，为少年儿童提供游戏及开展科普、文体活动，有安全、完善设施的绿地。

(2) 动物园(G132)：在人工饲养条件下，移地保护野生动物，供观赏、普及科学知识，进行科学研究和动物繁育，并具有良好设施的绿地。

(3) 植物园(G133)：进行植物科学研究和引种驯化，并供观赏、游憩及开展科普活动的绿地。

(4) 历史名园(G134)：历史悠久，知名度高，体现传统造园艺术并被审定为文物保护单位的园林。

(5) 风景名胜公园(G135)：位于城市建设用地范围内，以文物古迹、风景名胜点(区)为主形成的具有城市公园功能的绿地。

(6) 游乐公园(G136)：具有大型游乐设施，单独设置，生态环境较好的绿地。绿化占地比例应大于等于65％。

(7) 其他专类公园(G137)：除以上各种专类公园外具有特定主题内容的绿地、包括雕塑园、盆景园、体育公园、纪念性公园等。绿化占地比例应大于等于65％。

4) 带状公园(G14)

沿城市道路、城墙、水滨等，有一定游憩没施的狭长形绿地。以绿化为主的，可以缓解交通造成的环境压力、改善城市面貌、生态环境的显著作用。带状公园的宽度一般不小于8m，可以设置散步小路。

5) 街旁绿地(G15)

位于城市道路用地之外，相对独立成片的绿地，包括街道广场绿地、小型沿街绿化用地等。绿化占地比例应大于等于65％。在历史保护区、旧城改造区，街旁绿地面积不小于1000m²。

2.3.2.2　生产绿地(G2)

生产绿地主要是指为城市绿化提供苗木、花草、种子的苗圃、花圃、草圃等圃地。它是城市绿化材料的重要来源，对城市植物多样性保护有积极的作用。城市生产绿地规划面积应占城市建成区的 2% 以上,加强苗圃、花圃等基地建设,通过植物的引种、育种、培育,选择适应当地条件的优良品种,满足城市绿化建设需要,其苗木要满足城市各项绿化美化工程所用苗木 80% 以上。

2.3.2.3 防护绿地(G3)

防护绿地是指对城市具有卫生、隔离和安全防护功能的绿地,包括城市卫生隔离带、道路防护绿地、城市高压走廊绿带、防风林、城市组团隔离带等。

卫生隔离带通常设置在工厂、污水处理厂、垃圾处理站、殡葬场等与居住区隔离的地带。道路防护绿地根据城市道路的分类和不同的车速设置,结合道路两侧景观形成不同尺度的道路景观。城市高压走廊防护绿带的设置减少其对城市的安全、景观等不利影响。防风林带一般与城市的主导风向垂直,主要保护城市免受风沙侵袭。

2.3.2.4 附属绿地(G4)

附属绿地是指城市建设用地(除 G1、G2、G3 外)中的附属绿化用地,包括居住用地、公共设施用地、工业用地、仓储用地、对外交通用地、道路广场用地、市政设施用地和特殊用地中的绿地。

1) 居住绿地(G41)

城市居住用地内社区公园以外的绿地,包括组团绿地、宅旁绿地、配套公建绿地、小区道路绿地等。

2) 公共设施绿地(G42)

公共设施用地内的绿地,行政办公、商业金融、文化娱乐、体育文生、科研教育等用地内的绿地。

3) 工业绿地(G43)

工业用地内的绿地。

4) 仓储绿地(G44)

城市仓储用地内的绿地。

5) 对外交通绿地(G45)

对外交通用地内的绿地应,包括机场、火车站、汽车站和码头内部绿地。重点考虑交通流线与疏导、停车遮阴、机场驱鸟等特殊要求。

6) 道路绿地(G46)

道路广场用地内的绿地,包括行道树绿带、分车绿带、交通岛绿地、交通广场和停车场绿地等。

7) 市政设施绿地(G47)

市政公共设施用地内的绿地,包括邮电通信设施、施工与维修设施、殡葬设施等用地内部的绿地。

8) 特殊绿地(G48)

特殊用地内的绿地,包括军事用地、外事用地、保安用地范围内的绿地。

2.3.2.5 其他绿地(G5)

其他绿地是指对城市生态环境质量、居民休闲生活、城市景观和生物多样性保护有直接影响的绿地,包括风景名胜区、水源保护区、郊野公园、森林公园、自然保护区、风景林地、城市绿化隔离带、野生动植物园、湿地、垃圾填埋场恢复绿地等。

表 2.3　城市绿地分类标准 CJJ/T 85-2002

大类	中类	小类	类别名称	大类	中类	小类	类别名称
G1			公园绿地	G2			生产绿地
	G11		综合公园	G3			防护绿地
		G111	全市性公园	G4			附属绿地
		G112	区域性公园		G41		居住绿地
	G12		社区公园		G42		公共设施绿地
		G121	居住区公园		G43		工业绿地
		G122	小区游园		G44		仓储绿地
	G13		专类公园		G45		对外交通绿地
		G131	儿童公园		G46		道路绿地
		G132	动物园		G47		市政设施绿地
		G133	植物园		G48		特殊绿地
		G134	历史名园	G5			其他绿地
		G135	风景名胜公园				
		G136	游乐公园				
		G137	其他专类公园				
	G14		带状公园				
	G15		街旁绿地				

2.4　城市绿地系统规划的目标与指标

2.4.1　城市绿地系统规划的目标

城市绿地系统规划的总体目标是贯彻"可持续发展"的战略,根据生态优先原则,通过科学合理的规划及有效的实施手段,以建设国家级园林城市、国家生态园林城市为实践,使城市在加快社会经济和城市化进程的同时保护好城市生态环境,建成城市与环境协调发展、人与自然和谐相处的生态城市。

2.4.1.1 近期目标

以创建国家级园林城市为手段,全面有效地推进全市的园林绿化工作,继续坚持量、质并举,实施大规划、大投入、大建设战略,结合老城改造和新城区建设,迅速增加城市绿地面积,形成城市生态绿色体系。有良好的市域生态环境,自然地貌、植被、水系、湿地等生态敏感区域得到有效保护,绿地分布合理,生物多样性趋于丰富。

2.4.1.2 远期目标

以创建国家生态园林城市为手段,利用环境生态学原理,规划、建设和管理城市,进一步完善城市绿地系统,形成大气环境、水系环境良好,并具有良好的气流循环、热岛效应较低的城市绿地系统,促进城市中人与自然的和谐,使环境更加清洁、安全、优美、舒适。城市绿地水平达到国际同类城市的先进水平。

2.4.2 当前城市绿地规划目标的发展

人类社会在局部利益和宏观利益、眼前利益与长期利益等方面一直存在着客观矛盾,所以每当世界各国城市快速生长期的来临,也就意味着即将引发上述矛盾。

我国从 20 世纪 80 年代起,一些沿海城市开始自发地提出创建"花园城市"、"森林城市"、"园林城市"等绿地建设目标。1992 年,国家建设部在城市环境综合整治("绿化达标"、"全国园林绿化先进城市")等政策的基础上,制定了国家《园林城市评选标准》(实行)。

国家园林城市政策有力地推动了我国城市绿化和生态环境的建设。科学的城市绿化建设涉及多方面的因素。2005 年建设部新修订的《国家园林城市标准》中涉及组织管理、规划设计、景观保护、绿化建设、园林建设、生态建设、市政建设和特别条款等八个方面。2004 年《国家生态园林标准(暂行)》提出了由城市生态环境、城市生活环境及城市基础设施组成的指标体系。其中,城市生态环境指标包括综合物种指数、本地植物指数、热岛效应程度、绿化覆盖率、人均公共绿地面积及绿地率等。城市绿化建设不再是单一的建设目标。

总的来看,从早期的"田园城市"、"绿色城市"、"花园城市"、"山水城市"、"森林城市"到近年来的国家或省级"园林城市",作为城市发展的目标,都是对"人与自然在城市中和谐共生关系"的积极探索,而生态园林城市其根本目标是保护和改善城市生态环境、优化城市人居环境、促进城市的可持续发展。

2.4.3 城市绿地系统指标

城市绿地指标是反映城市绿化建设质量和数量的量化方式。目前,在城市绿地系统规划编制和国家园林城市评定考核中主要的绿地指标为:人均公园绿地面积(m²/人)、城市绿地率(%)和绿化覆盖率(%)。根据《城市绿化规划建设指标的规定》(建城〔1993〕784 号)和《城市绿地分类标准》CJJ/T 85-2002,城市绿地指标的统计公式如下所述。

2.4.3.1　人均公园绿地面积(m²/人)

人均公园绿地面积(m²/人)＝城市公园绿地面积÷城市人口数量

式中:公园绿地包括了综合公园（含市级公园和区域性公园）、社区公园（含居住区公园和小区游园）、专类公园（如儿童公园、动物园、植物园、历史名园、风景名胜公园、游乐公园、体育公园等其他公园）、带状公园以及街旁绿地 G 等。

2.4.3.2　人均绿地面积(m²/人)

人均绿地面积(m²/人)＝城市绿地面积之和÷城市人口数量

式中:城市绿地面积包括建成区内城市中的公园绿地、生产绿地、防护绿地和附属绿地的总和。

2.4.3.3　城市绿化覆盖率(％)

城市绿化覆盖率(％)＝(城市内全部绿化种植垂直投影面积÷城市的用地面积)×100％。

城市建成区内绿化覆盖面积应包括各类绿地(公园绿地、生产绿地、防护绿地以及附属绿地)的实际绿化种植覆盖面积(含被绿化种植包围的水面)、屋顶绿化覆盖面积以及零散树木的覆盖面积,乔木树冠下的灌木和地被草地不重复计算。

2.4.3.4　城市绿地率(％)

城市绿地率(％)＝(城市建成区内绿地面积之和÷城市的用地面积)×100％

式中:城市建成区内绿地面积包括城市中的公园绿地、生产绿地、防护绿地和附属绿地的总和。

2.4.4　我国城市绿地指标

城市园林绿地指标可以反映城市绿地的质量与绿化效果,评价城市环境质量和居民生活福利的一个重要指标;可以作为城市总体规划各阶段调整用地的依据,是评价规划方案经济性,合理性的数据;可以指导城市各类绿地规模的制定工作,如推算城市公园及苗圃的合理规模等,以及估算城建投资计划。可以统一全国的计算口径,为城市规划学科的定量分析、数理统计、电子计算技术应用等等更先进、更严密的方法提供可比的数据,并为国家有关技术标准或规范的制订与修改,提供基础数据。

园林绿地指标一般常指城市中平均每个居民所占的城市园林绿地的面积而言,而且常指的是公共绿地人均面积。园林绿地指标是城市园林绿化水平的基本标志,它反映着一个时期的经济水平、城市环境质量及文化生活水平。为了能够充分发挥园林绿化保护环境、调节气候方面的功能作用,城市中园林绿地的比重要适当地增长,但也不等手无限制地增长。绿地过多会造成城市用地及建设投资的浪费,给生产和生活带来不便。因此,城市中的园林绿地一定时期应该有合理的指标。

我国园林绿地指标相比较发达国家城市公园绿地的各种量化指标出入较大。从国内来看,园林城市人均公园绿地为 12.49m²/人,绿化覆盖率为 36.07％。中国各类城市,特别是大城市,人均城市建设用地十分有限。在《城市用地分类和规划建设用地标准》GB50137-2011 对城市总体规划编制和修订时,人均绿地与广场用地面积不应小于 10.0m²,其中人均公园绿地面积不应小于 8.0m²。

2010 年相关的指标也作出了相应的规定:街道绿化普及率达 95% 以上,万人拥有综合公园指标不小于 0.07%,公园绿地覆盖率不小于 70%,建成区绿化覆盖面积中乔木、灌木所占比例不小于 60%,大于 40hm² 的植物园数量不小于 1 个,林荫停车场推广率不小于 60%,公园绿地应急避险场所率不小于 70%,水体岸线自然化率不小于 70%,古树名木保护率不小于 95%。

2007 年,《国家生态园林城市标准(暂行)》中,提到我国城市绿化建设指标:"建成区绿化覆盖率大城市 41% 以上,小城市 45% 以上,人均公共绿地大城市 10.5m² 以上,小城市 12m² 以上,绿地率大城市 34% 以上,小城市 38% 以上。"

表 2.4~表 2.8 为我国颁布的与城市绿地有关的指标。

表 2.4　国家级园林城市指标

城　市	人均公共绿地/m²	绿地率	绿化覆盖率	级别	获称号时间
张家港	10.6	36.5%	40.2%	县级	2003 年
常熟	6.6	54.12%	55.22%	县级	2002 年
上海市闵行区	11	32.3%	37.3%	县区级	2002 年
宁波	10.14	32.31%	35.66%	地级	2002 年
三亚	16.3	38%	41.7%	地级	2002 年

表 2.5　建设部城市绿化规划建设指标表

人均建设用地 (m²/人)	人均公共绿地/(m²/人)		城市绿化覆盖率/%		城市绿地率/%	
	2000 年	2010 年	2000 年	2010 年	2000 年	2010 年
<75	大于 5	大于 6	30	35	大于 25	大于 30
75~105	大于 6	大于 7	30	35	大于 25	大于 30
>105	大于 7	大于 8	30	35	大于 25	大于 30

表 2.6　国务院关于加强城市绿化建设工作目标表(国发〔2001〕20 号)

年　限	人均公共绿地 /(m²/人)	规划建成区绿地率 /%	规划建成区绿化覆盖率 /%
2005 年	8	30	35
2010 年	10	35	40

表 2.7　国家园林城市基本指标表

基本指标	地理区位	100 万以上人城市	50～100 万人城市	50 万以下人口城市
人均公共绿地	秦岭淮河以南	7.5	8	9
	秦岭淮河以北	7	7.5	8.5
绿地率/%	秦岭淮河以南	31	33	35
	秦岭淮河以北	29	31	34
绿化覆盖率/%	秦岭淮河以南	36	38	40
	秦岭淮河以北	34	36	38

表 2.8　国家生态园林城市标准(暂行)基本指标表

序　号	指　标	标准值
1	综合物种指数	≥0.5
2	本地植物指数	≥0.7
3	建成区道路广场用地中透水面积的比重	≥50%
4	城市热岛效应程度(℃)	≤2.5
5	建成区绿化覆盖率(%)	≥45
6	建成区人均公共绿地(m²)	≥12
7	建成区绿地率(%)	≥38

注:摘自建设部《关于印发创建"生态园林城市"实施意见的通知》(建城〔2004〕98 号)。

2.5　城市绿地系统规划

2.5.1　城市绿地布局

2.5.1.1　城市绿地布局原则

城市绿地系统规划布局的总目标是:保持城市生态系统的平衡,满足城市居民的户外游憩需求,满足卫生和安全防护、防灾、城市景观的要求。

1)整体性原则

各种绿地互相连成网络,城市被绿地楔入或外围以绿带环绕,可充分发挥绿地的生态环境功能。

2)匀布原则

各级公园按各自的有效服务半径均匀分布;不同级别、类型的公园一般不互相代替。

3)自然原则

重视土地使用现状和地形、史迹等条件,规划尽量结合山脉、河湖、坡地、荒滩、林地及优美景观地带。

4) 地方性原则

乡土物种和古树名木代表了自然选择或社会历史选择的结果,规划中要反映地方植物生长的特性。地方性原则能使物种及其生存环境之间迅速建立食物链、食物网关系,并能有效缓解病虫害。

2.5.1.2 城市绿地布局的形式

世界各国绿地发展可总结为八种基本模式:点状、环状、网状、楔状、放射状、带状、指状、综合式(图2.1)。

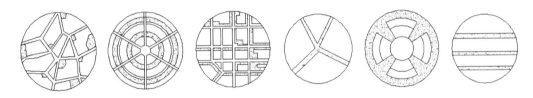

图 2.1 城市绿地布局的形式

我国的城市园林绿地系统根据不同的具体条件,从形式上可归纳为下列几种:

1) 块状绿地布局

在城市规划总图上,块状绿地布局反应在城市的公园、花园、广场绿地呈块状、方形、不等边多边形,均匀分布于城市中。这种布局多数出现在旧城改造中,目前我国多数城市的绿地属块状布局,如上海、天津、武汉、大连、青岛等。其优点可以做到均衡分布,方便居民使用,缺点是因分散独立,不成一体,对构成城市整体的艺术面貌作用不大,对综合改善城市小气候作用不显著。

2) 带状绿地布局

带状绿地布局多数利用河湖水系、城市道路、旧城墙等因素,形成纵横向绿带、放射状绿带与环状绿带交织的绿地网,如哈尔滨、苏州、西安、南京等地;带状绿地的布局形式特点是容易表现城市的艺术面貌。

3) 楔形绿地布局

一般都是利用河流、起伏地形、放射干道等结合市郊农田防护林来布置,将林荫道、广场绿地、公园绿地等联系起来,使绿地由郊区伸入市中心的由宽到狭,这种绿地布局形式称为楔形绿地布局。楔形绿地布局的优点是能使城市通风条件好,也有利于城市面貌的体现。缺点是把城市分隔成放射状不利于横向联系。安徽省的合肥市即是这种绿地布局形式。

4) 混合式绿地布局

混合式绿地布局是将前几种绿地系统配合,使城市绿地点、线、面结合,组成较完整的网状体系。其优点是与生活居住区获得最大接触面,方便居民游憩、散步和进行各种文娱体育活动。有利于小气候的改善,有助于城市环境卫生条件的改善,有利于丰富城市总体与各部分的艺术面貌。如北京市的绿地系统规划布局即按此种形式来发展。

5) 片状绿地布局

片状绿地布局是城市内各种绿地相对集中,形式为片状的布局形式,适于大城市。片状绿地布局可以按照各种工业企业性质、规模、生产协作关系和运输要求为系统,形成工业区的绿

图 2.2　莫斯科城市绿地系统

地，以及根据生产与生活相结合，城市的河川水系、谷地、山地等自然地形条件或构筑物的现状的结合，组成不同的相对完整地区的片状绿地。这样的绿地布局灵活，可起到分割城区的作用，具有混合式优点。

每个城市具有各自特点和具体条件，不可能有适应一切条件的布局形式。所以规划时应结合各市的具体情况，认真探讨各自的最合理的布局形式。莫斯科城市绿地系统结合被莫斯科河及其稠密的支流网所分割的多丘陵地形，在城市外围建立了 10～15km 宽的森林公园带，并采用环状、楔状相结合的绿地系统布局形式，将城市分割为多中心结构，使城市在总体上呈现出扇形与环形相间的空间结构形式(图 2.2)。

2.5.2　城市绿地系统规划任务

城市绿地的规划设计分为多个层次，具体包括：城市绿地系统专业规划，是城市总体规划阶段的多个专业规划之一，属城市总体规划必要组成部分，该层次的规划主要涉及城市绿地在总体规划层次上的统筹安排。城市绿地系统专项规划，也称"单独编制的专业规划"，它是对城市绿地系统专业规划的深化和细化。该规划不仅涉及城市总体规划层面，还涉及详细规划层面的绿地统筹和市域层面的绿地安排。城市绿地系统专项规划是对城市各类绿地及其物种在类型、规模、空间、时间等方面所进行的系统化配置及相关安排。此外，还有城市绿地的控制性详细规划、城市绿地的修建性详细规划、城市绿地设计、城市绿地的扩初设计和施工图设计。

为保护和改善城市生态环境，优化城市人居环境，促进城市的可持续发展，城市绿地系统规划的主要任务包括以下方面：

(1) 根据城市的自然条件、社会经济条件、城市性质、发展目标、用地布局等要求，确定城市绿化建设的发展目标和规划指标。

(2) 研究城市地区和乡村地区的相互关系，结合城市自然地貌，统筹安排市域大环境绿化的空间布局。

(3) 确定城市绿地系统的规划结构，合理确定各类城市绿地的总体关系。

(4) 统筹安排各类城市绿地，分别确定其位置、性质、范围和发展指标。

(5) 城市绿化树种规划。

(6) 城市生物多样性保护与建设的目标、任务和措施。

(7) 城市古树名木的保护与现状的统筹安排。

(8) 制定分期建设规划，确定近期规划的具体项目和重点项目，提出建设规模和投资估算。

(9) 从政策、法规、行政、技术经济等方面提出城市绿地系统规划的实施措施。

(10) 编制城市绿地系统规划的图纸和文件。

2.5.3 城市绿地系统规划原则

早期的绿地系统规划如伦敦绿带规划、美国公园系统规划等着眼于控制城市过度膨胀、引导城市结构的良性发展、创造市民休闲场地等,但未能遏制生态的不断恶化。生态保护主义和景观生态学等相关学科要求对绿地进行更加系统和整体的配置,更加注重与生态系统的协调。因此,近期的绿地系统大多数沿山川、河流、水系等生物栖息适宜性高的地区规划。

2.5.3.1 强调绿地布局的系统性

以城市总体规划为依据,结合城市产业布局的重大调整和城市基础设施建设,科学、合理、均衡地进行布局,形成不同类型绿地相互联系,点、线、面有机结合,大、中、小规模配套,功能完善、指标先进、结构合理、生态良好的城市绿地系统。

2.5.3.2 强调绿地布局的合理性

针对新老城区的建设情况和现状各类用地的置换难度,合理布局,形成操作性强的合理的绿地景观体系。老城区绿地建设以完善结构、提高质量和绿量为主,重点加强中心区、居住区和城市道路的绿化,加强街道、河道和单位绿化,消灭绿化盲点,努力提高绿地率,新城区绿地建设结合总体规划要求强调高起点、高要求,大面积增加绿地。

2.5.3.3 发挥绿地系统的综合效益

强调绿地系统改善环境、保护生态平衡、为市民服务等综合效果,最大限度地发挥绿地的环境效益、经济效益和社会效益。从实际出发,注重其在改善城市小气候、保护城市生态安全、防灾减灾等方面起到积极的作用,确保城市健康、持续的发展。采用不同的形式按照城市布局特点布置绿地,满足市民就近、有效地享用。

2.5.3.4 突出绿地系统的特色

一是因地制宜地安排各类绿色空间,营造开放型的、富有时代特征的城市绿地景观,为体现城市形象与特色创造条件;二是在把握城市发展定位的基础上,考虑地理特征、历史文化背景、地域环境资源等因素,将生态环境与景观建设有机结合,使绿化建设与历史文化相融合。

2.5.3.5 重视城市、城郊绿地的一体化建设

市区及周边各类绿地、防护绿地和生产绿地的存在,对改善市区的整体环境水平有十分重要的意义。大环境绿地的规划布局应结合城市自然地域特征,有效地保护城市的水土环境资源,并有利于城郊的新鲜空气进入市区和推进生物多样性保护建设进程,使绿地成为城市的"肺"和其他生物的栖息地。因此,要充分利用市区及周边的自然山体、水系、林地、鱼塘、农田、文物古迹等加以绿化、美化,加强市内外各类单位绿地的建设管理,构建城乡景观交融、生态效应充分发挥的绿地景观格局。要加强受损自然空间的生态恢复。城市中心区要大力提高绿化覆盖率,城市功能分区的交界处大力加强绿化隔离带建设。

2.5.3.6　重点与一般、集中与分散、近期与远期相结合

做到经济、实用,提高规划实施的可行性和可操作性,便于规划管理部门对绿地规划的管理、建设及控制,满足城市绿地建设的要求。要特别注重与城市的开发建设进程相协调,既保证近期建设项目的落实,又保证绿地建设与市区建设各个阶段的有机配合,逐步向远期规划目标过渡。

2.6　规划实例——上海市城市绿地系统规划

上海市城市绿地系统规划结构如图 2.3 所示。

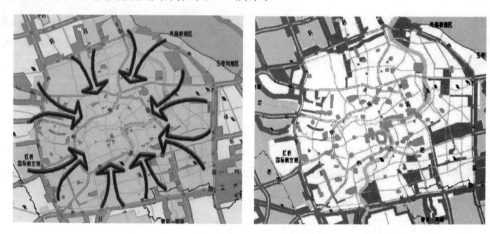

图 2.3　上海市绿地系统规划结构

2.6.1　市域范围内绿地系统的空间结构

上海市城市绿地系统规划(2002~2020)以沿"江、河、湖、海、路、岛、城"地区的绿化为网络和连接,形成"主体"通过"网络"与"核心"相互作用的市域绿化大循环,市域绿化总体布局为"环、楔、廊、园、林",使城在林中,人在绿中,为林中上海、绿色上海奠定基础(图 2.3)。

2.6.1.1　环

市域范围内环状布置城市功能性绿带。包括中心城环城绿化和郊区环线绿带。

2.6.1.2　楔

中心城外围向市中心楔形布置绿地。规划中心城楔形绿地为 8 块,分别为桃浦、吴中路、三岔港、东沟、张家浜、北蔡、三林塘、大场。

2.6.1.3　廊

沿城市道路、河道、高压线、铁路线、轨道线以及重要市政管线等纵横布置防护绿廊。主要有河道绿化和道路绿化,其中,中心城区的主要道路绿色廊道有:世纪大道、沪闵路漕溪路—衡山路、虹桥路—肇嘉浜路、曹安路、武宁路、张杨路、杨高路等。

2.6.1.4　园

以公园绿地为主的集中绿地。规划公园绿地主要有三部分,一是中心城公园绿地,二是近郊公园,三是郊区城镇公园绿地。中心城公园绿地:在中心城的热中心区域,规划建设 4hm² 以上的大型公共绿地;在市中心和城市副中心、城市景观轴两侧、公共活动中心以及城市交通重要节点大力新建绿地。近郊公园:中心城近郊规划建设娱乐、体育、雕塑、民俗等森林主题公园;东郊:三岔港绿地;南郊:外环路东南角,黄楼镇周边(原迪斯尼乐园选址用地),闵行旗忠体育公园;西郊:徐泾镇;北郊:外环路北、蕴川路西侧。郊区城镇绿化:在郊区城镇周边各规划一定宽度的防护林;近期重点是"试点城镇",建设面积超过 10hm² 的公园。松江:中央绿带与滨湖原生态公园相呼应;安亭:汽车文化为核心的主题公园;朱家角:青少年素质教育基地和生态桥为主的景观生态绿地。其他绿化:居住区、工业区、单位绿化。发展垂直绿化、屋顶绿化。

2.6.1.5　林

指非城市化地区对生态环境、城市景观、生物多样性保护有直接影响的大片森林绿地,具有城市"绿肺"功能。大型片林:规划建设浦江等大型片林以及以各级城镇为依托的若干小型片林,形成森林组团。有浦江大型片林、南汇片林、佘山片林、嘉宝片林、横沙生态森林岛。生态保护区、旅游风景区:大小金山岛自然保护区,崇明岛东滩候鸟保护区,长江口九段沙湿地自然保护区,黄浦江上游主干河流水源涵养林,宝山罗泾、陈行、宝钢水库水源涵养林,淀山湖滨水风景区,青浦淞塔区,崇明东平国家级森林公园。大型林带:在吴淞口至杭州湾大陆岸线及崇明、长兴、横沙三岛长约 470km 的海岸线(一弧三圈),建设沿海防护林;在工业区周围设防护林带。

2.6.2　中心城区公共绿地规划的结构

以"一纵两横三环"为骨架,"多片多园"为基础,"绿色廊道"为网络,开敞通透为特色,环、楔、廊、园、林相结合。

"一纵两横三环":一纵——黄浦江;两横——延安路、苏州河;三环——外环、中环、水环。

"多片多园":中心区城市绿岛——杨浦区江湾体育场、五角场一带;闸北区共和新路、闸北体育场一带;西藏北路—东宝兴路一带;普陀区真北路桥周围、新黄浦区中部、徐汇区内环线一带。大型生态"源"林——8 处楔形绿地,建设敏感区,中心城范围内三大片非规划城市建设区、浦西祁连地区、浦东孙桥地区、浦东外高桥地区。新增公共绿地——重点为苏州河以北和肇家浜路以南地区的集中公共绿地。

路网、水网绿化:道路绿网络——环状放射为特征,沿路保持连续和一定幅度。加强共和新路—南北高架—济阳路沿线绿地。

思考题

1. 城市绿地、城市绿地系统、城市绿地规划概念是什么?
2. 简述我国城市绿地系统的分类?
3. 我国城市绿地系统的三大指标是什么?
4. 城市绿地系统结构布局原则有哪些?

3 城市园林绿地规划设计方法

【学习重点】

园林绿地规划设计立意来源、布局形式和构图法则,园林要素造景的布局方式以及园林绿地规划设计程序。

3.1 园林设计立意

3.1.1 立意

园林的创造是设计者根据园林用地的性质、规模、地形特点等,运用地形、植物、建筑、道路广场、园林小品等园林要素,将其思想感情融入其中,创造出舒适、优美的休憩环境的建构过程。有主题、有吸引人的点题文字和历史人文景观,可供人们赏、游、品。园林绿地的设计与绘画、雕塑、文学等艺术一样,要求具有独特、创新的风格,在形成文字或图纸之前"巧密与精思,神仪在心"(晋代顾恺之《画论》),认真考虑立意,达到"意存笔先,画尽意在"(张彦远的《历代名画记》)。宋代苏东坡分析画家文同其竹画得好的原因是"画竹先得成竹于胸中",因此园林设计应该先"胸有丘壑",后方能造园。

园林立意是指园林设计的主题,使园林绿地有"意义"和具有文化性的造园思想,一是整个园子的整体的主题立意,二是园内各个局部的主题立意。整体立意是对局部立意的统筹与指导,局部立意是对整体立意的反馈和强化。可以说,正是有了整个园林众多局部立意的确定,才使得全园整体立意得以更好体现。主题立意大到整个城市、整个景观区域,小到园林绿地的每个功能分区和景点,如一棵树、一块石等。但是,局部的景观立意要与总的主题立意相一致,起到烘托、衬托的作用,不能相悖于总的立意。

立意相当于文章的主题思想,其优劣决定整个规划和细部设计的成败,是设计过程中至关重要的一个环节,并作为设计过程中合理运用园林要素的依据。巧妙的立意构思将情境赋予在园林绿地上,使之有文化含义,使园林绿地有特色、有创新、有灵魂,避免"千绿一面"的景观。

3.1.2 立意来源

构思立意其切入点是多样的,应该充分利用基地条件,从功能、形式、空间形式、环境入手,运用多种手法形成一个方案的雏形。构思立意可以直接从大自然中汲取养分,获得设计素材和灵感,提高方案构思能力;也可以发掘与设计有关的素材,并用隐喻、联想等手段加以艺术表现。独特立意的形成又是设计者多阅读、多用心看、多脑中思和日积月累、潜移默化的结果,而不是一朝一夕的灵光乍现。多学是翻阅专业和非专业书籍,拓宽知识面;多看是留心城市中的任何有特色的设计,例如,为何有的产品广告一出现人们就能记住。学得多,想得也愈多,阅历、修养不断增加,创意就会更多,如顾恺之所说的"迁想妙得"。

3.1.2.1 来源于场地特征

《园冶》中说"相地合宜,构园得体",说明地理位置和环境条件的不同会导致社会经济、文化习俗的差异,形成特有的文脉和场所精神,园林绿地设计的立意也会有差异。苏州名园沧浪亭的原有环境:"草树郁然,崇阜广水,不类乎城中,并水得微径于杂花修竹之间,东趋数百步,有弃地,纵广合五六十寻,三向皆水也。"(苏舜钦《沧浪亭记》)因此,根据场地多水的特征,用沧浪之水清浊的典故作为立意主题。

有特色的设计在构思立意方面多有独到和巧妙之处。我国的古典园林之所以能在世界范围内产生巨大的影响,归根到底是由于其中的构思立意非常独特,蕴含意境。例如扬州个园以不同的石材为表现,结合春夏秋冬四季寻求园林意境,描绘"春山淡冶而如笑,夏山苍翠而如滴,秋山如净而如妆,冬山惨淡而如睡"的画境,创造出优秀的古典园林。

现代园林也多以场地特征为立意来源。如合肥的环城公园,公园用地成为环形带状,公园设计总的立意是"四季秀色环古城"。2007年第五届江苏省园艺博览会主会场南通园艺博览园,是提炼南通的自然、地理、历史、人文条件而形成"山水神韵·江海风"的主题立意。

山与水的依偎,演绎出诗画般神韵的园林艺术(山水神韵);

山水之画,承江苏平山近水之秀;

山水之诗,载中华名山大川之灵;

山水交融,寓意传承与和谐。

江与海的碰撞,产生了阔博深厚的江海文化(江海风);

江海之阔,能海纳百川;

江海之博,集结万物之精华;

江海交汇,寓示活力与创新。

中国绿化博览园南京主会场中的南京园的立意是:金陵石韵,因南京自古就有"石头城"的美誉,故以石韵为主题立意,布局采用山水理念结合场地形成空间的聚和散。

3.1.2.2 来源于历史文化、民俗风情、故事传说

采用与景观设计项目主题相关的历史文化、民俗风情、故事传说,提炼园林立意,传承特色文脉。世界各地都有流传在口头或文字记载的传说,动人的传说代代相传,表达了人们的某种向往和思想,利用传说作为立意主题会使游览其中的人们产生共鸣,例如中国传统园林中象征

海岛仙山的一池三山的布置,使平淡空旷的水面产生变化,丰富了水体空间和景观的层次。广州越秀公园的"五羊传说"雕塑、南京石头城公园的"鬼脸照镜",将传说故事中的"情"具化为园林景观的"情",继承了中国传统的"寓情于景,情景交融"的造景特点,用故事立意景观,用景观再现故事,体现了城市对历史文化的传承与发扬。

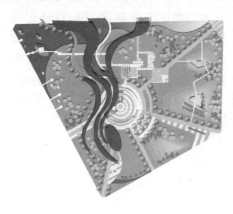

图 3.1 "翔"立意主题

立意主题从大的方面可以来源于整个国家的特色。例如,特立尼达和多巴哥大学校园中心绿地立意主题以"翔"来概括(图 3.1)。特多的国鸟是蜂鸟,是世界上最小的鸟,似黄蜂大小,翱翔时发出嗡嗡之声,因此被称为"蜂鸟",被人们视为给万物带来生机的"太阳神",也是美丽祖国的象征,是人们不畏强权、酷爱独立和自由的象征,表达了人民对鸟类、对自然的以及对生活的热爱。由于特多对鸟类的保护,在城市中随处可以观赏到漂亮的鸟。该国对舞蹈情有独钟,机场大厅的突出位置就有载歌载舞人物和国旗相映的壁画,以飞鸟的翱翔姿态和舞蹈的形体动感作为构图意境,含义为"舞动人生·自由翱翔"。

3.1.2.3 利用诗文立意,创造园林意境

"文应景成,景借文传",用造园展现诗文意境,反过来诗文起到点睛之笔的作用,园林与诗词虚实结合、互为补充,对讲究诗情画意的我国古典园林来说是一种较为常用的创作手法。苏州拙政园中题联"清风明月本无价,近水远山皆有情",以及北京颐和园的知春亭,题名来自苏东坡的诗句"春江水暖鸭先知",加深了园林的意境,引起游客借景生情、富有诗情画意的联想,从而达到产生园林意境美的目的。

中国皇家园林颐和园,光绪为取悦慈禧而将"清漪"改为"颐和"。《易·颐》曰"天地养万物,圣人养贤以及万民,颐之时大矣哉",指颐养天年,天下太平,"以喻孝养"之意。金陵名胜莫愁湖公园以"莫愁"命名,最早见于南朝乐府《莫愁乐》,再与莫愁女的传说结合和文人雅士诗歌传颂,增加了湖景的诗情画意。江南名园瞻园,取自苏东坡诗句"瞻望玉堂,如在天上"。中国四大古典名园之一的拙政园内的梧竹幽居亭的"爽借清风明借月,动观流水静观山"对联最能带出此园的意境。

中国绿化博览园南京主会场中的湖南朝晖园,其立意取自毛泽东的诗"芙蓉园里尽朝晖",用湖南特有的吊脚楼与水中芙蓉、岸上芙蓉花相映生辉,形成了湖南地域特色的景观。

3.1.2.4 人文精神的体现

中国古典私家园林多为文人园林,造园的立意多为园主的思想和精神文化的结晶,正如《园冶》所述:"三分匠,七分主人。"园主的世界观决定造景的主题,赋予园林景观一定的感情,将自己的思想寄于山水。江南私家园林通常是以园名作为立意主题,直接体现园主的人文精神。扬州"个园"园主,在园中遍植修竹,取竹字一半命之曰"个园",暗喻园主清逸的品格和崇高的气节,正如苏东坡所云:"宁可食无肉,不可居无竹。无肉使人瘦,无竹使人俗。"拙政园的园主以"拙政"暗喻自己把浇园种菜作为自己(拙者)的"政"事。另外,一些景点的名称也是直

接点题,如笠亭、与谁同坐轩等,游人即可体味到设计的立意。

现代城市园林绿地的主题体现了时代的特征,表现城市的风貌。"永宁园"中的"永"是南宁简称"邕"的谐音,"宁"是南京的简称,寓意南宁与南京永远缔结为友好城市的真挚情结,通过邕泉、宁泉双泉合一,风雨同舟、肝胆相照的风雨桥,永不分离的鸳鸯亭等景点,围绕主题展开立意的创造。

3.1.2.5 结合时代特色的立意

现代城市园林不像古典园林那样只为少数文人雅士或贵族服务,而是面向大众。城市园林具有改善城市生态环境的功能,成为各个城市建设的重要组成部分。目前,城市规模和数量急剧扩大、环境污染日趋严重,人们更向往"山水城市、花园城市"。因此,现代城市园林绿地的主题体现了时代的特征,追求和谐的生存环境。西安世博会的主题——天人长安·创意自然—城市与自然和谐共生,就是人们希望"天"(自然)、"人"(城市)和谐共生,在尊重自然的前提下,利用自然、修复自然,使自然为人类服务。

3.2 园林布局

围绕立意进行构思,设计者应该从拿到项目之后随时随地都在思考。主题立意最终通过具体的园林形式、全面精心的园林布局才能得以实现。

3.2.1 园林布局概念

园林布局即在选定园址或称之为"相地"的基础上,根据园林的性质、规模、地形特点等因素,进行全园的总布局,通常称为"总体设计"。

布局是立意的表现,造园要素的表达,可视为"谋篇"或"结构"的同义语。立意与布局的关系是内容与形式的关系,在园林绿地规划设计中缺一不可。立意决定布局形式,布局形式充分表达园林主题思想,这样才能达到园林创作的最高境界。事先的精心布局,是园林规划设计成功的关键。

园林布局包括园林规划形式、园林要素的应用形式,即整体和部分的关系。在立意基础上,首先确定园林规划形式,再在规划形式的基础上确定要素的运用形式。园林布局古今中外虽然表现方法不一,风格各异,但其形式主要有四种:规划式、自然式、抽象式以及混合式。

3.2.2 园林布局形式

园林布局形式的产生和形成与世界各民族、国家的文化传统、地理条件等综合因素的作用分不开的。英国造园家杰利克(G·A·Jellieoe)在1954年国际风景园林家联合会第四次会议上,总结出世界造园史的三大流派——中国、西亚和古希腊。归纳三大流派的园林特色,形成规则式、自然式和混合式园林布局形式。随着园林的发展又出现了抽象式。

3.2.2.1　规则式园林

规则式园林又称整形式、建筑式、图案式或几何式园林。园林的设计方法是采用轴线法，其代表性园林是意大利台地建筑式园林(图 3.2)和 17 世纪法国勒·诺特平面图案式园林(图3.3)。在 18 世纪英国风景式园林产生以前,西方园林基本上都是以规则式园林为主。西方园林起源可以追溯到古埃及,其方形的园林、矩形的水池、规则式种植的植物、明显的中轴线,是模仿经过耕种、改造后的几何式农业生产这种第二自然而形成的(图 3.4)。这种园林形式不断发展,到文艺复兴时期达到高潮。规则式园林形式的思想是强迫自然接受匀称的法则、在自然中凸显人工的痕迹。

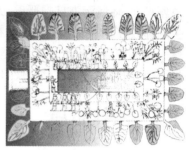

图 3.2　意大利台地园林　　　　图 3.3　法国勒·诺特园林　　　　图 3.4　埃及园林

规则式园林的特点是:严谨的几何秩序,中轴对称,均衡和谐,更显开朗、华丽、宏伟和高贵。中轴线明显,基本上依中轴线进行对称式布置,园地大都划分成几何形体。地形由不同标高的水平面及缓倾斜的平面组成;在山地及丘陵地由阶梯式大小不同的水平台地、倾斜平面及石级组成。水体的外形轮廓均为几何形,多采用整齐式驳岸,园林水景的类型为整形水池、壁泉、瀑布及运河等,常以喷泉作为水景的主题。建筑采用中轴对称均衡的设计,主要建筑群和次要建筑群利用主轴和副轴控制全园。园林中的空旷地和广场外形轮廓均为几何形。道路均为直线、折线或几何曲折线组成,构成方格形或环状放射形,中轴对称或不对称的几何布局。种植设计用以图案为主题的模纹花坛和花境,树木配置以行列式和对称式为主,并运用大量的绿篱、绿墙以划分和组织空间。园林小品常采用盆树、盆花、瓶饰、雕像为主要景物,多布置在轴线的起点、终点或交点上。

规则式园林的代表形式有伊斯兰园林(图 3.5)和勒·诺特园林。伊斯兰园林的轴线是园中建筑中心轴线的延伸,园林要素以轴线对称布置,水体的形式采用几何形状的十字水渠,水渠象征天堂的水、酒、乳、蜜等人间向往的事物。勒·诺特园林以法国勒·诺特设计的凡尔赛宫为代表(图 3.6),将意大利台地园林样式应用在多平原地带地理特征的法国,两者的有机结合形成了法国古典主义园林的最高成就。凡尔赛宫采用严谨的几何结构,园林中的视觉焦点均集中在中轴线上,其他景物则对称地布置在中轴线两端。为了歌颂"太阳王"路易十四,整座园林以象征"太阳的轨迹"的东西方向布置,东起于各神像的矩形大水池,西尽于十字形大运河。太阳神阿波罗驾战车西行为主题的大型喷水池布置在中轴线正中。

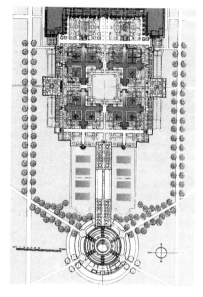

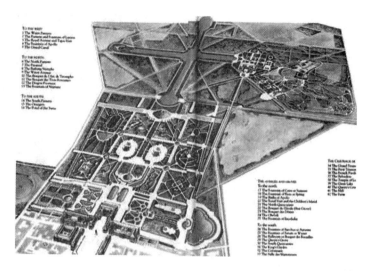

图 3.5　伊斯兰园林　　　　　　　　　　　图 3.6　凡尔赛宫

3.2.2.2　自然式园林

自然式又称为风景式、不规则式、山水派园林等。中国古典园林、日本园林及 18 世纪后的英国乡村风景园是自然式园林的代表。自然式园林的设计方法是采用山水法,模拟原始大自然的秀美景象,认为自然是最好的园林设计师,移山缩水于咫尺园林,形成"一峰则太华千寻,一勺则江湖万里"的意境。

自然式园林的特点是:自然起伏的地形与人工堆置的若干自然起伏的土丘相结合,其断面为和缓的曲线。水体轮廓为自然的曲线,自然山石驳岸,水景类型以溪涧、河流、自然式瀑布、池沼、湖泊等为主。建筑为对称或不对称均衡布局,建筑群多采取不对称均衡布局。全园不以轴线控制,而以主要导游线构成的连续构图控制全园。广场轮廓为自然形空间,道路平面和剖面为自然起伏曲折的平面曲线和竖曲线组成。种植设计反映自然界植物群落自然之美。采用山石、假石、桩景、盆景、雕刻为主要景物,位置多配置于透视线集中的焦点。

自然式园林的代表为中国古典园林。中国古典园林不论是皇家宫苑还是私家宅园都是以自然山水为源流,发展至今。拙政园是中国古典园林的佳作(图 3.7),整体布局"相地合宜,构园得体"。

3.2.2.3　抽象式园林

抽象式园林又称为自由式、意象式或现代园景观式园林。抽象式园林以平面视觉构图为主,体现自由意象和流动的线条美,特点是新颖、简洁、明快,讲究大效果。这种园林绿化的形式是由巴西的艺术家、造园家马尔克斯(R. B. Marx)受蒙德里安立体主义绘画的影响所创造的一种园林设计手法。这些灵感来自于对自然界堤岸的形状、蜿蜒的河谷、低地的景观以及叶片上复杂而漂亮的脉络地升华认识,利用纯艺术观念与本地植物、乡土艺术相结合,并运用曲

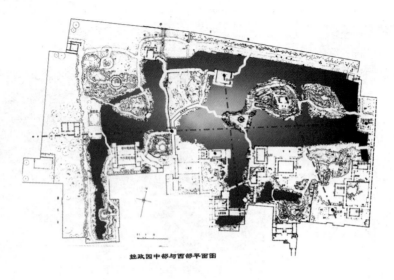

图 3.7　自然式园林——拙政园平面图

线和艳丽的色彩组合,给人们强烈的视觉感受(图 3.8)。抽象式园林将植物以大色块、大线条、大手笔的勾画,成为一种具有自由有序、简洁流畅和鲜明时代感的具有强烈装饰效果的植物设计和布局形式。

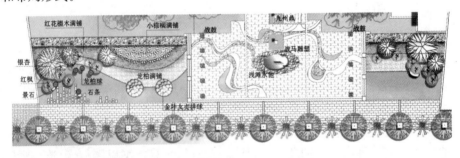

图 3.8　抽象式园林植物种植平面图和效果图

抽象式园林布局采用动态均衡的构图方式,它的线条比自然式流畅而有规律,比规则式活泼而有变化,形象生动,亲切而有气韵,具有强烈的时代气息和景观特质,在现代园林设计中得到了广泛应用。抽象式园林是对东西方传统园林的扬长避短,使之结合成为一个有机整体,达到雅俗共赏的效果。

沈葆久等规划设计的深圳南国花园广场,是以抽象式园林手法设计的下沉式广场(图3.9)。广场位于深圳特区最繁华的商业区——罗湖区中心,是闹市区中的一块绿洲。广场取传统园林的意境,采用规则式园林中的花坛、喷水池,自然式或规则式园林中的植物配置,在整体上做一个抽象式园林的平面布局。深圳市的交通岛以自然流畅的形式布置园林要素,打破原有交通绿岛的规则式设计,形成抽象式的绿地规划设计形式(图3.10)。

图 3.9 深圳南国花园广场平面图和景观

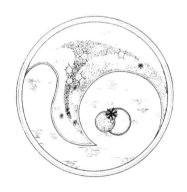

图 3.10 深圳市交通绿岛平面图和照片

3.2.2.4 混合式园林

混合式园林又称为折中式、交错式园林,主要是指以规则式、自然式、抽象式布局交错组合,利用综合法进行设计,以体现折中融和的园林美。

混合式园林的布局根据规则、自然、抽象形式所占的比重有三种形式:一是有控制全园的轴线,在周围边界采用自然形式;二是没有控制全园的轴线,但出入口、主要景区和建筑等存在不同的主次轴线,采用几何规则式布局,其他区域采用婉转曲折的自然布局;三是全园主要是自然布局,仅在局部景点空间采用规则式布局(图3.11),全园没有明显的自然山水骨架,形不成自然格局。

园林绿地的规划形式应根据场地特征、场地功能确定布局形式,地形平坦、纪念性质、游人量较多、四周环境为规则式等情况下,规划成规则式园林;面积较大,地形起伏不平,丘陵、水面多,以生态自然观赏为主,四周环境为自然式,可规划成自然式。一般综合性的公园为混合式园林布局。

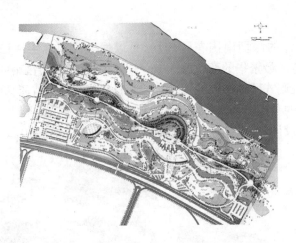

图 3.11　混合式园林——南京中国园艺博览园

园林绿地的布局没有固定的一种形式,大范围的园林绿地一般采用混合式布局。历史时期的园林布局特点不代表就没有其他的布局形式。中国古典园林中的宫苑、纪念性园林或建筑庭院中也有规则式布局,例如北京天坛、南京中山陵等。

3.2.3　园林布局构图法则

3.2.3.1　主景与配景

园林布局的构图,首先在确定主题思想的前提下,考虑主要的艺术形象,也就是考虑园林主景。主景是能够鲜明地反映、突出景观主题立意的园林景物,是园林景观的重点与核心。除主景之外的景物称配景。配景是主景的延伸和补充,与主景起到"相得益彰"的作用。园林的整体布局必须有主景,有配景,主次分明,彼此相关相依相协调。园林绿地有总体立意主题和服从于总立意的各功能分区、各景点的立意主题,因此,配景的角色不是一成不变的,它在全园景观中是配景,在局部景区或特定的游览点可能是主景。在一定的观赏区域景观有主次,景区有主次,主景放在主要景区。整个园林布局要做到主景突出,其他配景必须服从主景,对主景起到"衬托"的作用。元代《画鉴》中说"画有宾有主,不可使宾胜主","有宾无主则散漫,有主无宾则单调、寂寞",把主景、配景的关系和作用说得很清楚。

表现主题立意的突出主景的方法通常有以下几种:

1) 轴线法

在规则式园林和园林建筑布局中,常把主景放在总体布局中轴线端点或者几条轴线的交点,在主景前方两侧,配置成对的景物形成陪衬。中轴对称强调主景的艺术效果,形成宏伟、庄严和壮丽的景象,这种方式对于突出主景重要性很有效。

2) 主景升高

通过基座或局部高地势放置主景的方法,可以达到主景升高的目的。在场地没有起伏的情况下,通常升高景物或在景物的基底设置平台,可以达到"鹤立鸡群"的效果。例如,一些纪念雕塑都有高高的基座,如高约 155m 的华盛顿纪念方尖碑成为美国首都华盛顿国政公园的主景(图 3.12)。在地势高差变化明显的场地,主景多选在山峰、山脊处,这些地方的视觉可达性较好,易于聚集视线成为视线的焦点,景物突出、明显,人们仰观时可以起到突出主景的作用。无锡锡惠公园锡山之巅的龙光塔(图 3.13),塔上的光影随太阳的升起和落下而移动,为公园中突出的标志景观。主景升高的方法往往与轴线结合使用,放置在轴线上或轴线交叉点上。

图 3.12 华盛顿纪念方尖碑

图 3.13 无锡锡惠公园龙光塔

3) 视线焦点

四周环抱的空间周围景物往往有向心的动势,利用环拱空间动势向心的规律,在动势集中的焦点布置主景,可以获得突出的效果。例如,南京莫愁湖中莫愁女的雕像处在四周观赏回廊的视线焦点上。

4) 空间构图重心

主景的地理位置多选在景区的中心、整个构图的重心上。规则式园林中,主景放在几何中心,这是主景的最佳位置。例如天安门广场的纪念碑就是放在广场的几何中心上。而在自然式园林中,主景位于园的重心上,但忌居中。苏州拙政园中的远香堂在中区居中的位置,对山面水,四周有建筑环绕,形成前呼后拥之势,成为全园的重心和主景。这样,把主景布置在园林构图重心的位置上,使之得到突出。

5) 渐变法

布局中采用从低到高逐步升级、层层深入引导进入主景的方式,构建良好的序列关系,可以达到引人入胜、突出主景的作用。

主景突出的方法在园林布局中要综合运用,使主景突出,表达主题思想,配景烘托拱伏,才能获得园林完整构图。例如,南京雨花台烈士陵园,利用轴线法布置入口的配景,最初景点为题字的植物绿篱,层层台阶与花坛里种植的柏树引人前行,在轴线尽端为一定高度的主题雕塑,背景层林尽染衬托烈士群雕,在园区的制高点和构图中心设立高 42.3m 的纪念碑(图 3.14)。

配景的设置主要为了通过对比的方式来突出主景,这种对比可以是体量上的对比,也可以是色彩上、形体上、空间上的对比等。例如北京颐和园中,平静的昆明湖水面以对比的方式来烘托丰富的万寿山立面。另外,配景从类似方式来陪衬主景,例如西山的山形、玉泉山的宝塔等则是以类似的形式来陪衬万寿山。

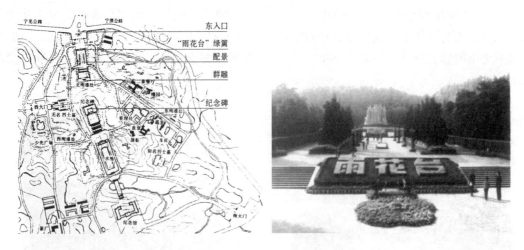

图 3.14　南京雨花台烈士陵园平面与景观

　　总之,美丽的一束手捧花还需要增加海桐的绿叶,牡丹虽好,还需绿叶的衬托,景无论特色和大小都应该有主景与配景之分,这样才有利于主题突出。

3.2.3.2　对比与调和

　　对比是通过相近景物有差异性状的对照,突出各自特色,使得景观丰富多彩,形成视觉上的张力,引人注目,给人一种明朗、肯定、强烈、清晰的感觉。但是对比的景观要注意配合、协调。调和即通过空间、位置、材料、形状等美学性质相同或相似的景物配置在一起的方法,达到突出主题、景观和谐的效果,给人适合、舒适、安定、统一的感觉。园林景观是由不同的局部组成,它们之间既应该有区别,又必须有内在的联系;既有变化,又有秩序,只有将局部景观按照一定规律有机组合才能成为整体。

1) 空间对比

　　空间对比是丰富空间之间的关系,形成空间变化的重要手段。没有对比就没有参照,空间就会单调,不能吸引人。大小、明暗、动静、复杂和简洁、纵深和广阔等空间特征的对比,会使各自特色更加突出,使景观大而见其深、阔而见其广。瑞士恩斯特·克莱默(Ernst Cramer)在1959 年庭园博览会设计的诗园(图 3.15),利用三棱锥体、圆锥台体的几何形体地形造景与自然景观产生了鲜明的视觉对比。南京瞻园的入口区域有小而暗的空间以及四周封闭的海棠院

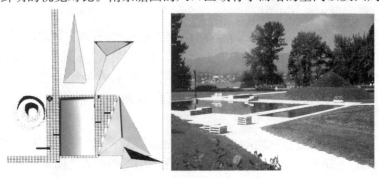

图 3.15　诗园平面图与实际景观

等,与南部空间的大、开敞形成对比,起到了衬托主要景区的作用。

多个对比空间通过相互渗透、引导、起承转合的序列安排等一系列艺术规律调和手段形成符合总体立意和具有艺术感染力的整体景观。空间序列一般包括开始部分、引导部分、高潮部分、结尾部分等清晰的结构。

2) 虚实对比

虚给人以通透、轻松之感,而实则使人感到密实、厚重和具象、有形。虚与实在园林造景中
是相生相长、缺一不可的。园林中的山与水的结合
设计、植物与草坪种植、建筑形体与建筑空间、水边
植物与水中倒影都形成了园林中的虚实对比。另
外,整体环境中的硬质活动铺地与静谧的疏林幽境
形成软硬对比。在空间处理上,大空间和小空间、
开敞空间和封闭空间、密林空间和草坪空间,都是
虚实对比的运用。例如,校园砖砌边界围墙的实与
漏窗、绿地的虚形成虚实结合,体现了虚实对比(图
3.16)。

图 3.16　校园围墙的虚与实

美国华盛顿公园体系(图 3.17)中越战老兵纪念碑(副标题"被遗忘的角落")(图 3.18),
利用实体墙与光影的虚实对比,磨光的黑色花岗岩,镜子般地反射了周围的树木、草地和山脉,
游客的身影影影绰绰地落在黑色花岗岩墙板上,形成了虚与实的对比与融合。延长的墙体好
像是从地里长出来的,被强调的水平轴线指向华盛顿纪念碑和林肯纪念堂,与周围的景观有了
对话。按照设计者林樱自己的话说:"(活人和死人)将在阳光普照的世界和黑暗寂静的世界之
间(再次会面)。"

图 3.17　美国华盛顿公园体系

3) 疏密对比

"密不通风,疏能跑马"这句话非常形象地阐明了疏密对比关系。在自然式园林中,造景要
素在布局上总是要求疏密得当,有了疏密对比才会产生变化和节奏感。绿地中植物种植过密
给人压抑的感觉,过疏则会产生萧条、呆板的感觉,密和高的乔木要有疏朗的草地和灌木作为
对比,达到相映生辉的作用。园林中疏密有致的建筑布置以及景点安排的远近也是疏密对比

图 3.18　越战老兵纪念碑

的用法。

对比的反面是调和,对比产生多样性和变化,调和形成统一构图。调和是近似性的强调,使两者或两者以上的要素相互具有共性。调和一般通过造型相似、色彩相近、漏景的渗透来协调对比的景观。例如山与水通过山环水抱将虚与实相互结合形成和谐美(图3.19)。对比与调和是相辅相成,是总体调和局部对比,两者是同一问题的两个方面。无论是强烈还是极其微妙的对比效果,调和正是起着过渡的作用。因此,在园林中对比与调和相结合才能增加景观的观赏性和景观的整体统一性。

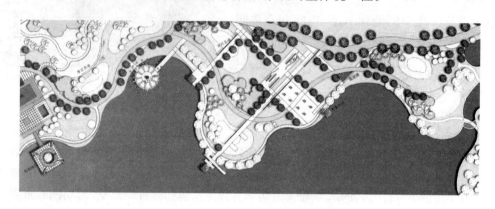

图 3.19　园林游园路与水岸线的调和

园林布局设计中主景与配景本身就是主次对比的一种形式,另外经常用到空间、色彩、高低、曲直等对比方式。

3.2.3.3　韵律与节奏

亚里士多德认为:爱好节奏和谐之类美的形式是人类生来就有的自然倾向。节奏与韵律原是音乐中的术语,后被引申到建筑、园林中。在设计上是指以同一园林景观要素有规律地连续重复时所产生的视觉律动感。韵律在园林构图中将某些要素、形状有规律地连续重复,条理性、重复性、连续性是韵律的特点。如园林中粉墙上连续出现的漏窗、相同形状水景、行列式栽植的植物等都具有韵律节奏感。产生节奏的重要手段是重复,有单纯、平稳的简单重复和复杂、多层面的多节奏重复。韵律按其形式特点可以分为简单韵律、渐变韵律、起伏韵律、交错韵律等(图3.20)。

1) 简单韵律

简单韵律由一种要素或形式以一种或几种方式连续、重复地排列而成,各要素之间保持着恒定的距离和关系,可以无止境地连绵延长。例如,林荫空间的树池或西方园林中成行的雕塑。

2) 渐变韵律

渐变韵律指连续重复的园林要素或形式在某一方面按照一定的秩序而变化,逐渐加长或

图 3.20　韵律与节奏
(a) 简单韵律;(b) 渐变韵律;(c) 起伏韵律;(d) 交错韵律

缩短、变宽或变窄、变密或变稀等。由于这种变化取渐变的形式,故称渐变韵律。例如北京颐和园中的十七孔桥的桥孔就是运用了由小到大,再由大到小的渐变韵律。

3) 起伏韵律

渐变韵律如果按照一定规律时而增加,时而减小,有如波浪之起伏,或具不规则的节奏感,即为起伏韵律。这种韵律较活泼而富有运动感。

4) 交错韵律

交错韵律由各组成要素按一定规律交织、穿插而形成的。各要素互相制约,一隐一显,表现出一种有组织的变化。

以上四种形式的韵律虽然各有特点,但都体现出一种共性——具有极其明显的条理性、重复性和连续性。借助于这一点既可以加强整体的统一性,又可以获得丰富多彩的变化。

3.2.3.4　均衡与稳定

园林要素及其组合的景观在人们的视觉、心理上都表现出不同的轻重感,在平面上表现的是均衡,在立面上则是稳定。园林中的均衡是指景物群体的各部分之间对立统一的空间关系,一般表现为对称式均衡和自然式均衡。

1) 对称式均衡

对称本身就是均衡。对称式均衡是在轴线的两侧布置完全相同的景物,形成两侧对称、前后等距、物体相同、大小一致的景观效果。对称式均衡的特点是规则均匀、安静稳定,是均衡中的完美形态,给人以稳定庄严的统一美感。对称式均衡有三种形式:用于简单场所和建筑立面的一根轴的轴对称,多根轴及其交点为对称的中心轴对称,以及旋转一定角度的旋转对称。对称式均衡在园林中处处存在,如园林绿地的出入口,规则道路的行道树种植,花坛、雕塑的对称布置,园林建筑群体的布局,铺装广场的对称布局等(图3.21)。大多数纪念性园林利用对称式或拟对称手法的布置建筑物、水体或栽植植物,以形成中轴线产生均衡与稳定,给人庄重、严整的感觉,如南京的中山陵、雨花台烈士陵园等。

图 3.21　德国城堡花园

2)自然式均衡

自然式均衡也称不对称均衡,没有对称轴和对称中心,但有稳定的构图重心,园林要素的布置位置以及形状体现量的平衡,以此达到景观效果的均衡。这种均衡的特点是形式多样、变化丰富多样、构图生动活泼,富有动态和活力的美感。

3.2.3.5　比例与尺度

比例是构图中各部分之间和与整体之间长短、高低、宽窄的度量关系。具有良好功能和美感的景观或物体都有良好的比例关系。园林中到处需要考虑比例的关系,大到局部与全局的比例,小到一木一石。在《园冶》中景物安排与地形处理存在的关系比例:"约十亩之基,须开池者三……余七分之地,为垒土得四……"黄金分割比等常用来分析形体的比例关系,即无论从数字、线段或面积上相互比较的两个数值的比值近似为1:0.618。这个比例关系在园林空间大小划分、园林建筑平面和立面设计、花坛和喷水池大小和体量上都有广泛的应用。

尺度是指景物的大小与人体大小之间的相对关系,以及景物各部分之间的大小关系,一般不涉及具体尺寸。一般说的尺度不是指真实的尺寸大小,而是给人们感觉上的大小印象与真实大小之间的关系。园林是供人们休憩、游玩、观赏的空间,应该根据人的需要确定其空间中各组成部分的尺度,并根据服务对象的年龄、特点而有所变化。比如儿童公园的景物及空间尺度要小一些。景物在不同的环境中应有不同的尺度,在特定的环境中应有特定的尺度。设计时,景观都应该使它的实际大小与它给人印象的大小相符合,能让人感觉很亲切,如果任意放大或缩小会使人产生错觉,而让人们在使用和心理上觉得不舒服。

园林中经常运用尺度夸张的做法,为了达到造园意图将景物放大或缩小。如增加台阶高度的目的是增加游客的攀登难度,达到"无限风光在险峰"的意境。一些江南私家园林面积较小,为了给人大的视觉和感觉,在入口空间处理上就尽量狭窄。天安门前花坛中黄杨球直径4m、绿篱宽7m,都超出了平常的尺度,但是与广场和天安门城楼的比例却相和谐。

3.2.4 园林要素造景的布局方式

3.2.4.1 地形布局

地形是水、植物、建筑等园林要素的基底和依托,是构成整个园林景观的骨架。地形布置和设计的恰当与否会直接影响到其他要素的设计。

1) 地形高差和视线

具有一定高差的地形能起到阻挡视线和分隔空间的作用。地形分隔空间产生的对比或通过视线的屏蔽,安排令人眼前一亮的景观,能达到一定的艺术效果。对于过渡段的地形高差,合理安排视线的挡引和景物的藏露,能够创造出有意义的过渡空间(图 3.22)。

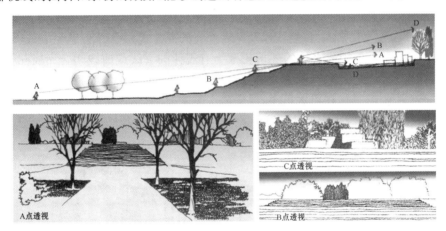

图 3.22 不同高差地形形成的景观

2) 地形的骨架作用

地形对于植物的骨架作用表现在可以作为植物景观的依托,地形的起伏影响林冠线的变化;对于建筑的骨架作用是使建筑形成起伏跌宕的立面和丰富的视线变化;对于具有纪念性的雕塑起到渲染气氛的手段;对于水体的作用是可以作为依托。

3) 地形的造景作用

地形不仅在造景中起决定性的作用,而其本身也具有造景的作用,可以将地面作为一种造型要素,强调地形本身的景观作用。美国明尼阿波利斯市联邦法院大楼前广场引人注目的铺着草坪的土丘(图 3.23),象征明尼苏达州冰川运动所遗留下的起伏地势。这些微地形的土丘

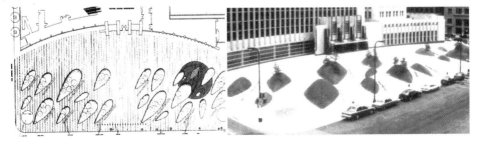

图 3.23 明尼阿波利斯市联邦法院大楼前广场

即是场地的主要景观,又是原木坐凳的背景。

3.2.4.2　水体布局

1) 水体尺度

水体的大小和水位的高低应与环境相和谐并依据人的行为心理进行安排。水池大小一般占所在空间的 1/10～1/5 较好,如果是活动空间,其周围的铺地可以满足人们自由地观赏水景和活动。有喷泉设施的水池,其大小应该是喷水高度的 2 倍,避免喷水在下落时溅起的水花弄湿人们的衣裳,避免打湿周围近水铺地而缩小人们的活动空间。水池深度一般选择是在常水位时水面与岸汀保持 20～40cm 较好,水位过高,在有风时水漫上岸给人造成不安全的感觉;水位过低,达不到人们在赏水景时的亲水感觉。

2) 水体形式

水体形式可以分为规则式、自然式以及两者都有的混合式。

(1) 规则式水体。规则式水体的外形轮廓为有规律的直线或曲线闭合而成几何形,大多采用圆形、方形、矩形、椭圆形、半圆形或其他组合类型。规则式水体线条轮廓简单,多采用静水形式,水位较为稳定,其面积可大可小,池岸离水面较近,配合其他景物可形成较好的水中倒影。例如,法院办公楼前绿地景观中采用规则对称的水体,体现执法如天平,具有公平、公正的含义(图 3.24)。

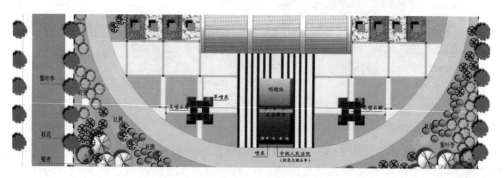

图 3.24　规则式水体(法院办公楼前绿地景观)

(2) 自然式水体。自然式水体的外形轮廓由优美的曲线组成。园林中的自然式水体主要是对原有水体进行改造或者人工再造而形成,通过对自然界存在的各种水体形式进行高度概括、提炼,用艺术形式表现出来,如溪、涧、河流、池塘、潭、瀑布、泉等。有时水体的形状根据实物表达一定的寓意,例如,水体设计形似如意,运用"如意"表示吉祥,其他造园要素围绕水体展开(图 3.25)。

(3) 混合式水体。混合式水体是规则式水体与自然水体有机结合的一种水体类型。混合式水体富有变化,具有比规则式水体更灵活自由,又有比自然式水体易于与建筑相协调的优点。在一个内庭院中,利用方形的源头水景,通过窄的溪流进入以自然为主的开敞大水池,最后又通过窄溪流的合进入三角形水池,体现了水体设计的开合有序和有源有脉的设计立意(图 3.26)。

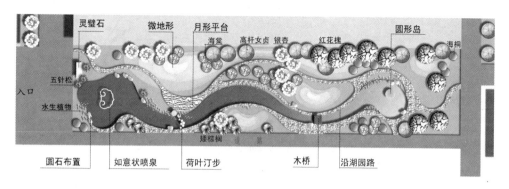

图 3.25 自然式水体(企业入口绿地景观)

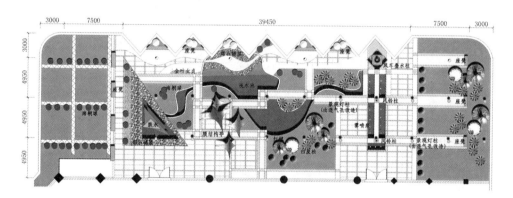

图 3.26 混合式水体(屋顶花园)

3) 水系设计

(1) 疏察来由,开合虚实(图 3.27)。水系要"疏水之去由,察水之来历",切忌水出无源,或死水一潭。自然式水体平面形式注重水面"开与合"的对比、和谐与韵律。水体设计又讲究知白守黑、涵虚衔实、湖岛相间。水体设计应虚中有实,实中有虚,虚实相间,方能景致多变。所谓"虚"者,指水体表面澄澈、一片空明,可借助反射光来反映天空及周边景物,尤其是水平如镜,静练不波之时,更能收纳万象于其中;而水中之岛、岸上之建筑花木山石等诸物则为"实"境。其中,岛的作用不仅可使水体虚实相间,还能组织水面空间、增加水面的层次。

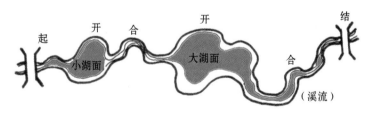

图 3.27 水体的开合

(2) 水岸溪流,曲折有致。水体的岸边、河道要求讲究"线"形艺术,不宜成角、对称、圆弧、螺旋线、等波状、直线(除垂直条石驳岸外)等线型。湖海和池沼大多呈四向展开之状,而溪涧则"回者如轮,漾者如带",其空间的表现,常常采取萦回曲折、源远流长的形态,与自然形态无异,给人亲切感。杭州太子湾公园中水系萦回曲折,与园中地形构图自然和谐(图 3.28)。

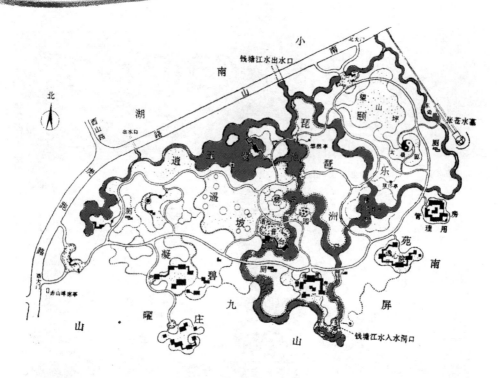

图 3.28　杭州太子湾公园

（3）模拟自然，和谐优美。"模山范水"，山水相连相映，创造出大湖面、小水池、沼、潭、港、湾、滩、渚、溪等不同的水体，并构成完整的体系。水体的边线设计可以来源于平滑河床的边线、来回涨退的海水在沙滩上的图形，模仿它们变换的曲线形式，在流线中创造美的韵律。

4）水面倒影

水面的观赏作用有很大一部分是观赏岸边景物与水中倒影形成的虚实景观。利用水面创造倒影时，水面的大小应由景物的高度、宽度、希望得到的倒影长度以及视点的位置和高度等决定。倒影的长度或倒影量的大小应从景物、倒影和水面几个方面综合考虑，视点的位置或视距的大小应满足较佳的视角（图 3.29）。倒影计算公式中设视距为 D、视高 h，池岸一般高出水面 h'，选择常规的 40cm 条件下，若要倒映出景物的高度和植物的冠长，倒影的长度和水面的最小长度可按照下式计算：

$$l = (h + h')(\cot\beta - \cot\alpha)$$
$$L = h(\cot\beta - \cot\alpha) + 2h'\cot\beta$$
$$\alpha = \arctan H + h + 2h'/D$$
$$\beta = \arctan H' + h + 2h'/D$$

式中：l——景物（树冠部分）倒影长度；

　　　L——水面最小宽度；

　　　α，β——水面反射角；

　　　H——树木高度；

　　　H'——树冠起点高度。

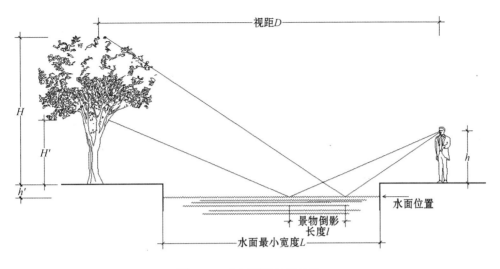

图 3.29 水面倒影长度计算

3.2.4.3 建筑及小品布局

1）廊架

廊架又名凉棚、花廊、花架、蔓棚等，为顶部由格子条构成、常配置攀缘蔓性植物的一种庭园设施。廊架在园林绿地中具有遮阴的功能作用，其上攀缘鲜艳花卉，又可作为主景观赏。与亭廊结合作为建筑入口的花架，常以亭、榭等建筑为实，以花架平立面为虚，突出虚实变化中的协调，取得对比又统一的构图效果，成为建筑与外界的纽带。

廊架常用的建筑材料为竹、木、砖石、钢管、钢筋混凝土或仿木制品，植物材料常选用常春藤、络石、紫藤、凌宵、木香、南蛇藤、五味子或葡萄、金银花、猕猴桃等。

廊架造型多样，有传统的样式，也有根据事物抽象的造型。

廊架的位置一般在水边、园路上或一测、建筑旁、公园空间的一角。

2）园桥

园桥是悬空的道路、桥梁，为跨越水流、溪谷的联络而必需设置的实用建筑。但在多数场合却以装饰为重，并且在大的水面中具有分割水面、增加水景层次的中介作用。

园桥具有实用性的动线连贯作用，还兼具景观欣赏的意义，有些园桥专为点缀观赏而设置的，山水式庭园中的园桥正属此类。就其实用性言，一般正规的桥梁应该是直道且平坦，但就是因为它"园桥"，因此还要特别具有几分诗情画意、美观优雅，故设计出许多变化，如九曲桥、拱桥都是典型的园桥。至于桥面的不连贯，就更引以为奇，即我们在河溪浅滩处，设置间断的垫脚石或踏板（渡石），踏板当然是露出水面的，人在其上悠然地渡过，这就是习称的渡石处理手法，也称为汀步、水上飞石等。

平桥具有简朴雅致、紧贴水面、增加风景层次的功能，一般有三、五、七、九折的曲桥。拱桥既可以丰富水面立体景观，又便于桥下通船的拱桥。有时以桥为基础，在其上建亭、廊形成"屋桥"，例如，扬州的五亭桥。另外，在水中的汀步石也是有桥的一些功能，形成通过水面的道路。

3）园路

顺势通畅的园路系统园林规划设计中十分重要的内容之一。园路与地形、水体、植物、建筑物、铺装场地及其他设施结合，形成完整的风景构图。园路创造连续展示园林景观的空间或欣赏前方景物的透视线，应转折、衔接通顺，符合游人的行为规律。不同的道路设计形式（当然也综合其他构园因素），决定了园林的形式，表现了不同的园林内涵。

（1）园路宽度与坡度。主路纵坡宜小于8%，横坡宜小于3%；粒料路面横坡宜小于4%，纵、横坡不得同时无坡度。山地公园的园路纵坡应小于12%，超过12%应作防滑处理。主园路不宜设梯道；必须设梯道时，纵坡宜小于36%。支路和小路的纵坡宜小于18%。纵坡超过15%的路段，路面应作防滑处理；纵坡超过18%的，宜设计台阶、梯道，台阶踏步数不得少于2级。坡度大于58%的梯道应作防滑处理，设置护栏设施。

园路及铺装场地应根据不同的功能要求确定其结构和饰面。面层材料应与公园风格相协调，并宜与城市车行路有所区别。公园出入口及主要园路宜便于通过残疾人使用的轮椅，其宽度及坡度的设计应符合《方便残疾人使用的城市道路和建筑物设计规范》（JGJ 50）中的有关规定，即坡度为1：12。

（2）园路与建筑的关系。园路通往大建筑时，为了避免路上游人干扰建筑内部活动，可在建筑前设广场，使园路通过广场过渡再与建筑联系。园路通往一般建筑时，可在建筑前适当加宽路面或形成分支，以利游人分流。园路一般不穿过建筑物，而从四周绕过。

（3）园路交叉口处理。当两条主干道相交时，交叉口应做扩大处理，以正交方式形成小广场。小路应斜交，但不宜交叉过多。

4）园林铺装

园林铺装是指在园林环境中运用自然或人工的铺地材料，按照一定的方式铺设于地面形成的地表形式。它与水体、建筑、植物等园林要素构成了完整的园林环境，是景观设计中的一项重要内容。

（1）活动和休憩场所。铺装地是人们在园林中的主要活动场所和不同功能空间的联系，保证了在各种天气情况下可以利用空间。大型的活动场地一般是一定面积的铺装地，以道路、广场空间的等形式为人们提供活动和休憩场所。

（2）暗示、引导与联系的作用。园林铺装可以提供方向性引导，使人们的脚步和视线从一个目标移向另一个目标。通过铺装材料及其线条的变化，可以强化空间感，能在室外空间里表达出不同的地面用途和功能。通过不同的铺装图案达到丰富空间和暗示空间的作用，而对于不同的建筑可以通过铺装的秩序变化起到联系的作用。

（3）意境与主题体现。良好的铺装往往能起到烘托、补充或诠释主题的作用。铺装材料及其图案造型、文字等能强化意境，也可以作为主景的背景，起到突出主题的作用。例如，在校园中不同功能、不同形状和朝向的建筑间的绿地景观，通过铺装进行了统一，又利用圆形铺装起到了空间变化的作用（图3.30）。铺装图案的形式设计基本是从建筑的形状、走向中延伸出来，首先就与建筑达到了协调，其次再通过绿地的不同设计强调空间。

铺装要出彩，需巧妙地选材，同时重视生态环保材料的应用。其中，铺装的图案纹样是否与景观的意境相结合，色彩是否搭配得当，材料的质感是否与环境相匹配，尺度大小是否用的得当等都是形式美中最重要的表现。

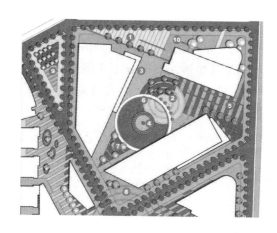

图 3.30　校园景观铺装

1—特色铺装；2—中心广场；3—特色灯柱；4—特色雕塑；5—特色铺装；6—特色铺装；
7—休闲绿地；8—休闲绿地；9—休闲绿地(本土特色植物)；10—休闲绿地

3.2.5　空间景观布局

3.2.5.1　静态空间景观布局

静态空间景观是指游人在相对固定的空间内所感受到的景观,这种风景是在固定的范围内观赏,因此观赏效果与景物的尺度以及空间的大小相互关联。

1) 景物最佳视距

人眼的明视距离为 25～30m,能够看清景物细部的距离为 40m 左右,能分清景物类型的视距在 250～300m 左右,当视距在 500m 左右时只能辨认景物的轮廓,因此不同的景物应有不同的视距。

在观赏静物时,垂直视角为 26°～30°,水平视角为 45°时观景较佳,景物形象清晰和具有相对完整的静态构图。维持这种视角的视距称为较佳视距。若景物高度为 H,宽度为 W,人的视高为 h,最佳视距与景物高度或宽度的关系见下式：

$$D_h = 3.7(H-h)$$
$$D_w = 1.2W$$

式中：D_h——水平视角下的视距；

　　　D_w——垂直视角下的视距。

景物垂直方向的完整性对构图影响较大,若 D_h 和 D_w 不同时,应在保证 D_h 的前提下适当调整以满足 D_w。最佳视距可用来控制和分析空间的大小和尺度、确定景物的高度以及位置。园林中的景物在安排其高度与宽度方面必须考虑其观赏视距问题,但是观赏景物最佳效果的位置是有限的范围。另外,还要满足游人在不同的角度观景,因此在一定范围内需预留较大一个空间,安排休息亭榭、花架等以供游人停留及徘徊观赏。

有些园林空间根据景观意境要求来确定大小,特别是在纪念性园林中,一般要求其垂直视角相对大些,特别是一些纪念碑、纪念雕像等,为增加其雄伟高大的效果,要求视距小些,利用台阶把景物安排在高的台地上,这样就更增加了其高耸、庄严的感染力。

2）景物、空间与人

景物、空间与人的关系（图3.31），当 $D:H=1$ 时，一般可以看清实体的细部，观景者眼睛与水平面的角度为45°，是观看建筑单体的极限角，也是全封闭空间的最小宽度，这种空间有一种既内聚、安定不压抑的感觉。$D:H=2$ 时，可以看清实体的整体。可以较完整地观赏周围的建筑整体，仍能产生一种内聚、向心的空间，而不致于产生排斥、离散的感觉。$D:H=3$ 时，观者可以看清实体的整体及背景。$D:H=4$ 时空间不封闭，建筑立面起远景边缘的作用，空旷、迷失、荒漠、离散的感觉。

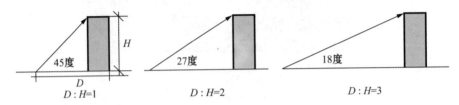

图3.31　景物高度与距离

由于日常生活中人们总是追求一种内聚、安定、亲切的环境，所以好的空间 $D:H$ 大体均在 1～3 之间。

3.2.5.2　动态空间景观布局

动态空间并非单纯的尺度问题，它是由活动内容、布局分区、视觉特性、光照条件、容积感与建筑边界条件等因素共同制约的，同时也与相邻空间的相互对比有关。如当人们从一个狭小的长街中突然走入开阔带，就有步入空间之感。如果空间实际面积并不大，却缺少可供活动的设施和休息的依靠，也会使人产生"空"和"大而不当"之感；相反，在大的空间中如有详细的活动分区、丰富的地面铺装及相应的设施，也会使人感到很踏实。因此，空间尺度除了具有自身良好的绝对尺度和相对比例以外，还必须具有人的尺度。

3.2.5.3　行为心理与空间景观布局

人的行为心理是人与环境关系的媒介和桥梁，也是空间设计的依据和根本。空间环境的创造需要我们全面研究和把握人在空间活动的行为心理，尽可能地满足人们不同层次的心理需求。

空间基本上是由一个物体与感觉它的人之间产生的相互关系所形成。所以一个空间要具有意义就必须要有人的行为存在；若一个空间没有人的行为存在，也就不具有任何意义了。从环境心理学的角度来解释空间，就应该强调人在空间中的感知、情绪和行为。人的行为产生与发展都来自于行为的主体——人的需求和内因的变化。所以，调动人的内驱力，强化"空间"效应，在景观设计中是很重要的。

人与人之间的交往、行为等都与距离有着密切的关系，一般距离越近，其关系越亲密。在《隐匿的尺度》一书中，爱德华·T·霍尔定义了一系列社会距离：

亲密距离（0～0.45m）是一种表达温柔、舒适、爱抚以及激愤等强烈感情的距离。个人距离（0.45～1.30m）是亲近朋友和家庭成员之间谈话的距离。社会距离（1.30～3.75m）是朋友、熟人、邻居、同事等之间谈话的距离。公共距离（大于3.75m）是用于单向交流的集会、演讲,或者人们只愿意旁观而无意参加的距离。

3.3　园林绿地设计程序

　　园林绿地要经过由浅入深、从粗到细、不断完善的设计过程。但不是所有的项目都依照设计过程逐步进行,有时委托方可能会要求设计方提供多种设计方案以进行比较,或者直接从方案设计阶段到施工图的设计而省略扩初设计。

3.3.1　任务委托

　　任务委托阶段包括设计任务书的解读和图纸资料搜集。
　　设计任务书是园林绿地设计的指示性文件,是整个园林绿地规划设计的根本依据,由建设方(甲方)制定。园林绿地建设方在进行绿地建设前,以书面设计任务书的形式或口头阐明建设任务的初步构想和要求,并且必须得到城市规划和园林主管部门批准。设计任务书一般包括:项目类型和名称、用地位置与性质、规划设计要求、完成的规划设计成果要求、工程造价、规划设计图纸完成时间等。设计方(乙方)得到任务书有三种形式:第一是甲方委托一家或几家设计单位进行园林绿地的规划设计,第二是以投标的形式网上公开规划设计任务,并标明参标和中标的奖励办法,第三是以邀标形式向自己信赖的设计单位发出邀请。设计方拿到设计任务书后,其设计人员必须充分了解甲方的具体要求。
　　图纸资料是与设计任务书一起由甲方提供的图纸,一般包括上位规划图纸,即用地周围土地性质图、最新的园林绿地系统编制图(图3.32)。

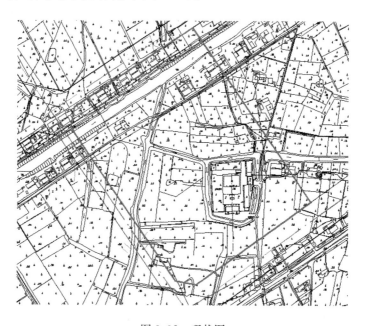

图3.32　现状图

3.3.1.1　基地原始地形图

需要进行园林规划设计的场地可以称为基地,是由自然作用和人类活动所形成的复杂空间实体,它与周围环境有着密切的联系。面积较大基地的一般由土地勘探单位测绘的 CAD 电子图,比例为 1∶2 000、1∶1 000 或 1∶500。面积较小的基地由业主或甲方测绘的手绘图或 CAD 电子图,比例为 1∶200 或 1∶100。基地地形图包含的内容有:设计范围,在图纸上用红色粗线标明;地形、标高,现状山体地形采用等高线表示,如果是小比例地形图,在一条等高线上会有不同的相近标高数字;现状物体位置,标明现有建筑物、构筑物、山体、水系、植物、道路、水井,以及水系的进出口位置、电源、周围单位和居住区的名称、范围等,对于已规划的场地在图上还包括场地市政规划道路位置、宽度及道路中心线;现状植被分布,主要标明现有植被基本状况、现有乔木的位置点、植被分布的区域。

如果甲方没有根据设计的需要提供全部资料,设计方在设计初应列出所需资料名称,让甲方提供或自己进入现场测绘,以尽量多地掌握场地资料。

3.3.1.2　地下管线图

地下管线图一般与施工图比例相同,图内应包括上水、下水、环卫设施、电信、电力、暖气、煤气、热力等管线位置及井位等。除平面图外,最好还要有剖面图,并注明管径的大小,管底或管顶标高、压力、坡度等。此类图纸内容一般应与各配合工种的要求相符合,需与专业的设计人员沟通。

3.3.1.3　主要建筑物的平、立面图

平面图注明室内、室外标高;立面图要标明尺寸、颜色等,以及对设计影响较大的山体、水系、植被、现存园林小品及基地内现状道路的详细布局。由于测绘和制图技术的发展,测量部门提供的数字化地形图,为设计者提供了极大的方便。

3.3.2　基地调查和分析

在进行园林设计之前应对基地进行全面、系统的调查和分析,为设计提供细致、可靠的依据。

园林绿地的基地有的是一张白纸,有的是已有部分园林要素,无论基地是何种状况,越是难以踏勘,越要到达现场的每一个角落进行认真测绘和记录。《园冶》提出:"故凡造作,必先相地立基,然后定其间进,量其广狭,随曲合方,在主者,能妙于得体合宜,未可拘率。"强调主持项目的造园师必到实地勘察,在此基础上做出整体规划,根据空间大小宽窄,确定各种建筑物和景观的范围、用地面积等空间区划,然后根据地貌地势,因地制宜做出具体设计方案,才能创作出"得体合宜"的园林。

3.3.2.1　基地调查

实地勘查内容包括基地内部地形、植被、水体、建筑现状条件,以及基地周边环境条件、外部道路、公共设施、相邻建筑或构筑物、植物、水体、可借景因素等的位置、方向、风格、空间特

征等。

通过了解现场状况、风貌特征,核对、补充所收集的图纸资料,如现有的建筑风格、树木生长情况、地势的高差、水质状况等自然条件,确定现有建筑、树木等情况,水文、地质、地形等自然条件是否与原有图纸吻合,纠正基地原始地形图可能存在的错误。有些素材可以直接标注在基地原始地形图上。例如,在现场踏查中要在原始地形图纸上标明现有植被基本状况,需要保留的树木及位置,并注明品种、生长状况、观赏价值等,有较高观赏价值或特殊保护意义的树木最好拍照片。另外,《园冶》中强调"得景随形",环境的利用对景观的安排影响很大。设计者要根据所观察的现场情况,不断在脑海中进行构思思考,利用一切可用环境景观"因地制宜"地造景,运用"佳者收之,俗者屏之"的理念而设计要"观"与"挡"的园林景观。如果基地面积较大、情况较复杂,有必要进行多次踏查工作。

现场踏查之前要有相应的详细图纸,明确方位,做到心中有数,根据图纸的位置拍摄环境照片,并记录现场特征,形成现状分析图,以供总体设计参考。

3.3.2.2 基地分析

调查是手段,分析才是目的。基地分析是在客观调查和主观评价的基础上,根据已经掌握的全部资料,经分析、整理、归纳后,对基地及其环境的各种因素作出综合性的分析与评价,使基地的潜力得到充分发挥,最后形成现状分析图。现状分析图就是以基地原始地形图或下载的用地卫星图为基础图纸,再根据踏勘现场搜集的照片资料,以及现场构思和总体思考提出如何利用原有的场地特征,进行造景分析策略图。基地分析在整个设计过程中占有很重要的地位,深入细致地分析有助于用地规划和各项内容的详细设计,并且在分析过程中产生的一些设想也很有利用价值。

1)场地现状分析

在原始基地地形图上,可分析基地的有利和不利因素,以便为设计功能分区提供参考。

2)周围地块关系分析

对基地在城市地区图上定位,并对周边地区、邻近地区规划因素进行分析,有利于确定基地的功能、性质、服务人群及场地主次要出入口的合理位置、不同性质功能分区的位置等。

3)交通分析

对基地与周边交通的联系、场地内原有道路、人流车流、进出口及停车场的合理位置等进行分析。

4)环境分析

环境分析包括对基地气候条件、光照条件、污染状况(空气污染、噪声污染等)、地质条件等的分析。

5)管线及构筑物分析

对基地内建筑、墙体、地上地下管线等进行分析,以大体确定其保留及改造、拆迁状况。

6)视线分析

对基地与周围空间的视线交流及场地内部各空间的视线关系进行分析(图2.7)。

7）地形及排水分析

对场地内现有地形及排水状况进行分析，并标出需改造及调整的部分。

8）植被分析

根据基地现有自然环境及人工环境的分析，确定生态敏感区、植被类型及保留和移栽等方案。

9）文地域文化分析

在对基地所在的地域文化分析的基础上，挖掘当地的风俗文化、历史、人文精神等，为后续的设计服务。

基地分析图纸包括在地形资料图纸的基础上进行的坡级分析、排水类型分析（图3.33），在土壤资料图纸的基础上进行的土壤承载分析，在气象资料图纸的基础上进行日照分析、小气候分析等。

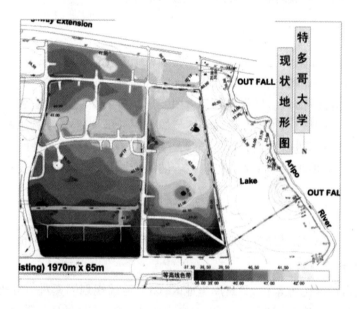

图3.33　基地地形分析

3.3.3　编制计划任务阶段

经过基地分析阶段后，进入编制计划任务阶段，即根据园林绿地规划设计的规模和设计深度，编制计划任务书。计划任务书包括工作内容、时间安排、设计人员组织与调配，它是进行园林绿地设计的指示性文件。首先，要明确规划设计的原则；第二，明确城市规划及绿地系统规划与绿地的关系，明确园林绿地在园林绿地系统中的地位、作用和地段特征、四周环境、面积大小和游人容纳量；第三，设计功能分区和活动项目；第四，确定建筑物的项目、容人量、面积、高度、建筑结构和材料；第五，拟定艺术、风格上的要求，园林公用设备和卫生要求；第六，做出近期、远期的投资以及单位面积造价预算；第七，制定地形、地貌的图表，水系处理的工程；第八，拟出园林工程分期实施的程序。

3.3.4　方案设计与图纸

3.3.4.1　方案设计

1) 多方案构思

在方案设计初期阶段往往是多方位思考的。由于影响设计的因素很多,因此认识和解决问题的方式是多样的,具有相对性和不确定性,导致了多构思和多方案。只要设计没有偏离正确的园林设计方向,所产生的不同方案就没有对错之分,而只有优劣之别。多方案构思对于园林设计而言,其最终目的是为了获得一个相对优秀的实施方案。通过多方案构思,我们可以拓展设计思路,从不同角度考虑问题,从中进行分析、比较、选择,最终得出最佳方案。

多方案构思就是要多出方案,而且方案间的差别尽可能大。差异性保障了方案间的可比较性,而相当的数量则保障了足够的选择性。通过多方案构思来实现在整体布局、形式组织以及造型设计上的多样性与丰富性(图 3.34)。但任何方案都必须满足设计的环境需求与基本功能,应随时否定那些不现实的构思,以免浪费不必要的时间和精力。

图 3.34　居住区公园的三个方案

2) 多方案比较、优化

对多方案的比较、优化应集中在三个方面:一是比较各方案对设计要求的满足程度,包括功能、环境、结构等诸因素;二是比较个性特色是否突出,缺乏个性的方案平淡乏味,难以给人留下深刻的印象;三是选取可以修改、调整、深入、实施的方案。

图 3.35 是别墅庭院的三个景观设计方案。方案一以弧形道路为主统一别墅建筑,道路与铺地比较复杂,水体划分均匀,但没有联系。方案二以自然为主规则为辅的设计形式,道路、水体、活动铺装均是自然形式,只有用于健身的建筑设计为几何式,其方向布置与居住建筑相同,水体形式统一但面积较小、数量多。方案三总体构思与别墅建筑布局相和谐,规则、自然形式相统一,活动铺地、健身建筑、道路一致,水面的开合与场地大小相应。经过比较、优化,在方案三的基础上进行整理与仔细推敲,用计算机绘制完整的平面方案图。

3) 方案的调整与深入

方案调整阶段的主要任务是解决多方案分析、比较过程中所发现的矛盾与问题,并弥补设计缺陷。对方案的调整应控制在适度的范围内,力求不影响或改变原有方案的整体布局和基本构思,并进一步提高方案已有的优势。

在整体布局中,对于主要道路的交通噪音以实体性的墙、地形为主要隔挡手段,次要道路

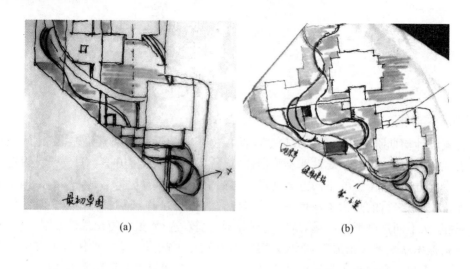

(a) (b)

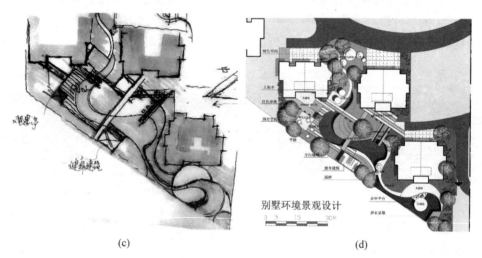

(c) (d)

图 3.35 别墅庭院的多方案设计
(a) 方案一；(b) 方案二；(c) 方案三；(d) 方案三的平面方案图

及其他有碍观瞻的周围环境用植物材料进行隔离。空间划分有安静的休憩空间，有相对活泼、丰富的活动空间。空间之间有较紧凑的联系，各空间在视线上应有较强的联系或引导。到此为止，方案的设计深度仅限于确立一个合理的总体布局、交通流线组织、功能空间组织等，但要达到设计的最终要求还需要一个从粗略到细致刻画、从模糊到明确落实、从概念到具体量化的进一步深化的过程。

4) 方案设计的表现阶段

展示性表现是指设计师对最终的设计方案的表现。它要求该表现应具有完整明确、美观得体的特点，充分展现设计方案的立意构思、空间形象以及气质特点。应注意选择合适的表现方法。图纸的表现方法很多，如铅笔线、墨线、颜色线、水墨或水彩渲染以及水粉表现及电脑绘图等，可根据自身掌握的熟练程度以及设计的内容、特点来选择合适的表现方法，并注意构图疏密安排、图纸中各图形的位置均衡、图面主色调的选择以及标题、标注的字体和位置的协调。

3.3.4.2 设计方案图纸及文件

1) 设计方案说明

设计方案说明包括基地分析说明、规划设计依据、规划设计原则、构思立意、规划结构、功能分区、设计内容说明、道路系统说明、种植规划说明等。

2) 设计方案图纸

(1) 位置图。位置图属于示意性图纸,表示该园林场地在城市或区域内的位置,以及与周围城市的距离关系,要求简洁明了,经常用卫星图进行标明示意。

(2) 现状分析图。根据已掌握的全部资料,经分析、整理、归纳后,对现状作出综合评述,可用圆形圈或抽象图形将其概括地表示出来。例如:经过对四周道路的分析,根据主、次城市干道的情况,确定园林出入口的大体位置和范围。同时,在现状图上,可分析园林设计中有利和不利因素,以便为功能分区提供参考依据。

(3) 总平面方案图。根据总体设计原则、目标,总体设计方案图应包括以下内容:第一,该园林与周围环境的关系:该园林主要、次要、专用出入口与市政关系,即面临街道的名称、宽度;周围主要单位名称或居民区等;该园林的园界是围墙或透空栏杆。第二,该园林主要、次要、专用出入口的位置,面积,规划形式;主要出入口的内、外广场、停车场、大门等布局。第三,该园林的地形总体规划、道路系统规划。第四,全园建筑物、构筑物等布局情况;第五,植物设计方案,反映密林、疏林、树丛、草坪、花坛、专类花园、盆景园等植物景观。此外,总体设计图应准确标明指北针、比例尺、图例等内容。

面积 100hm² 以上基地的总平面方案图比例尺多采用 1:2 000~1:5 000;面积在 10~50hm² 左右的,比例尺用 1:1 000;面积 8hm² 以下的,比例尺可用 1:500。

(4) 效果图。效果图可使设计者直观地表现园林的景点、景物,甲方易于理解园林规划设计的立意构思。效果图一般包括总体鸟瞰图、局部特色效果图、夜景灯光效果图等。

(5) 功能分区图。根据不同年龄段游人活动规律、不同兴趣爱好者的需要,在总体设计原则、现状图分析的基础上,确定不同的分区,划出不同的空间,以满足不同的功能要求,并使功能与形式尽可能统一。另外,功能分区图可以反映不同空间、分区之间的关系。该图属于示意说明性质,可以用抽象图形或圆圈等图案表示。

(6) 道路分析图。道路分析图用以确定绿地的主要、次要出入口,主要环路的位置,主次干道的路面宽度、排水坡度,并初步确定路面的材料、铺装形式等。在图纸上用不同粗细的线表示不同级别的道路。

(7) 地形设计图。地形是园林的骨架,地形设计图要求能反映出园林的地形结构。以自然山水园而论,地形设计图要求表达山体、水系的内在有机联系;根据分区需要进行空间组织;根据造景需要,确定山地的形体、制高点、山峰、山脉、山脊走向、丘陵起伏、缓坡、微地形以及坞、岗、岘、岬、岫等陆地地形。

(8) 植物规划图。植物规划图主要包括不同种植类型的安排,密林、草坪、疏林、孤植景观树、园路景观树等,确定不同功能分区的基调树种、骨干树种和景观树种等。必要时在图上增加文字的说明。

（9）示意图。示意图是利用其它已建园林景观或效果图来说明设计意图。利用局部相似的景观示意自己的设计。一般道路铺装、水体驳岸、小品、植物景观较多利用示意图表示。

3.3.5　详细设计

详细设计是在园林设计方案的基础上，对园林的各个地段及各项工程设施进行设计。常用的图纸比例为1∶500或1∶200。详细设计包括以下内容：

3.3.5.1　出入口的设计

出入口的设计主要包括园门建筑、内外广场、服务设施、园林小品、绿化种植、市政管线、室外照明、汽车停车场和自行车停车棚的主要出入口、次要出入口和专用出入口的设计。

3.3.5.2　各功能区的设计

各功能区的设计包括建筑物、室外场地、活动设施、绿地、道路广场、园林小品、植物种植、山石水体、工程设施、构筑物、管线、照明等的设计。

3.3.5.3　园内各种道路详细设计

园内各种道路详细设计包括道路的走向、纵横断面、宽度，路面材料及做法，道路中心线坐标及标高，道路长度及坡度、曲线及转弯半径，行道树的配置，道路透景视线等的设计。

3.3.5.4　园林建筑初步设计方案

园林建筑初步设计方案包括园林建筑平面、立面、剖面、主要尺寸、标高、坐标、结构形式、建筑材料、主要设备等的设计。

3.3.5.5　管线设计

管线设计包括各种管线的规格、管径尺寸、埋置深度、标高、坐标、长度、坡度，或电杆灯柱位置、形式、高度，水、电表的位置，变电或配电间、广播室位置，广播喇叭位置，室外照明方式和照明点位置，消火栓位置等的设计。

3.3.5.6　地面排水设计

地面排水设计地面分水线、汇水线、汇水面积，明沟或暗管的大小、线路走向，进水口、出水口和窨井位置的设计。

3.3.5.7　山石水体设计

山石水体设计包括土山、石山设计，平面范围，面积，坐标，等高线，标高，立面，立体轮廓，叠石的艺术造型；河湖的范围、形状，水底的土质处理，标高，水面控制标高，岸线处理等设计。

3.3.5.8　园林植物设计

园林植物设计包括园林植物的品种、位置和配植形式设计，确定乔木和灌木的群植、丛植、孤植及与绿篱的位置,花卉的布置,草地的范围。

3.3.6 施工图阶段

施工图阶段是将设计与施工连接起来的环节,根据设计方案,结合各工种的要求分别绘制出能具体、准确指导施工的各种图面和文件。施工图设计文件包括施工图、文字说明和预算。施工图包括施工平面图、地形设计图、种植平面图、园林建筑施工图等。这些图面应能清楚、准确地表示出各种设计的尺寸、位置、形状、材料、种类、数量、色彩、构造和结构等。

施工图尺寸和高程均以米为单位,要求精确到小数点后两位。施工图设计分为植物种植、道路、广场、山石、水池、驳岸、建筑、土方、各种地下或架空线的设计。有两个以上专业工种在同一地段施工时,需要有施工总平面图,并经过审核会签,在平面尺寸关系和高程上取得一致。在一个子项目内,各专业工种要按照各自专业规范进行审核会签。

3.3.6.1 施工总平面图

施工总平面图的图纸比例尺一般为1︰100～1︰500。图纸上应标明以下内容:

(1) 以详细尺寸或坐标标明各类园林植物的种植位置、构筑物、地下管线位置、外轮廓等。

(2) 注明基点、基线,基点要同时注明标高。

(3) 为了减少误差,规则式设计的平面图要注明轴线与现状的关系;自然式道路、山丘种植要以方格网进行控制尺寸。

(4) 注明道路、广场、台地、建筑物、水面、地下管沟、山丘、绿地和古树根部的标高,它们的衔接部分亦要作相应的标注。

3.3.6.2 种植施工图

1) 平面图

平面图比例尺一般为1︰100～1︰500,应包含以下内容:

(1) 按实际距离尺寸标注出各种园林植物的品种、数量。

(2) 与周围固定构筑物和地上、地下管线距离的尺寸。

(3) 施工放线依据。

(4) 自然式种植可以用方格网控制植物的距离和位置。方格网尺寸为2m×2m～10m×10m,方格网应尽量与测量图的方格线在方向上保持一致。

(5) 现状保留树种中属于古树名木的需要单独注明。

2) 立面、剖面图

立面、剖面图的比例尺一般为1︰20～1︰50,应包含以下内容:在竖向上标明各园林植物间的关系,园林植物与周围环境及地上、地下管线设施间的关系;施工时准备选用的园林植物的高度、形态;与山石的关系。

3) 局部放大图

局部放大图应包含以下内容:重点树丛、各树种之间的关系,古树名木周围处理和复层混交林种植详细尺寸,花坛的花纹细部,植物与山石的关系。

4）施工说明

施工说明的内容包括：放线依据，与各市政设施、管线管理单位的配合情况，选用苗木的要求（品种、养护措施），栽植地区客土层的处理，客土或栽植土的土质要求、施肥要求，苗木供应规格发生变动的处理，重点地区采用大规格苗木的号苗措施、苗木的编号与现场定位方法，非植树季节的施工要求等。

5）苗木表

苗木表的内容一般包括：苗木的种类或品种；苗木的规格、胸径，以厘米为单位，写到小数点后一位；冠径、高度，以米为单位，写到小数点后一位；观花类植物需标明花色；苗木数量。

6）预算

根据有关主管部门批准的定额按实际工程量计算。

3.3.6.3　竖向施工图

1）平面图

竖向平面图的比例尺一般为 1∶100～1∶500。必要时增加土方调配图，方格为 2m×2m～10m×10m，注明各方格点原地面标高、设计标高、填挖高度，列出土方平衡表。竖向平面图具体包含以下内容：现状与原地形标高；设计等高线，等高距为 0.25～0.5m；土山山顶标高；水体驳岸、岸顶、岸底标高；池底高程用等高线表示，水面要标出最低、最高及常水位；建筑室内、外标高，建筑出入口与室外标高；道路、折点处标高、纵坡坡度；绿地高程用等高线表示，画出排水方向、雨水口位置。

2）剖面图

竖向剖面图的比例尺一般为 1∶20～1∶50 向剖面图，包含如下内容：在重点地区、坡度变化复杂地段增加剖面图；各关键部位标高。

3）施工说明

竖向施工说明应包括夯实程度、土质分析、微地形处理、客土处理等内容。

3.3.6.4　园路、广场施工图

1）平面图

园路、广场平面图的比例尺一般为 1∶20～1∶100，包括以下内容：路面总宽度及细部尺寸；放线用基点、基线、坐标；与周围构筑物、地上（下）管线距离、尺寸及对应标高；路面及广场高程、路面纵向坡度、路中标高、广场中心及四周标高、排水方向；雨水口位置，雨水口详图或注明标准图索引号；路面横向坡度；对现存物的处理；曲线园路线形，标出转弯半径或绘制方格网（2m×2m～10m×10m）；路面面层花纹。

2）剖面图

园路、广场剖面图的比例尺一般为 1∶20～1∶500，包括：路面、广场纵横剖面上的标高；路面结构，表层、基础做法。

3）局部放大图

局部放大图主要表现重点结合部、路面花纹。

4）施工说明

园路、广场的施工说明主要有以下内容:放线依据;路面强度;路面粗糙度;铺装缝线允许尺寸,以毫米为单位;路牙与路面结合部施工方法、路牙与绿地结合部高程施工方法;异型铺装块与道牙衔接处理;正方形铺装块折点、转弯处做法。

5）预算

根据有关主管部门批准的定额按实际工程量计算。

3.3.6.5 假山施工图

1）平面图

假山施工平面图的比例尺一般为 1：20～1：50,包括如下内容:山石平面位置、尺寸;山峰、制高点、山谷、山洞的平面位置、尺寸及各处高程;山石附近地形及构筑物、地下管线及与山石的距离尺寸;植物及其他设施的位置、尺寸。

2）剖面图

假山施工剖面图应表明以下内容:山峰的控制高程;山石基础结构;管线位置、管径;植物种植池的做法、尺寸、位置。

3）立面或透视图

假山施工立面或透视图应包括以下内容:山石层次、配置形式;山石大小与形状;与植物及其他设备的关系。

4）施工说明

假山施工说明包括以下内容:堆石手法;接缝处理;山石纹理处理;山石形状、大小、纹理、色泽的选择原则;山石用量控制。

3.3.6.6 水池施工图

1）平面图

水池施工平面图包括以下内容:放线依据;与周围环境、构筑物、地上地下管线的距离尺寸;自然式水池轮廓可用方格网控制,方格网尺寸 2m×2m～10m×10m;周围地形标高与池岸标高;池岸岸顶标高、岸底标高;池底转折点、池底中心、池底标高、排水方向;进水口、排水口、溢水口的位置、标高;泵房、泵坑的位置、尺寸、标高。

2）剖面图

水池施工剖面包括以下内容:池岸、池底进出水口高程;池岸、池底结构,表层(防护层)、防水层、基础做法;池岸与山石、绿地、树木接合部做法;池底种植水生植物做法。

3）水池施工各单项土建工程详图

水池施工各单项土建工程详图包含泵房、泵坑、给排水、电气管线、配电装置、控制室等。

根据城市园林绿地的不同性质和特征,方案图、详细设计图、施工图会有所增加和删减。

思考题

1. 园林设计立意来源有哪几方面?
2. 园林布局形式有哪几类?
3. 概述园林要素设计方法。
4. 园林绿地设计有哪些程序?

4 带状公园规划设计

【学习重点】

了解城市带状公园的特征、类型、空间布局;重点掌握不同类型的城市带状公园的设置位置、设计原则及设计要点。

带状公园是当代城市中颇具特色的绿地,承担着城市生态廊道的职能,对改善城市环境具有积极的意义,而道路沿线的带状公园绿化对于更有效组织城市交通产生良好的效果。

4.1 带状公园概述

2002 年制定的《城市绿地分类标准》(CJJ/T85-2002)规定带状公园(G14)是以绿化为主的可供市民游憩休闲的绿地,常常结合城市道路、水系、城墙而建设,是绿地系统中颇具特色的构成要素,承担着城市生态廊道的职能。带状公园的宽度受用地条件的影响,一般呈狭长形,以绿化为主,辅以简单的设施。

4.1.1 带状公园的特征

4.1.1.1 空间形态呈线性带状

带状公园正是因为其狭长的用地条件而被命名的。带状公园在城市系统中是"线"型的概念,有相当的长度和一定的宽度,但并不需要是严格意义上的带状。受用地条件的限制,带状公园的带状形态经常具有不规则的边界,常有宽窄变化,但整体上或者宏观上呈带状。这个带状可以是笔直延伸的,也可以是随地形蜿蜒流动的,还可以是闭合的带状——人们常称之为"环状"。这种线性空间中可以开展步行、骑自行车、慢跑等活动,有益于提高人们的健康。

4.1.1.2 空间的连接性

带状公园的空间形态可简化为"线",较之别的几何图形,在面积一定的条件下,这种"线型"空间拥有更大的联系长度,且其形态长宽比越大,联系的特点越显著。因此带状公园可以用来连接城市中彼此孤立的自然板块,建立和完善城市生态廊道,联系城市中的各个斑块,营造了适宜人们生存的人性场所,优化城市的自然景观格局。

4.1.1.3　空间的渗透性

带状公园由于其带状的形态较易开辟和保留,容易沿滨河、道路、城区中那些闲置出来很难进行房产开发的地块或是旧屋拆迁等转化而来的零散土地"见缝插绿"地建设。由于其用地灵活,能立竿见影地增加绿地面积,改善城市生态环境,为居民提供日常的休闲环境等优势,成为机动性很强的一类绿地。带状公园相对于其他结构形式的绿地更容易填补城市绿地空白,容易与城市中的其他开敞空间结合,作为城市环境中公共开敞空间的纽带。带状公园空间环境的渗透性还表现为城市带状公园开放的边界。公园与周边环境相互延伸、相互渗透、相互交流,使带状公园这一绿色开放空间更好地融入城市景观中,与城市形成一个有机的空间整体。

4.1.1.4　空间引导性和连续性

引导性是线性空间的固有特性。带状公园中所有的节点空间沿长轴展开形成长轴方向上的空间序列,通过对人们心理上的暗示和视觉上的导向,引导人们运动。城市带状公园中的空间序列应该消除各种障碍,保证为主体行为提供连续性的有秩序活动空间。

4.1.1.5　空间的可达性

带状公园与广场和矩形公园等集中型开敞空间相比具有较长的边界,给人们提供了更多的接近绿色空间的机会,因此能更好地满足人们日益增长的休闲游憩的需要。

4.1.1.6　空间的安全性

大多数的带状公园的宽度相对较窄,多为开敞、半开敞的公共空间,视线的通透性较好,人们穿越其中所使用的时间少,可以有效避免视觉盲区,预防城市犯罪。城市居民在带状公园中比那些封闭性管理的大型公园更安全。

4.1.1.7　空间的单调性

带状公园狭长的空间形态决定了短轴方向的空间层次单薄,难于像块状用地一样组织网络状的格局,给人们提供的活动选择余地相对较少,表现得相对单调。

4.1.2　带状公园的类型

4.1.2.1　按构成条件和功能分类

带状公园按构成条件和功能侧重点的不同,可分为生态保护型、休闲游憩型、历史文化型三种。

1)生态保护型

生态保护型带状公园是在生态上具有重要意义的绿地,以保护城市生态环境、提高城市环境质量、恢复和保护生物多样性为主要目的。生态保护型带状公园的典型代表主要有两种:一种是沿着城市河流、小溪而建立,包括水体、河滩、湿地、植被等形成的绿色廊道,成为动植物的理想栖息地；另一种是结合城市外围交通干线而设立的绿带，如上海市外环线绿带、英国伦敦的环城绿带等。这种绿带多位于城市边缘或城市各城区之间，宽度较宽，从数百米到几十公里不等，这种绿带在提高生物多样性、防止城市无节制蔓延、控制城市形态、改善城市生态环境、提高城市抵御自然灾害的能力等方面发挥着重要的作用。

2）休闲游憩型

休闲游憩型带状公园以供人们开展散步、骑自行车、健身运动等休闲游憩活动为主要目的。其典型代表主要有三种：一种是结合各类特色游览步道、散步道路、自行车道、利用废弃铁路建立的休闲绿地；另一种是道路两侧设置的游憩型带状绿地。后一种是国外许多城市中用来连接公园与公园之间的公园路。这种绿带宽度相对较窄，为形成赏心悦目的景观效果，往往采用高大的乔木和低矮的灌木、草花地被结合的种植方式，其生物多样性保护和为野生生物提供栖息地的功能较生态保护型带状公园弱。

3）历史文化型

历史文化型带状公园以开展旅游观光、文化教育为主要目的。其典型代表包括：结合具有悠久文化历史的城墙、环城河而建立的观光游憩带；结合城市历史文化街区形成的景观风貌带等。这种带状公园在丰富城市景观、传承城市文脉等方面发挥着重要作用，同时还能带来可观的经济效益。

4.1.2.2　按公园存在形式分类

按照公园存在的形式，带状公园可分为轴线带状公园、滨水带状公园、路侧带状公园、保护带状公园、环城带状公园等。

1）轴线带状公园

轴线带状公园无论是自然式还是规则式的布局，都必须留出完整的视线通廊，视廊形式可以是轴线大道或是开阔的自然空间，因此其空间序列围绕视廊空间或位于其两侧而徐徐展开。其中，轴线带状公园是区域人群集中的场所，必须提供足够的活动场地，因此在创造整体气势的同时，应该注重在空间序列中形成人性化的次空间，让人们在整体的感觉中发现耐人寻味的细节，见图4.1。为呈现明显的空间等级，应以构筑物、变化的植物配置形式等手法强调，以形成中心，同时要求标志性非常突出，出入口常与城市干道结合紧密；植物选择以体形较大的乔木形成成片的树群，体现气势和整体感。

2）滨水带状公园

滨水带状公园应该以通透性的要素组合把河景、江景引入城市，同时应该以绿化空间为主，特别是临水区域。公共活动空间的场地和设施应该尽少干扰城市与水道之间的视线。因此，滨水带状公园应尽量布局在靠近城市生活区的一边，或直接与之相连。临水区域除安排滨水步道外，不应安排大型集中的公共活动空间，应尽可能小而分散地布置在滨水步道沿线，并与植物配合，避免给水岸造成生硬之感。植物配置除满足生态防护的要求外，以可进入性较强的疏林草地为主，同时运用灌木等不影响滨水透景线的植物或小型构筑物，营造半私密空间，并为这些半私密空间提供良好的视线。

3）路侧带状公园

路侧带状公园是构成城市廊道的重要组成部分，除了具有遮阴、防尘、降噪功能之外，还能

图 4.1　北京奥林匹克公园规划设计一等奖方案（美国 SASAKI 公司）

使廊道与廊道、廊道与斑块、斑块与斑块之间相互联系成一个整体；在生态学上，它为动植物的迁移和传播提供有效的通道（图 4.2）。

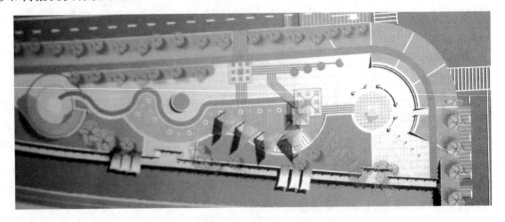

图 4.2　南京市太平北路路侧绿带

4）保护带状公园

城垣等保护带状公园为保护有历史价值的城墙或墙基，沿城墙一侧或两侧划出一定宽度的范围建设的。公园内设置园路和休憩设施，结合历史文化因素点缀一些景观小品，达到保护古迹、为人们提供一个抚今追昔且环境优美的场所。例如湖北荆州的环城公园、南京的石头城遗址公园等都是很典型的保护带状公园（图 4.3）。

5）环城带状公园

环城带状公园的思想在我国也有悠久的历史，我国早在西周时期就颁布了关于沿城墙周围必须植树的法律，虽然目的并不是为了控制城市蔓延，但它在处理人与自然之间的关系有异

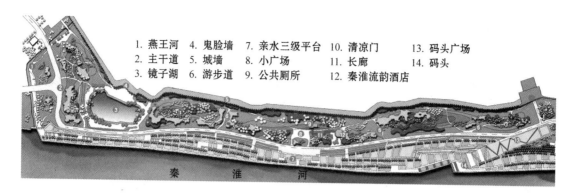

1. 燕王河   4. 鬼脸墙   7. 亲水三级平台   10. 清凉门   13. 码头广场
2. 主干道   5. 城墙   8. 小广场   11. 长廊   14. 码头
3. 镜子湖   6. 游步道   9. 公共厕所   12. 秦淮流韵酒店

图 4.3 南京石头城遗址公园

曲同工之妙。

"平江古城——苏州"被认为是护城河保护的最好的城市。沿苏州护城河分布着大量的城墙遗址,苏州市配合这些遗址建设了大量的公园,如苏州胥门公园等,沿着城墙的布局自然形成了苏州的环城带状公园,虽未刻意规划,但却表现得浑然天成(图 4.4)。

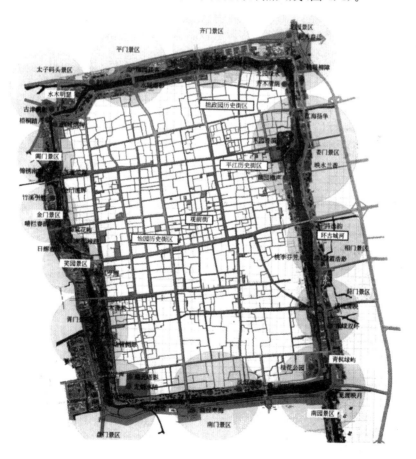

图 4.4 苏州环城带状公园

合肥市也非常合理地利用了环护城河的水系和沿城墙的林带等资源,提出建设环城带状公园的规划。合肥市的环城带状公园明确了旧城与新城之间的关系,既起到了保护旧城的作用,又给市民带来了优越的游憩活动空间。

上述这些分类有助于我们更好地了解城市带状公园,为进一步的规划设计和建设提供依据。现实中存在的往往是综合型的城市带状公园,即上述多种构成条件的交叉混合、多种功能的综合。

4.1.3　带状公园的功能

带状公园在生态上不仅具有其他类型公园净化空气和水体、改善城市小气候、降低城市噪声等功能,更重要的是承担着生态廊道的职能。带状公园这种狭长的、连续的线形绿地不仅将原有的点状、面状的绿地串联起来,形成绿色网络系统,为动植物的生存繁衍提供了更好的生境,减少城市对生物多样性产生的破坏;同时也为城市的物流、能流提供运输通道。另外带状公园线性边界增大了城市与绿地的接触面,使城市和绿地之间相互渗透、融合,能够更有机地修补城市与自然之间的关系。所以带状公园对城市的美化对城市生活环境,尤其是游憩环境和生态环境的改善起到其他公园绿地不可替代的作用。

4.1.3.1　廊道功能显著

廊道作用是带状公园与其他城市园林不同的显著特点。在城市绿地网络系统化中,带状公园的线性带状使其具有独到的网络连接功能,它能通过线形带状的延伸,把分布于城市不同地段、大小不一的绿点、绿面连接起来,编织起城市的绿色网络。而其他园林由于其形态的约束,无法起到城市绿地系统的链接作用。通过带状公园的建设,可建立和完善城市生态廊道,联系城市中多个斑块,加强城市生态网络的建设,更好地发挥城市的生态功能。

4.1.3.2　绿色交通廊道

带状公园可以作为一种替代性的绿色交通廊道,给人们提供更多选择的交通方式,减少人们对汽车的依赖性。带状公园连接城市内块状绿地、自然开放空间和其他有趣味的公共空间,同时将居民区与主要公园相连接,公园与道路、河流并行,与地铁枢纽站和公共交通枢纽站及学校连接,使步行者和骑车人能够往返于其间,为人们创造一个有机、生态、健康的绿色通行网络。带状公园本身能改善城市生态环境以外,因此鼓励出行的人们减少对机动车的使用,对环境带来的生态效益影响也是显著的。

4.1.4　带状公园的空间布局

4.1.4.1　长轴方向上的空间序列组织

带状公园的长轴具有线性的空间特征,更要使活动者感受到活动方向上空间的连续性和秩序感。运用对比、重复、过渡、衔接、引导等一系列空间处理手法,把个别的、独立的空间组织成为一个有秩序、有变化、统一完整的空间集群,使人们沿着主要园路行走,感受到景观空间的开端、转承、高潮和结尾,这样一系列的、连续的、有秩序的转换就构成了空间的序列,避免较长空间序列平铺直叙的呆板。

4.1.4.2　短轴方向上的空间序列组织

带状公园的短轴比较单薄,主要由于其用地宽度的限制以及较大的长宽比使公园空间在短轴方向上缺乏层次和深远感,空间序列较为单一。因此短轴方向上的空间组织的主要任务就是在有限的宽度内尽可能增加空间层次性,通过对空间垂直界面的高差、虚实、大小等变化,增加空间的层次性和丰富性。

4.2　道路绿地规划设计

道路是一个城市的走廊和橱窗,是人们认识城市的主要视觉和感觉场所。道路环境是城市环境的重要组成部分,它是城市三大空间:交通空间、建筑空间、开放空间之一。这种带状环境是反映城市面貌和个性的重要因素。凯文·林奇在《城市的形象》一书中列举的构成城市形象的五大要素中,道路是处于首要地位的,这足以说明道路景观作为道路的组成部分,在创造有特色的城市形象中的重要性。

道路绿地是城市园林绿地系统的重要组成要素,它们以网状和线状形式将整个城市绿地连成一个整体,形成良好的城市生态环境系统。道路绿地具有组织街景,改善街道小气候环境、方便交通等三大功能。道路绿地以其丰富的景观效果、多样的绿地形式和多变的季相色彩影响着城市景观空间和景观视线。城市道路绿地规划设计是在城市道路设计的指导下,依据道路类型、性质功能与地理、建筑环境进行规划,安排布局道路绿地的类型、布置形式、种植方式等。

4.2.1　道路绿地规划设计原则

道路绿地规划设计应统筹考虑道路功能性质、人行车行要求、景观空间构成、立地条件、与市政公用及其他设施的关系,并要遵循以下原则:

4.2.1.1　体现道路绿地景观特色

道路绿地景观是城市道路绿地的重要功能之一。一般城市道路可以分为城市主干道、次干道、支路、居住区内部道路等。城市主次干道绿地景观设计要求各有特色、各具风格,许多城市希望做到"一路一树"、"一路一花"、"一路一景"、"一路一特色"等。道路绿地景观规划设计还要重视道路两侧的用地,如道路红线内两侧绿带景观、道路外建筑退后红线留出的绿地、道路红线与建筑红线之间的带状花园用地等。例如,深圳市规定在道路普遍绿化的基础上,在城市主次干道两侧红线以外至建筑红线之间各留出 30~50m 宽的绿地建设道路花园带,形成深圳市独具特色的道路花园带景观。

4.2.1.2　发挥防护功能作用

改善道路及其附近的地域小气候生态条件,降温遮阴、防尘减噪、防风防火、防灾防震是道路绿地特有的生态防护功能,是城市其他硬质材料无法替代的。规划设计时可采用遮阴式、遮挡式、阻隔式手法,采用密林式、疏林式、地被式、群落式以及行道树式等栽植形式。

4.2.1.3 道路绿地与交通组织相协调

道路绿地设计要符合行车视线要求和行车净空要求。在道路交叉口视距三角形范围内和弯道转弯处的树木不能影响驾驶员视线通透,在弯道外侧的树木沿边缘整齐连续栽植,预告道路线形变化,诱导行车视线。在各种道路的一定宽度和高度范围内的车辆运行空间,树冠和树干不得进入该空间。同时要利用道路绿地的隔离、屏挡、通透、限制等交通组织功能设计绿地。

4.2.1.4 树木与市政公用设施相互统筹安排

道路绿地中的树木与市政公用设施的相互位置应按有关规定统筹考虑,精心安排,布置市政公用设施应给树木留有足够的立地条件和生长空间,新栽树木应避开市政公用设施。各种树木生长需要有一定的地上、地下生存空间,以保障树木的正常发育、保持健康树姿和生长周期,担负起道路绿地应发挥的作用。

4.2.1.5 道路绿地树种选择要适合当地条件

首先是适地适树,根据本地区气候、土壤和地上地下环境条件选择适于在该地生长的树木,以利于树木的正常发育和抵御自然灾害,保持较稳定的绿地效果,切忌盲目追新。其次要选择抗污染、耐修剪、树冠圆整、树阴浓密的树种。另外,道路绿地植物应以乔木为主,乔木、灌木和地被植物相结合,提倡进行人工植物群落配置,形成多层次道路绿地景观。

4.2.1.6 道路绿地建设应考虑近期和远期效果相结合

道路树木从栽植开始到形成较好景观效果,一般需要十余年时间,道路绿地规划设计要有长远观点,栽植树木不能经常更换、移植。近期效果与远期效果要有计划、有组织地周全安排,使其既能尽快发挥功能作用,又能在树木生长壮年保持较好的形态,使近期与远期效果真正结合起来。

4.2.2 城市道路绿地设计专用语

城市道绿地包括道路绿化带(行道树绿带、分车绿带、路侧)、交通岛绿地(中心岛绿地、导向岛绿地)、广场绿地和停车场绿地等(图 4.5)。

4.2.2.1 红线

在城市规划建设图上划分出的建筑用地与道路用地的界线,常以红色线条表示,故称红线。红线是街面或建筑范围的法定分界线,是线路划分的重要依据。

4.2.2.2 道路分级

道路分级的主要依据是道路的位置、作用和性质,是决定道路宽度和线型的主要指标。目前我国城市道路大都按三级划分:主干道(全市性干道)、次干道(区域性干道)、支路(居住区或街坊道路)。

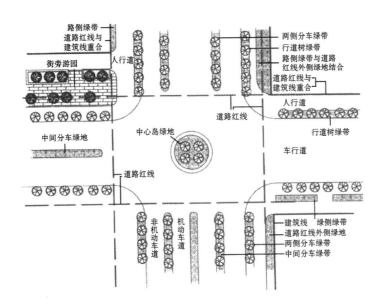

图 4.5　道路绿地的专用术语示意图

4.2.2.3　道路总宽度

道路总宽度又称为路幅宽度,即规划建筑线(红线)之间的宽度。

4.2.2.4　分车绿带

分车绿带是车行道之间可以绿化的分隔带,位于上下行机动车道之间的为中间分车绿带,位于机动车道与非机动车道之间或同方向机动车道之间的为两侧分车绿带。分车绿带有组织交通、夜间行车遮光的作用。

4.2.2.5　道路绿带

道路绿带是道路红线范围内的带状绿地,分为分车绿带、行道树绿带和路侧绿带。

4.2.2.6　道路绿地

道路绿地是道路及广场用地范围内的可进行绿化的用地,分为道路绿带、交通岛绿地、广场绿地和停车场绿地。

4.2.2.7　交通岛

交通岛是为便于管理交通而设于路面上的一种岛状设施。交通岛分为中心岛,也叫转盘,设置在交叉路口中心引导行车;方向岛,路口上分隔进出行车方向;安全岛,宽阔街道中供行人避车处。

4.2.2.8　人行道绿化带

人行道绿化带又称步道绿化带,是车行道与人行道之间的绿化带。人行道如果有 2~6m

的宽度,就可以种植乔木、灌木、绿篱等。行道树是其最简单的形式,按一定距离沿车行道成行栽植树木。

4.2.2.9　防护绿带

防护绿带是将人行道与建筑分隔开的绿带。防护绿带留有 5m 以上的宽度,可种乔木、灌木、绿篱等,主要是为减少噪音、烟尘、日晒,以及减少有害气体对环境的危害。路幅宽度较小的道路不设防护绿带。

4.2.2.10　基础绿带

基础绿带又称基础栽植,是紧靠建筑的一条较窄的绿带。它的宽度为 2～5m,可栽植绿篱、花灌木,分隔行人与建筑,减少外界对建筑内部的干扰,美化建筑环境。

4.2.3　道路绿地率指标

道路绿地率是指道路红线范围内各种绿地之和占总面积的百分比。按照《城市道路绿化规划与设计规范》CJJ75-97 规定:园林景观路绿地率不得小于 40%;红线宽度大于 50m 的道路绿地率不得小于 30%;红线宽度在 40～50m 的道路绿地率不得小于 25%;红线宽度小于 40m 的道路绿地率不得小于 20%。

4.2.4　道路绿地断面布置形式

形式与道路横断面的组成密切相关。我国原有道路多采用一块板、两块板、三块板式,相应道路绿地断面也出现了一板两带、两板三带和三板四带以及四板五带式等多种类型。

4.2.4.1　一板两带式绿地

一板两带式绿地是最常见的道路绿地形式,中间是行车道,在车行道两侧的人行道上种植一行或多行行道树,其特点是简单整齐,管理方便,但当车行道较宽时遮阴效果比较差,相对单调。一板两带式绿地多用于城市支路或次要道路(图 4.6)。

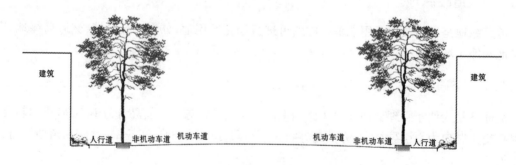

图 4.6　一板二带式道路剖面图

4.2.4.2 两板三带式绿地

两板三带式绿地除在车行道两侧的人行道上种植行道树外,还用一条有一定宽度的分车绿带把车行道分成双向行驶的两条车道。分车绿带中种植乔木,如北京白颐路,也可以如深圳深南大道只配置草坪、宿根花卉、花灌木。分车带宽度不宜低于2.5m,以5m以上景观效果为佳。这种道路形式在城市道路和高速公路中应用较多(图4.7)。

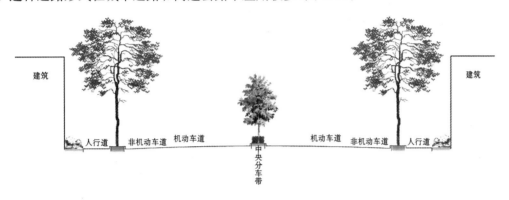

图4.7 二板三带式道路剖面图

4.2.4.3 三板四带式绿地

三板四带式绿地用2条分车绿带把车行道分成3块,中间为机动车道,两侧为非机动车道,加上车道两侧的行道树共4条绿带,绿化效果较好,并解决了机动车和非机动车混合行驶的矛盾。分车绿带以种植1.5～2.5m的花灌木或绿篱造型植物为主;分车带宽度在2.5m以上时可种植乔木(图4.8)。

图4.8 三板四带式道路剖面图

4.2.4.4 四板五带式绿地

四板五带式绿地利用3条分隔带将行车道分成4条,使机动车和非机动车都分成上、下行而各行其道互不干扰,保障了行车安全。这种道路形式适于车速较高的城市主干道(图4.9)。

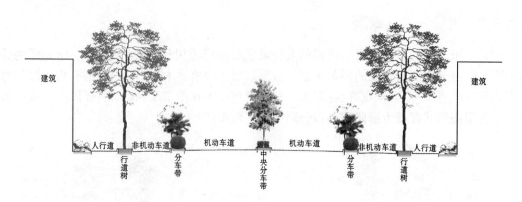

图 4.9　四板五带式道路剖面图

4.2.4.5　其他形式

道路绿化断面断面布置形式虽多,究竟以哪种为好,必须按道路所处的位置、环境条件因地制宜地设置,不能片面追求形式,讲求气派。尤其是街道狭窄、交通量大,只允许在街道的一侧种植行道树时,就应当以行人的庇荫和树木生长对日照条件的要求来考虑,不能片面追求整齐对称而减少车行道数目。

我国城市多数处于北回归线以北,在盛夏季节南北街道的东边、东西向街道的北边受到日照时间较长,因此行道树应着重考虑路东和路北的种植。在东北地区还要考虑到冬季获取阳光的需要,所以东北地区行道树不宜选用常绿乔木。

4.2.5　道路绿地规划设计

4.2.5.1　行道树

行道树是街道绿地最基本的组成部分,在温带及暖温带北部为了夏季遮阴、冬天街道能有良好的日照,常常选择落叶树为行道树,在暖温带南部和亚热带则常常种植常绿树以起到较好的遮阴作用。

许多城市都以本市的市树作为行道树栽植的骨干树种,如北京以国槐、南京以悬铃木作为行道树等,既发挥了乡土树种的作用,又突出了城市特色。同时每个城市中根据城市的主要功能、周围环境、行人行车的要求采用不同的行道树,可以将道路区分开来,形成各街道的植物特色,容易给行人留下较深的印象。

1) 种植形式

(1) 树池式。在人行道狭窄或行人过多的街道上多采用树池种植行道树(图 4.10)。方形和长方形树池因较易和道路及建筑物取得协调故应用较多,圆形树池则常用于道路圆弧转弯处。树池边长或直径不小于 1.5m,长方形树池短边不小于 1.2m。行道树定植株距应以其树种壮年期冠幅为准,最小种植株距为 4m。行道树树干中心至路缘石外侧最小距离宜为 0.75m。行道树其苗木的胸径:快长树不得小于 5cm,慢长树不宜小于 8cm。

为防止行人踩踏池土,保证行道树的正常生长,一般把树池周边做出高于人行道路面,

图 4.10　树池样式

或者与人行道高度持平,上盖池盖,或植以地被草坪或散置石子于池中,以增加透气效果。池盖属于人行道路面铺装材料的一部分,可以增加人行道的有效宽度,减少裸露土壤,美化街景。

树池的营养面积有限,影响树木生长,同时因增加了铺装而提高了造价,利用效率不高,而且要经常翻松土壤,增加管理费用,故在可能条件下应尽量采取种植带式。

(2) 种植带式。种植带是在人行道和车行道之间留出一条不加铺装的种植带。行道树绿带种植应以行道树为主,并与乔木、灌木、地被植物相结合,形成连续的绿带。在人行横道处或人流比较集中的公共建筑前及行人多的路段,行道树绿带不能连续种植,应留出通行道路出入。

种植带的宽度不小于 1.5m,除种植一行乔木用来遮阴外,在行道树之间还可以种植花灌木和地被植物,以及在乔木与铺装带之间种植绿篱来增强防护效果。宽度为 2.5m 的种植带可种植一行乔木,并在靠近车行道一侧种植一行绿篱;5m 宽的种植带则可交错种植两行乔木,靠近车行道一侧以防护为主,靠近人行道一侧以观赏为主,中间空地可栽植花灌木、花卉及其他地被植物。

2) 定干高度

在交通干道上栽植的行道树要考虑到车辆通行时的净空高度要求,为公共交通创造靠边停驶接送乘客的方便,行道树的定干高度不宜低于 3.5m,通行双层大巴的交通街道的行道树定干高度还应相应提高,否则就会影响车辆通行,降低道路的有效宽度。非机动车和人行道之间的行道树考虑到行人来往通行的需要,定干高度不宜低于 2.5m。

3) 定植株距

行道树定植株距应根据行道树树种壮年期冠幅确定,最小种植株距应为 4m;快长树不得小于 5~6m,慢长树不得小于 6~8m。

4) 行道树树种选择的标准

由于城市环境恶劣,受日照、通风、水分、土壤以及人为损伤、机械损伤、管网限制(天上/地下)等条件制约,应考虑一下几种因素选择行道树树种。

(1) 适应性强,抗病虫害能力强,苗木来源容易,成活率高。

(2) 树龄长,树干通直,树姿端正,形态优美,冠大荫浓,春季发芽早,秋季落叶晚且整齐。

(3) 花果无异味,无飞絮、飞毛,无落果。

(4) 分枝点高,可耐强度修剪,愈合能力强。

(5) 选择无刺和深根性树种,不选择萌蘗力强和根系特别发达隆起的树种。

4.2.5.2　人行道绿地

自车行道边缘到建筑红线之间的绿地称为人行道绿地,它是街道绿地的重要组成部分,在街道绿地中一般占较大的比例。

人行道绿地宽 2.5m 左右时可种植一行乔木或乔、灌木间隔种植,宽度 6.0m 时可种植两行乔木,10m 以上时可采用多种种植方式建成道路带状花园。

在现代交通条件下,行人主要在人行道上步行观赏街景,人行道上树木的高度、间距都会对行人的观赏视线产生影响,所以人行道绿地上种植乔木应注意其间距和高度不影响景观视线。

4.2.5.3　路侧绿带

路侧绿带应根据相邻用地性质、防护和景观要求进行设计,并保持在路段内的连续与完整的景观效果。

在路侧道路绿地中按一定方式组合种植乔木、灌木与地被植物可以起到降低车辆噪声的作用。路侧道路绿地是街道景观的重要组成部分,对街道面貌、街景的四季变化起到明显的作用,路侧绿带设计要兼顾街景和沿街建筑需要,注意在整体上保持绿带的连续和景观统一。

路侧道路绿带是带状狭长绿地,栽植形式可分为规则式、自然式以及规则与自然相结合的形式。目前规则式种植应用较多,多为绿带中间种植乔木,在靠车行道一侧种植绿篱阻止行人穿越。如绿带下土层较薄或管线较多时,可以花灌木和绿篱植物为主,形成重复的韵律或图案式种植。

当路侧绿带宽度大于 8m 时,可设计成开放式绿地。开放式绿地中,绿化用地面积不得小于该段绿带总面积的 70%。路侧绿带与毗邻的其他绿地一起辟为街旁游园时,其设计应符合《公园设计规范》(CJJ48)的规定。

4.2.5.4　分车带绿地

分车带来绿带的宽度根据行车道的性质和街道总宽度而定。高速公路上的分隔带宽度可达 5～20m 以上,一般也要 4～5m。市区交通干道宽一般不低于 1.5m。城市街道分车带绿地每隔 300～600m 分段,交通干道与快速路可以根据需要延长。

分车带绿地主要起到分隔组织交通和保障安全的作用,机动车道的中央分隔带在距相邻机动车道路面宽度 0.6～1.5m 之间的范围内,配置植物应常年枝叶茂密,其株距不得大于冠幅的 5 倍;机动车两侧分隔带应有防尘、防噪声种植。

分车带绿地种植多以花灌木、常绿绿篱和宿根花卉为主,植物配置应形式简洁,树形整齐,排列一致。在城市慢速路上分车带可以种植常绿乔木或落叶乔木,并配以花灌木、绿篱等;但在快速干道的分车带及机动车分车带上不宜种植乔木,因为由于车速快,中间若有成行的乔木出现,树干就像电线杆一样映入司机视野,是司机产生眩目,容易发生事故。

4.2.5.5 交叉路口

城市道路两条或两条以上相交之处,这了保证行车安全,设计绿地时需考虑安全视距。按道路的宽度大小、坡度,一般采用 30～35m 的安全视距(图 4.11、图 4.12)。为了保证行车安全,道路交叉转弯处须空出一定距离,形成无障碍的视距三角形。视距三角形内不能有建筑物、构筑物、广告牌以及植物等遮挡视线的地面物。在视三角内布置的装饰性植物,其高度不超过 0.7m,但道路拐弯处的行道树,如主干高度大于 2 m、胸径在 40cm 以内,树距超过 6 m,有个别在视三角内也可允许。

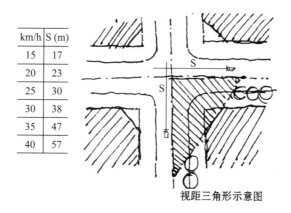

km/h	S (m)
15	17
20	23
25	30
30	38
35	47
40	57

视距三角形示意图

图 4.11 视三角示意图

图 4.12 视三角绿地设计方案

4.2.5.6 交通岛

交通岛设在道路交叉口处,主要为组织环形交通,使驶入交叉口的车辆一律绕岛作逆时针单向行驶。交通岛一般设计为圆形,其直径的大小必须保证车辆能按一定速度以交织方式行驶。由于受到环道上交织能力的限制,交通岛多设在车辆流量大的主干道路或具有大量非机动车交、行人的交叉口。目前我国大中城市所采用的圆形交通岛直径一般为 40～60m,一般城镇的交通岛直径也不能小于 20m。交通岛绿地常以嵌花草皮、花坛为主或以低矮的常绿灌木组成简单的图案花坛,切忌用常绿小乔木或灌木,以免影响视线(图 4.13)。

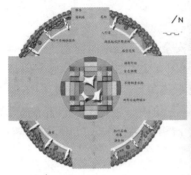

图 4.13 交通岛绿地设计方案

4.2.6 道路绿地与有关设施

4.2.6.1 道路绿地与架空线

分车绿带与行道树上方不宜设置架空线；必须设置时，应保证架空线下有不小于 9m 的树木生长空间。架空线下配置的乔木应选择开放型树冠或耐修剪的树种。树木与架空电力线路的最小垂直距离应符合表 4.1 规定。

表 4.1 树木与架空电力线路的最小垂直距离

电压/kV	1～10	35～110	154～320	330
最小垂直距离/m	1.5	3.0	3.5	4.5

4.2.6.2 道路绿地与地下管线

新建道路或经改建后达到规划红线宽度的道路，其绿化树木与地下管线外缘的最小水平距离符合应表 4.2 规定，并且行道树下方不得敷设管线。

表 4.2 树木与地下管线外缘最小水平距离

管线名称	距乔木中心距离/m	距灌木中心距离/m
电力电缆	1.0	1.0
电信电缆	1.5	1.0
给水管道	1.5	-
雨水管道	1.5	-
污水管道	1.5	-
燃气管道	1.2	1.2
热力管道	1.5	1.5
排水盲沟	1.0	-

当遇到特殊情况不能达到表 4.2 规定的标准时，其绿化树木根颈中心至地下管线外缘的

最小距离可采用表 4.3 的规定。

表 4.3　树木根颈中心至地下管线外缘最小距离

管线名称	距乔木中心距离/m	距灌木中心距离/m
电力电缆	1.0	1.0
电信电缆（直埋）	1.5	1.0
电信电缆（管道）	1.5	1.0
给水管道	1.5	1.0
雨水管道	1.5	1.0
污水管道	1.5	1.0

4.2.6.3　道路绿地与其他设施

树木与其他设施的最小水平距离应符合表 4.4 的规定。

表 4.4　林木与其他设施最小水平距离

管线名称	距乔木中心距离/m	距灌木中心距离/m
低于 2m 的围墙	1.0	-
挡土墙	1.0	-
路灯灯柱	2.0	-
电力、电信灯柱	1.5	-
消防龙头	1.5	2.0
测量水焦点	2.0	2.0

注:表 4.1、表 4.2、表 4.3、表 4.4 引自《城市道路绿化规划与设计规范》CJJ75-97。

4.3　游憩林荫道、步行街绿地规划设计

4.3.1　游憩林荫道设计

游憩林荫道利用植物与车行道隔开,在其内部不同地段辟出各种不同休息场地,并有简单的园林设施,供行人和附近居民作短时间休息之用。

4.3.1.1　林荫道的形式

1）街道中间的花园林荫道

设在街道中间的花园林荫道即两边为上下行的车行道,中间有一定宽度的绿化带,主要供行人和附近居民作暂时休息用。这种类型较为常见,多在交通量不大的情况下采用,不宜有过多出入口,例如北京正义路林荫道、上海肇家浜路林荫道等。

2）街道一侧的花园林荫道

街道一侧的花园林荫道由于设立在道路的一侧,减少了行人与车行路的交叉,在交通流量大的街道上多采用此种类型,有时也因地形情况而定。例如傍山、一侧滨河或有起伏的地形时,可利用借景方式将山、林、河、湖组织在内,创造出更加安静的休息环境。例如上海外滩绿地、杭州西湖畔的六和塔公园绿地等。

3）街道两侧的花园林荫道

街道两侧的花园林荫道设在街道两侧与人行道相连,可以使附近居民不用穿过道路就可达林荫道内,既安静,又使用方便。此类林荫道占地过大,目前应用较少。

4.3.1.2　花园林荫道规划设计要点

（1）设置游步道的数量要根据具体情况而定,一般 8m 宽的林荫道内,设一条游步道;8m以上时,设两条以上为宜,游路宽 1.5m 左右。

（2）车行道与花园林荫道之间要有浓密的绿篱和高大的乔木组成的绿色屏障相隔,立面上布置成外高内低的形式较好,林荫道里面轮廓外高内低。

（3）林荫道除布置游憩小路外,还要考虑小型儿童游乐场、休息座椅、花坛、喷泉、阅报栏、花架等设施和建筑小品。

（4）林荫道可在长 75～100m 处分段设立出入口。人流量大的人行道、大型建筑前应设出入口。可同时在林荫道两端出入口处将游步路加宽或设小广场,形成开敞的空间。出入口布置应具有特色,作艺术上的处理,以增加绿化效果。

（5）植物丰富的花园林荫道的植物配置应形成复层混交林结构,利用绿篱植物、宿根花卉、草本植物形成大色块的绿地景观。南方天气炎热需要更多的绿荫,故常绿树占地面积可大些,北方则落叶树占地面积大些。

（6）林荫道要因地制宜,形成特色景观。如利用缓坡地形形成纵向景观视廊和侧向植被景观层次;利用大面积的平缓地段,可以形成以大面积的缀花草坪为主,配以树丛、树群与孤植树等的开阔景观。宽度较大的林荫道宜采用自然式布置,宽度较小的则以规则式布置为宜。

4.3.2　步行街绿地设计

步行街是城市中专供人行而禁止一切车辆通行的道路,如北京王府井大街、上海南京路、武汉江汉路步行街、南京的狮子桥等。另外,还有一些街道只允许部分公共汽车短时间或定时通过,形成过渡性步行街和不完全步行街,如北京前门大街等。步行街两侧均集中商业和服务性行业建筑。为了创造一个舒适的环境供行人休息与活动,步行街可铺设装饰性地面,增加街景的趣味性,还可布置装饰性小品和供人们休息用的座椅、凉亭等。步行街绿地要精心规划设计,与环境、建筑协调一致,使功能性和艺术性呈现出较好的效果。植物种植要特别注意其形态、色彩,与街道环境相结合;树形要整齐,乔木冠大荫浓、挺拔雄伟;花灌木无刺、无异味,花艳,花期长。此外,在街心适当布置花坛、雕塑。总之,步行街一方面要充分满足其功能需要,同时经过精心的规划与设计达到较好的艺术效果。

4.4 滨水绿地规划设计

滨水绿地是城市重要的物质财富,对城市的艺术风貌和文化特色有很深的影响。2002 年《城市绿地分类》中,城市河道两侧绿地中归属于带状公园绿地。滨水绿地规划设计在满足防洪功能的前提下,进行生态化、景观化、功能化处理,打破传统大堤生硬、笔直、千篇一律的面貌,形成独特生态、自然秀美的堤岸景观。

4.4.1 滨水绿地的规划设计原则

4.4.1.1 体现生态环保理念

滨水绿地的河道水体尽量采用自然和生态式驳岸,保证水陆之间的自然联系与过渡。园路、停车场、广场等尽量采用透水型生态面层,用于通行的路或活动的空间可以建成部分架空的形式,使绿地呈现整体性,保持其自然生态特性。绿地内原有植物尽量保留并充分利用,规划栽植的树种尽量采用乡土植物,进行模仿自然的群落式配置。景观建筑采用生态手法建造,造型师法自然,与周围建筑风格相协调。

4.4.1.2 营造滨水湿地景观

利用有利条件,塑造自然的滨水湿地景观,包括各种湿地水域、湿地岛景、湿地疏林、沼泽地、湿地花卉园等,形成具有自然情趣的生态湿地,既满足城市绿肺、风道和防泄防洪功能,体现结合地域特征的自然生态理念,又能提高观赏性与娱乐功能。湿地内水位随外部环境变化而变化,一年四季显现不同的景观特点,情趣盎然。生态区湿地景观的营造充分考虑景区建设总体的土方平衡,在规划完善合理的前提下,尽可能利用原有建筑用地布置建筑与硬质铺装,以延续原有地貌,减少工程量。

4.4.1.3 创造功能多样性

滨水绿地既要满足城市绿肺、风道和防洪的功能,又要考虑作为未来绿色开放空间的生态绿地,强调其游赏性、科普性和多功能性。由于带状绿地的宽度有限,要将周边景观纳入进来,就需要建立借景观赏功能的空间。另外要充分利用水面,结合河道的规划设计,对其进行整理、利用,保证河道通畅,可供游人划船观赏两岸景观。

4.4.2 滨水绿地布局

滨水绿地是大多是临河流、湖沼、海岸等水体形成的绿地,其侧面临水,空间开阔,环境优美,是居民游憩的地方。如果有良好的绿化,可吸引大量游人,特别是夏日和傍晚,其作用不亚于风景区和园林绿地。

一般滨河路的一侧是城市建筑,在建筑和水体之间设置道路绿带。如果水面不十分宽阔,对岸又无风景时,滨河路可以布置得较为简单,除车行道和人行道之外,临水一侧可修筑游步道,成行种植树木;如驳岸风景点较多,沿水边就应设置较宽阔的绿化地带,布置游步道、草地、花坛、座椅等园林设施。游步道应尽量靠近水边,以满足人们近水边行走的需要。在可以观看风景的地方设计小型广场或凸出岸边的平台,以供人们凭栏远眺或摄影。在水位较低的地方,可以根据地势高低设计成两层平台,以踏步联系。在水位较稳定的地方,驳岸应尽可能砌筑得低一些,满足人们的亲水感。

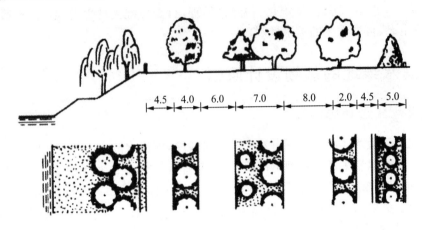

图 4.14　滨河绿地

滨河绿地在具有天然坡岸的地方,可以采用自然式布置游步道和树木,凡未铺装的地面都应种植灌木或铺栽草皮。如有顽石布置于岸边,更显自然。水面开阔,适于开展游泳、划船等活动的地方,在夏日、假日会吸引大量的游人,应设计成滨河公园(图 4.14)。

滨河绿地的游步道与车行道之间要尽可能用绿化隔离开来,以保证游人的安全和拥有一个安静休息的环境。

4.5　高速公路绿地规划设计

城市自形成就和交通联系在一起,高速公路是联系城市的主要交通脉络。随着国民经济的发展,城市进程化的加快,高速公路的建设在我国正逐步形成网络化。高速公路路面平整,车速一般为 80~120km/h,对绿地有着特殊的要求。

高速公路绿地规划设计是指在高速公路路域范围内,利用植物创造一个具有形态变化、形式多样,具有一定社会文化内涵及审美价值,并能满足高速公路交通功能的景观的过程。高速公路绿地包括边坡绿地、防护林绿地、分隔带绿地、互通绿地、服务区绿地等(图 4.15)。

4.5.1　高速公路绿地的作用

高速公路绿地是高速公路环境保护和景观设计的重要组成部分,通过绿地建设可以缓解因高速公路施工、营运给沿线地区带来的各种影响,保护自然环境,改善视觉环境质量,并通过绿化提高高速公路的交通安全性和身处其境的舒适性。

高速公路多位于城郊及乡镇比较空旷的地方,其土壤条件、日照等自然环境因素比城市优

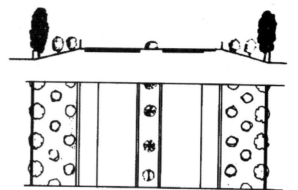

护栏 绿带 护栏 路肩 快车道 分车带 快车道 路肩护栏 绿带 护栏

图 4.15　高速公路绿地

越。由于行人少,离居民点较远,对遮阴、降温等环境卫生方面的要求低于城市,绿地设计注意除防护效益外,应注意其经济效益。根据高速公路各地段的自然条件选择适宜生长、树质好的树种,合理密植,就地培育苗木,并应尽量与农田防护林带结合。高速公路上的绿地供人们观赏景观只是瞬间的,但却是持续的,因而讲究群体美,植物配置要简单明快,根据车辆的行车速度及视觉特性确定群植大小和变化节奏,以调节行车环境和减少司机疲劳。因高速公路采用封闭式管理,树木养护难度大,为保证公路畅通、美观和绿地养护人员的安全,应选择易种、易管又有利于树木本身生长发育和发挥其绿化美化作用的树种。

4.5.2　高速公路绿地设计的基本原则

高速公路绿地设计应力争使自然景观与工程结构相协调,从使用者的视觉、心理出发,使高速公路具有功能、美观及经济的一致性。高速公路绿地设计应遵循以下基本原则:

4.5.2.1　安全性原则

安全性是高速公路绿地设计的基础与前提。人们在车行过程中的感受与高速公路景观之间存在着密切关系。视觉连续、流畅视廊、良好的引导等给人美的感受,宜人的视觉景观尺度可以避免长时间高速行驶时给人的压抑感、威胁感及视觉上的遮挡,适当的绿化遮挡可以减少不可预见、眩光等视觉障碍。

4.5.2.2　特色性原则

不同的高速公路和同一高速公路不同地段都有各自的特色。不同地域有其独特的地域特征、历史文化以及不同的生境,这些都形成不同地区特有的高速公路景观环境。因此在高速公路绿地设计时应充分考虑沿线有价值的自然景观资源和人文景观资源,凡有助于挖掘人文景观的、有价值的线索都可作为设计题材加以运用,以形成各具特色的公路景观。

4.5.2.3　动态性原则

反映人类文明的公路景观存在着保护、继承和不断更新演变的过程,这要求在高速公路景观的保护和塑造过程中,坚持动态性原则,赋予高速公路景观以新的内容和新的意义。

4.5.2.4   整体协调性原则

高速公路是一个具有线性特征的工程,纵向跨度大。在景观设计中,要求将高速公路绿地与沿途地形、地貌、生态特征以及其人文景观作为一个有机整体统一考虑,注意整体节奏,树立大绿地、大环境的思想,在保证防护要求的同时,创造丰富的林带景观。高速公路绿地设计尽可能做到点、线、面兼顾,整体统一,使高速公路与沿线景观相协调。

4.5.2.5   景观艺术性原则

从景观艺术处理角度来说,为丰富景观,防护林的树种应适当加以变化,并在同一段防护林带里配置不同的树种,使之高低、林形、枝干、叶色等都有所变化,以丰富绿色景观。但在具有竖向起伏的路段,为保证绿地景观的连续性,起伏变化处两侧防护林最好是同一树种、同一距离,以达到统一、协调。

4.5.3   高速公路不同路段的绿地设计

4.5.3.1   高速公路出入口、交叉口、涵洞绿化设计

高速公路出入口是汽车出入的地方,在出入口栽植的树木应该配置不同的骨干树种作为特征标志,引起汽车驾驶员的注意,便于加减速及驶出驶入。高速公路交叉口 150m 以内不栽植乔木;道路拐弯内侧会车视距内不栽植乔木;交通标志前、桥梁、涵洞前后 5m 内不栽高于 1～2m 的树木。

4.5.3.2   中央分隔带

高速公路(中央)分车绿带是指车行道之间的绿化带,其主要功能是隔离车辆分道行驶,防止汽车驶入分隔带及阻挡对行车辆的眩光,诱导视线及美化道路环境,保证行车安全。中央分隔带种植整齐的花木、绿篱、低矮的灌木及矮小的整形常绿树,不仅可以有效遮挡相向车辆的灯光,起到防眩作用,有助于降低交通事故的发生。栽植的树种应该是四季常绿,生长缓慢,低矮、耐修剪,抗旱,抗寒,抗病虫的,在北方常用蜀桧、千头柏、洒金柏、龙柏等。植物种植间距如图 4.16 所示。

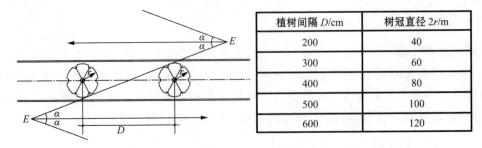

植树间隔 D/cm	树冠直径 $2r$/m
200	40
300	60
400	80
500	100
600	120

图 4.16   中央分隔带植物株距和冠径的要求

$$D=2r/\sin\alpha$$

式中：D——植树间距；

　　　　R——树冠半径；

　　　　α——照射角，$\alpha=12°$；$\sin\alpha=0.207$。

4.5.3.3　防护带绿化

高速公路外侧往往有防护带，其主要作用为防风隔音、纳污除尘、固土护坡、调节气候、涵养水源、引导视线、协调景观。防护带绿地的设计考虑到沿线景色变化对驾驶员心理上的作用，过于单调驾驶员容易产生疲劳、疏忽而导致交通事故，所以在修建高速公路时尽可能保护原有自然景观，并在道侧适宜点缀风景林群、树丛、宿根花卉群，采用外高内低，即远乔木、中灌木、近草坪的三层绿化体系，形成一个连续，密集的林带。有些地方栽植经济林作为防护带，既增加景色的变换、起到绿色屏障的作用，又带动了经济发展。

4.5.3.4　边坡绿化

边坡绿化的主要目的是为了保持水土，稳固边坡，改善高速公路景观，补偿施工对环境的破坏。挖方土质边坡可根据土质情况进行绿化设计；挖方石质边坡宜采用垂直绿化材料加以覆盖以增加美观，可选用阳性、抗性强的攀援植物；填方区的绿化可采用种草坪及花灌木等固土护坡。对于挖方路段前的填方结合段的绿化，可采用密集绿化方式，从乔木过渡到中灌木、矮灌木，这样可减少光线的变化对驾乘员的影响，起到明暗过渡的作用。

4.5.3.5　互通绿化

互通是高速道路交叉连接的重要形式。互通绿化景观设计的目的是引导驾驶员视线、保证行车安全以及美化环境(图 4.17)。互通绿化内容包括：指示栽植，采用高、大、独乔木，设在环道和二角地带内，用来为驾驶员指示位置；缓冲栽植，采用灌木，设在桥台和分流地方，用来

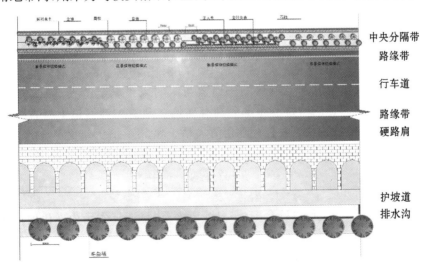

图 4.17　边坡与防护林带

缩小视野,间接引导驾驶员降低车速,或在车辆因分流不及而失控时,缓和冲击,减轻事故损失;诱导栽植,采用小乔木,设在曲线外侧,用来预告高速公路线形的变化,引导驾驶员视线;禁止栽植,在立体交叉的合流处,为保证驾驶员的视线通畅,安全合流,不能种植树木。

互通绿化设计首先要服从交通功能,在保证交通安全、增加导向标志的前提下,可以根据互通式立体交叉的特点构图,图案简洁、空间开阔,适当点缀树丛、树群,注重整体感、层次感,形成开敞、简洁、明快的格调;或者选择一些常绿灌木进行大片栽植,构成宏伟图案,同时适当点缀一些季相有变的色叶木和花果植物,形成乔、灌、草相结合的复层搭配植物景观,赋予其一定的历史文化、民族风情等内涵(图4.18)。

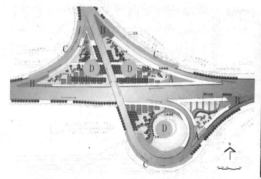

图 4.18　互通绿地景观平面与效果图
A—缓冲栽;B—不宜栽植;C—小乔木作诱导视线种植;D—栽植主要景观植物

4.6　实训案例——金清大港绿地规划设计

4.6.1　项目背景

4.6.1.1　地形地貌

浙江省新河镇金清大港绿地规划设计总用地面积约 68 万 m²,金清大港由西至东流经镇域汇入东海,是新河镇南北新老城区的一道蓝与绿的风景。金清大港蜿蜒约 3 500m,两侧绿地宽 20~70m,在河道的中部和东部分别有岛屿。金清大港河道上有省级文物保护单位寺前桥和寺前桥古街,还有交通主干道金清大桥。紧邻金清大港北侧,有一座孤山——披云山。

4.6.1.2　历史文化

新河镇历史悠久,镇内文物古迹众多,居温岭市之首,是浙江省历史文化保护区。历史文化有张元勋抗倭文化、一河一屋一路和两路夹一屋的所城古韵文化,城隍庙会和徽祭的民俗文化、文笔塔和戚继光拳的文风武风文化、航运的运河文化等。

4.6.2　规划定位

作为温岭市和新河镇主要的通行航道和防洪通道,绿地应满足金清大港通航、防洪、滞洪等要求,规划成生态型绿带,形成城市沿河景观,在不破坏其主导功能前提下,可微量开发城市旅游、休闲、文娱等设施,为城市居民提供生活、休闲、交往的公共场所。绿地利用"基质—斑块—廊道"的景观生态格局总体布局植物和农作物,形成林在田上,田在林中,林在水上的多种景观。

4.6.3　规划主题和理念

4.6.3.1　规划主题

金清大港绿地规划设计了"古韵、今风、绿野"三大景观主题,力求创造优美、生态、富有历史文化内涵且具有时代特征的大型开放的滨水的特色景观带。具体体现在:特色鲜明、分区合理的功能布局结构;顺畅自然、便捷高效的道路交通系统;健康生态、充满活力的滨水景观环境;亲切宜人、凸显人文关怀的景观空间氛围。

绿地的三大景观主题五大区布局采用以古韵为中心向外"一石激起千层浪"的形式,比喻金清大港绿地的建设将会提升城市的整体形象,推动经济的发展。

4.6.3.2　规划理念

1) 人与自然的共生(生态理念)

突出人本情怀,尊重自然生态。绿地将最大限度地保护与完善现状景观资源,充分发挥自然生物的生态效应与美化环境的社会效应,遵循天人合一的原则,进行空间环境的再创造,达到人与自然的共生。

2) 文化内涵的创造(文化理念)

汲取温岭市和新河镇传统文化的精华,在尊重传统历史文脉的基础上,融入现代景观规划设计手法,突出体现浓郁的人文气息与文化氛围,创造具有地方特色的历史文化滨河景观带。

3) 环保意识的张扬(科技理念)

贯穿现代科技理念,在建筑设计、水系处理方面,尝试使用新技术、新材料、新工艺,使能耗最小化,重视可再生能源的利用和能源的高效利用。

4) 以人为本的凸显(人本理念)

适量的休闲娱乐功能与生态湿地功能相辅相成,通过科普、休闲、游赏式的各种活动安排以及完善的活动场地设置,为市民提供真正健康、生态的绿色开放空间与场所。

4.6.4 规划结构与景观功能分区

4.6.4.1 基本构架

金清大港绿地规划设计以一港、一山、一桥、二带、二岛为基本构架,见图4.19。

一港:为金清大港,水景观的打造。

一山:为披云山,远景观的丰富。

二桥:省级历史文物保护单位寺前桥和泄洪河道上的大桥,桥景观的历史再现。

二带:金清大港两侧沿河生态绿地,休闲、文化的体现。

二岛:金清大港中三面环水一面临路的两个岛,湿地景观公园。

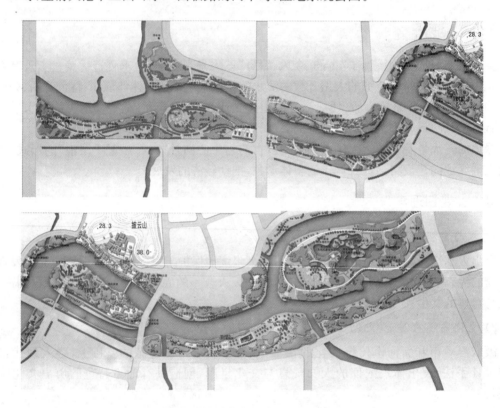

图4.19 金清大港绿地规划设计方案

4.6.4.2 景观功能分区与构思

金清大港绿地规划为三大主题六景观功能区(图4.20)。古韵:寺前景区、史韵景区,体现历史文化;今风:海韵景区、滨江游乐区,反映新河镇人民的奋发精神和优良传统;绿野:田园风光区、林韵景区,营造人与自然亲密接触的湿地空间。

1) 寺前景区

寺前景区以寺前桥(金清大桥)、寺前桥古街和披云山为依托,设计具有标志性的金清大港历史文化特色景观和休憩场所。设置标志性景点之金清阁、朱子筑闸的金鳌镇海雕塑景观、逝

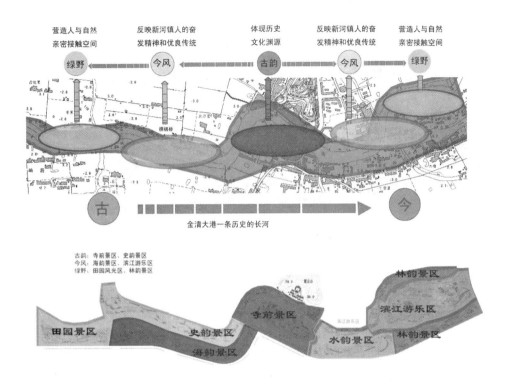

图 4.20 金清大港绿地景观功能分区

者如斯夫的港道追忆、"金清大港"四个字的历史文化照壁、孤植香樟的古樟胜境(图 4.21、图 4.22、图 4.23)。

图 4.21 历史文化照壁

图 4.22 古码头

2) 史韵景区

史韵景区集中展示新河和金清大港灿烂悠久的历史文化。主要由折线状历史文化展示墙、史韵雕塑林、亲水平台、景观码头、生态景观林组成,寓意莫忘历史,珍惜生态和水资源。

3) 海韵景区

海韵景区整体地势南高北低,利用地形变化形成错落丰富的多种景观。主要以海洋生物造型、帆形、波浪形等作为平面构成元素,以不同形式和内容表现海韵文化特色。设计有海螺广场、海韵广场、栈桥清风、弧状海文化展示墙、下沉式渔韵广场和双亭谐趣、风帆码头、艄公号角等景点。

图 4.23　鸟瞰图

4）水韵景区

水韵景区以新河镇和金清大港婀娜多姿的水文化为表现主题。在新河镇总体规划中指定的滨江游乐场基础上，将披云大桥以东的备用地发展为滨江游乐场，体现多姿多彩的桥文化及桥桥相映的水乡风貌，同时加强趣味性、参与性、体验性。结合水际植物群落的展现，个别地段可营造栈桥式亲水生态空间，随水位的变化出现高低错落的变化。景区设湖光泛月、水中娱乐、三台泽韵、曲桥间渡、白帆远影等景点。

5）田园景区

田园景区以田园风光和湿地风情为主题，展示新河和金清大港的生态文化和景观。主要景点有海螺广场、依河赏野、夕阳垂钓、草垛景观、陶艺风情、滨水药草园、滨水花境园、河渚芦花、碧海游园、色香植物园、暗香竹韵等。

6）林韵景区

林韵景区综合考虑环境的统一变化，结合地形的起伏，以表现丰富多彩的生态景观林为主题，主要由朝阳出浴、波光微漾、绿源竞丽、秋芳丽庭、屏山镜水等景点组成。屏山镜水以披云山为背景，种植大面积的自然树群，堆叠起伏地形，形成前可亲水水后可赏山的趣味休闲丛林景观。林下做一些仿木桩和仿木汀步，增加休闲性和儿童参与性，是滨江游乐区的过渡和对比。

4.6.5　植物景观的规划原则

4.6.5.1　多样统一原则

将植物景观规划与周边用地布局相结合，整体规划，分段设计，空间上重视沟通与流动，形成总体融合、高潮迭起极具现代气息的景观序列。

4.6.5.2　生态设计原则

遵循生态设计的原理，崇尚自然，尊重自然，强调整体环境的生态化营造，营造和谐的生态环境，提供宜人的休闲空间。

4.6.5.3 特色突出原则

充分发挥规划场地周边地区景观资源丰富、生态环境良好的优势,对不同地段的植物景观进行合理搭配,景观视觉效果强烈,同时整体滨水特色突出,体现旖旎的自然和历史风貌。

4.6.5.4 因地制宜原则

充分结合用地现状特点,采取相应的景观处理措施,使滨水湿地植物景观、江堤坡地植物景观,田园科教植物景观、疏林草地植物景观、出入口广场植物景观、滨水植物景观、绿化缓冲植物景观与周边环境有机衔接,相映生辉,提升沿线的环境景观品质。

4.6.6 结论

作为城市中滨水绿地应该将历史风貌延续,利用现代园林要素进行阐述,让市民了解城市的古往今来。因此,规划设计主题浓缩城市各方面特色,景区的划分是将用地特征和城市布局相结合,景点是历史、人文、行为、心理与自然的园林要素物质化,植物的种植因地制宜的体现场地特色、生态与多样统一。

思考题

1. 带状公园有哪些类型?各自具有什么特征?
2. 不同这类的城市道路绿地如何规划设计?
3. 简述滨水绿地规划设计的原则。
4. 高速公路不同地段的绿地如何设计?

5 居住区绿地规划设计

【学习重点】
　　了解居住区绿地的特征、类型和功能,掌握社区公园的规划设计及各类居住区绿地规划设计的一般方法。详细解读居住区绿地规划设计的实际案例分析。

　　居住区绿地是居住区环境的主要组成部分,一般指在居住小区或居住区范围内的住宅建筑、公建设施和道路用地以外布置绿化、园林建筑和园林小品,为居民提供游憩活动场所的用地。居住区绿化是改善生态环境、提高生活质量和居民日常生活的基础设施之一。通过绿化与建筑物的配合,形成住宅建筑间必需的通风采光和景观视觉空间,使居住区的室外开放空间富于变化,形成居住区赏心悦目、富有特色的景观环境。

5.1　居住区绿地的特征、类型和功能

　　居住区绿地是城市园林绿地系统中的重要组成部分。一般城市居住生活用地占城市总用地的 50% 左右,其中居住区绿地占居住区生活用地的 25%～30%。居住区广泛分布在城市建成区中,因此居住区绿地构成了城市绿地系统点、线、面网络中面上绿化的主要组成部分。居住区绿地是接近居民生活并直接为居民服务的绿地,为居民提供游憩活动场所。

5.1.1　居住区绿地的特征

5.1.1.1　以人为本,注重可参与性

　　以人为本的指导思想是景观设计的一次重要转变,这样的转变使居住区绿地的设计由单纯的绿化及设施配置,向营造能够全面满足人的各层次需求的生活环境转变。以人为本精神有着丰富的内涵,在居住区的生活空间内,对人的关怀则往往体现在近人的细致尺度上(如各种园林小品等),可谓于细微之处见匠心。居住区绿地的设计更多地从人体工学、行为学以及人的需要出发研究人们的日常生活活动,并以此作为设计原则,创造适于居住的生活环境。居住区绿地的设计,不仅仅是为了营造人的视觉景观效果,其目的最终还是为了居住者的使用。居住区绿地环境是人们接触自然、亲近自然的场所,因此居住区绿地必须融入居住者的参与,使居住区绿地成为人与自然交融的空间。居住区绿地的各类景观、设施融入人的参与

后,使景观更人性化(图5.1,图5.2)。

图5.1 居住小区内的儿童戏水池

图5.2 景观小品结合生态净水设施

5.1.1.2 主题突出,体现文化景观

居住环境是其所在城市环境的一个组成部分,对创造城市景观形象有重要作用。同时,居住环境本身能够反映城市的文化和地方性特征,对增加区域内居民的文化凝聚力具有重要的作用。居住区环境设计有各自的主题,是与建筑形式、景观形式相一致的精神内涵,或营造独特的社区文化、艺术氛围,或表达对某种生活情调的追求,能够有针对性地满足当前社会多元化需求中特定群体的需求。居住区绿地设计的主题思想既可以从市场分析出发,又可从居住区区位环境的景观特质中提炼出来,表达出文化景观。

5.1.1.3 因地制宜,美观实用兼备

居住区绿地同时具备观赏性和实用性,能在有限的空间发挥最大的生态效益。首先,居住区绿地中的各类设施能够满足实用的功能,不同的活动要配置相应的设施。随着我国人口向老龄化发展,居住区绿地中的活动设施较多地考虑了安全和无障碍设计的问题。其次,通过对居住区绿地整体和各要素的合理组构,使其具有完整、和谐、连续、多样的特点,这是美的基本特征。通过形式、色彩、质感等赋予环境以特定的属性,满足居民的心理需求。居住区绿地是自然环境与人工环境的有机结合,并结合特殊的地理、植被、景观现状条件,创造出与居住区建筑相结合、亲切宜人的美好的空间格局。

5.1.1.4 绿化为主,生态优先

植树、种草是改善人类生存环境的重要手段,居住区绿地重视乔木、灌木、草本植物及各品种组成的生态循环链效应,因地制宜,适地适树,乔、灌、花、草、藤结合,注重植物种类的多样性,提高居住区绿化的生态含量。"生态优先"将城市居住区景观的各构成要素视为一个整体生态系统,使绿地设计从单纯的物质空间形态设计转向居住区整体生态环境的设计,创造出安全、舒适、健康的生态型景观环境,达到人与自然的和谐(图5.3、图5.4)。

图 5.3　住宅周围的生态绿化

图 5.4　住宅庭院的植物配置

5.1.2　居住区绿地的分类

根据《城市绿地分类标准》，"居住区公园"和"小区游园"归属"公园绿地"，在城市绿地指标统计时不得作为"居住绿地"重复计算。因此，居住区绿地应是城市居住用地内除去社区公园以外的绿地，它包括组团绿地、宅间宅旁及庭院绿地、公共服务设施所属绿地、道路绿地等。

5.1.2.1　组团绿地

组团绿地又称居住生活单元组团绿地，包括组团儿童游戏场，是最接近居民的居住区公共绿地。它结合住宅组团布局，以住宅组团内的居民为服务对象。在组团绿地规划设计中，特别要设置老年人和儿童休息活动场所，一般面积 $1\,000\sim2\,000\,\text{m}^2$，离住宅入口最大步行距离100m 左右。

5.1.2.2　宅间宅旁及庭院绿地

宅间宅旁及庭院绿地指居住建筑四旁的绿化用地及居民庭院绿地，包括住宅前后及两栋住宅之间的绿地。宅间宅旁及庭院绿地遍及整个住宅区，与居民的日常生活有密切关系。

5.1.2.3　公共服务设施所属绿地

公共服务设施所属绿地指居住区内各类公共建筑和公用设施的环境绿地，如居住区俱乐部、影剧院、少年宫、医院、中小学、幼儿园等用地的环境绿地。其绿化布置要满足公共建筑和公用设施的环境要求，并考虑与周围环境的关系。

5.1.2.4　道路绿地

道路绿地指居住区主要道路（居住区主干道）两侧或中央道路绿化带用地。一般居住区内道路路幅较小，道路红线范围内不单独设绿化带，道路的绿化结合在道路两侧的居住区其他绿地中，如居住区宅旁绿地、组团绿地。道路绿地是联系居住区内各种绿地的纽带，对居住区的面貌有着极大的影响。

5.1.3 居住区绿地的功能

居住区绿地在城市绿地中占有较大比重,与城市生活密切相关,对居住环境起着十分重要的作用,是居民日常使用频率最高的绿地类型。它对于改善居住区小气候、创造良好的休息环境、美化生活、防灾避难等都起到良好作用。总结起来居住区绿地主要有以下几方面的功能:

5.1.3.1 生态功能

居住区绿地具备改善居住区局部生态环境,调节小气候,创造舒适的生活环境,促进人与自然和谐共存、协调发展的生态功能。绿色植物通过光合作用调节大气中的碳氧平衡。绿色植物还具有遮阴降温、净化空气、防风滞尘、降低噪音等多项生态效益。可以说,没有绿色植物就没有人类的生存环境。居住区景观绿地是一个人工植物群落,绿地规模越大,植被数量和种类越多,结构层次越复杂,群落的稳定性越强,生态效益就越显著。

5.1.3.2 审美功能

居住区绿地具有创造优美的景观形象、美化环境、愉悦人的视觉感受、振奋精神的审美功能。优美的居住环境不仅能消除人们工作后的疲惫,更能给人以美的享受和艺术的熏陶。居住区绿地的审美功能通过软质景观、硬质景观和文化景观等,以植物、水体、地形等软质景观为主,园林构筑、铺装、雕塑等硬质景观为辅,文化景观与之相互渗透,缓冲建筑物相对生硬、单调的外部线条。居住区绿地中种类繁多的园林植物,色彩纷呈,形态各异,并且随着季节的变化而呈现不同的季相特征。

5.1.3.3 使用功能

居住区绿地为居民提供丰富的户外活动场地,具有满足居民户外活动需要的多种使用功能。在居民的各种需要中,最基本的是与自然的亲近和与人的交往,因此减少绿篱的栽植,多种植一些冠大荫浓的乔木,铺设耐践踏的草坪,使人能进入绿地内活动,尽情享受自然环境的乐趣。同时不同空间的分隔,为小区内不同年龄、不同文化层次、不同兴趣爱好的居民提供不同的活动空间。

5.2 社区公园规划设计

社区公园是指为一定居住用地范围内的居民服务,具有一定活动内容和设施的集中绿地(不包括居住组团绿地)。按《辞海》的定义,"社区"的基本要素为:有一定的地域;有一定的人群;有一定的组织形式、共同的价值观念、行为规范及相应的管理机构;有满足成员的物质和精神需求的各种生活服务设施。社区公园下设"居住区公园"和"小区游园"两个小类。

5.2.1 居住区公园

居住区公园是居住区绿地系统的核心,为整个居住区居民服务的公共绿地,具有重要的生态、景观和供居民游憩的功能。居住区公园一般结合居住区商业、文化中心布置,这样可以提高公园的利用率。居住区公园按照居住人口数量而决定用地面积,人口规模达 30 000~50 000 人的居住区,公园面积在 10 000m² 以上。它在用地性质上属于城市园林绿地系统中的公园绿地部分,在用地规模、布局形式和景观构成上与城市公园无明显的区别。

居住区公园在选址与用地范围的确定上,往往利用居住区规划用地中可以利用且具保留或保护的自然地形地貌基础或有人文历史价值的区域。公园内设施和内容比较丰富齐全,有功能区或景区的划分,除以绿化为主外,常以小型园林水体、地形地貌的变化来构成较丰富的园林空间和景观。居住区公园应规划一定的游览服务建筑,同时布置适量的活动场地并配套相应的活动设施,点缀景观建筑和园林小品。由于居住区公园相对于一般城市公园而言,规划用地面积较小,因此布局较为紧凑,各功能区或景区间的联系紧密,游览路线的景观变化节奏比较快。

一般居住区公园规划布局应达到以下几方面的要求:

(1)满足功能要求,划分不同功能区域。根据居民各种活动的要求布置休息、文化娱乐、体育锻炼、儿童游戏及人际交往等活动场地和设施。

(2)满足园林审美和游览要求,以景取胜,充分利用地形、水体、植物及园林建筑,营造园林景观,创造园林意境。园林空间的组织与园路的布局应结合园林景观和活动场地的布局,兼顾游览交通和展示园景两方面的功能。

(3)形成优美自然的绿化景观和优良的生态环境。居住区公园应保持合理的绿化用地比例,发挥园林植物群落在形成景观和良好生态环境中的主导作用。

居住区公园的规划设计手法主要参照城市综合性公园的规划设计手法,但应充分考虑居住区公园的功能特点,见表 5.1。居住区公园的游人主要是本居住区居民,居民游园时间大多集中在早晚,特别在夏季,游人量较多。在规划布局中,应多考虑晚间游园活动所需的场地和设施,多配植夜香植物。基础设施配套要满足节假日社区游园活动的功能要求,如注意配套公园晚间亮化、彩化照明配电。

表 5.1　居住区公园的功能分区及内部设施和园林要素

功能分区	设施和园林要素
安静休息游览区	休息场地、树荫式广场、花坛、游步道,园椅园凳和花架廊等园林小品,亭、廊、榭、茶室等园林建筑,草坪、树木、花卉等组成的植物景观,自然式水体景观
游乐活动区	文娱活动室、喷泉水景广场、景观文化广场和室外游戏场、小型水上活动场、露天舞池(露天电影场)、绿化布置、公厕
运动健身区	运动场及设施、休息设施、绿化布置
老人儿童游憩区	儿童乐园及游戏器具,老人聚会活动的服务建筑和场地,画廊,公厕,绿化布置
公园管理	公园大门(出入口)、管理建筑、花圃、仓库、绿化布置

居住区公园结合本身原始的地形、植被条件,打造了一个以野趣、自然为主题的居住区公园,供周围的居民使用(图 5.5)。公园景点分布以生态峡谷为纽带,以地形变化为契机,分别打造了生态森林、清凉峡谷和阳光坡地等不同地形景观,小径和植被和谐统一,景观设计丰富多变,使公园特色鲜明,美不胜收。

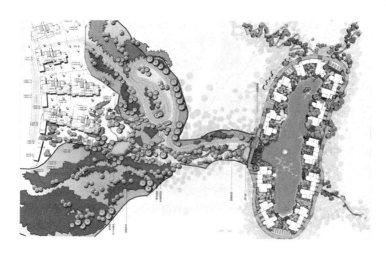

图 5.5　富有自然野趣的居住区公园

5.2.2　小区游园

小区游园又称居住小区公园、居住小区级公园,是为居住小区居民就近服务的居住区公共绿地,在用地性质上属于城市园林绿地系统中的公共绿地。小区游园一般要求面积在4 000 m² 以上,布局在居住人口10 000人左右的居住小区中心地带。有的小区游园布局在居住小区临城市主要街道的一侧,这种临街的居住区公共绿地对美化街景起重要作用,又方便居民、行人进入公园休息,并使居住区建筑与城市街道间有适当的过渡,减少城市街道对居住区的不利影响。有的小区游园近邻历史古迹、园林风景名胜保护区,能有效地保护城市中的名胜古迹,减少居住区建筑环境对它们在景观、保护等方面的不利影响。有的小区游园布局在居住区外与近郊自然山水环境直接相连的城镇建成区边缘地带,使居住区的开放空间系统与近郊的自然生态景观紧密联系。

小区游园是居住区中最重要的公共绿地,相对于居住区公园而言,利用率较高,能更有效地为居民服务。因而,在居住区或居住小区总体规划中,为使居民就近方便到达,一般把小区游园布局在居住小区较适中的位置,并尽可能与小区公共活动中心和商业服务中心结合起来,使居民的游憩活动和日常生活自然结合。基于上述环境特点、用地规模和功能要求,小区游园规划布局应注意以下几个方面的问题:

5.2.2.1　与周围环境相协调

小区游园内部布局形式可灵活多样,但必须协调好公园与周围居住区的相互关系,包括公园出入口与居住区道路的合理连接,公园与居住区活动中心、商业服务中心以及文化活动广场之间的相对独立和互相联系,绿化景观与小区其他开放空间绿化景观的联系协调等。

5.2.2.2　以居民为服务对象

小区游园用地规模较小,但为居民服务的效率较高。在规划布局时,要以绿化为主,形成小区游园优美的绿化景观和良好的生态环境,也要尽量满足居民日常活动对铺装场地的要求,可适当增设树荫式活动广场。

5.2.2.3　适宜的园林建筑小品

适当布置园林建筑小品,丰富绿地景观,增加游憩趣味,既起点景作用,又为居民提供停留休息观赏的地方。被居住区建筑所包围的小区游园用地范围较小,因此园林建筑小品的布置和造型设计应特别注意与小区游园用地的尺度和居住小区建筑相协调.一般来说,其造型应轻巧而不笨拙,体量宜小而不宜大,用材应精细而不粗糙。

小区游园是与其周边居住小区环境紧密联系的自由开放式的居住区公共绿地,无明确的功能分区,内部安排的园林设施和园林建筑比居住区公园简单,一般有游憩锻炼活动场、结合养护管理用房的公共厕所、儿童游戏场及简单的设施,并布置花坛、水池、花架、廊、亭、榭等园林小品和小型园林建筑及园路铺地、园凳、园椅、趣味景墙、入口标志景墙、宣传廊等。

5.2.2.4　布局简洁

小区游园平面布局形式不拘一格,但总的来说,应采用简洁明了、内部空间开敞明亮的格局。由于处在现代居住区环境中和具有为居民日常服务的功能要求,小区游园不宜完全按中国传统园林的布局形式和造景艺术手法来进行规划设计。

对于用地规模较小的小区游园,采用规则式的平面布局容易取得较理想的效果,用变化有致的几何图形平面来构成平面布局,结合地形竖向变化,形成既简洁明快,又活泼多变的园林环境。

小区游园的位置根据居住区的具体情况各不相同。小区游园位于居住区的边缘,结合城市道路绿化形成"外向空间",其中布置游览设施、休息健身设施和亭、廊、花架等以供附近居民休闲游乐(图5.6)。也有的小区游园位于居住区的中心,使其成为"内向型"绿化空间,到居住

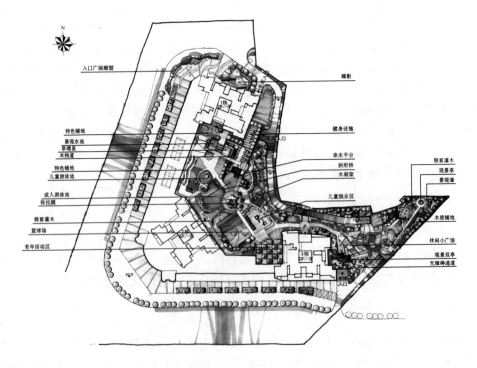

图 5.6　小区游园位于居住小区的边缘

区的各个方位的服务中心距离均匀,便于居民使用。小区游园在建筑的围合中空间环境比较安静,增强了居民的领域感和归属感,在视觉上绿化空间与四周的建筑群产生明显的"虚"与"实"、"软"与"硬"的对比,空间疏密结合,空间层次丰富(图5.7)。

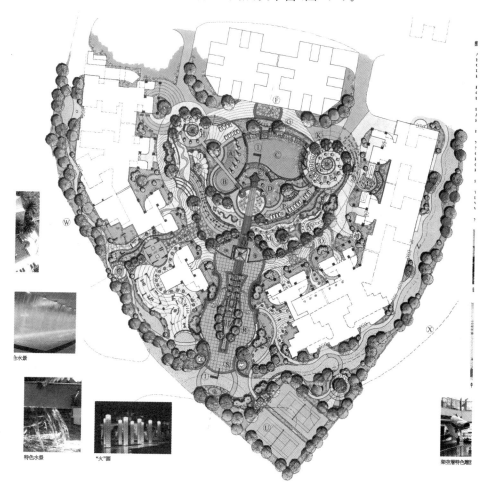

图5.7　小区游园位于居住小区的中心

5.3　居住区绿地规划设计

居住区或居住小区内的各种绿地要统一布局,合理组织,使各种绿地的分布形成分散与集中、重点与一般相结合的形式,让居民方便地使用,并突出本区特色。

5.3.1　居住区绿地规划设计原则

5.3.1.1　以服务居民为目标

人们在居住区中生活,除了有生理、安全的需要外,还有与他人接触、群体交往的需要和对室外自然空间和景观环境的需要。与城市居民日常生活最贴近,市民感受最直接、使用便捷的室外环境就是居住区的绿地环境,尤其对于居住区中的学前儿童和退休人群,居住区的绿地(特别是居住区公共绿地)常常成为他们日常活动最主要和必需的场所。因此,居住区的规划设计必须有效地为居民服务,特别是在居住区公共绿地规划设计中,要形成有利于邻里交往、居民休息娱乐的园林环境,要考虑老年人及儿童少年活动的需要,按照他们各自的活动规律配备设施,采用无障碍设计,以适应残疾人、老年人、幼儿的生理体能特点。

5.3.1.2　充分利用居住区中保留的有利的自然生态因素

生态环境功能是居住区绿地的游憩、景观、空间和生态环境几大基本功能中最重要的功能。居住区绿地是居住区中唯一能有效地维持和改善居住区生态环境质量的环境因素,因此在规划设计和园林植物群落的营建中,在形成优美的绿地景观、构成符合居住区空间环境要求的基础上,应注重其生态环境功能的形成和发挥。在具体方法上,可通过配合地形变化,设计具有较强生态功能的多样的人工园林植物群落组合,采用生态铺装树阴式广场、林荫道等,又如把水景合理地布置在绿地中,充分利用动静水体的环境物理过程,结合园林植物群落,更有效地发挥绿地的生态功能。

一般居住区环境是以建筑环境为主的人工环境,出于经济和居住区功能的要求,在居住区建设中往往对规划用地范围内的自然环境进行较全面的改造。但局部保留的不宜建设用地或是有景观特色的自然地形地貌,如山丘、水体,以及按国家有关法规保护的古树名木、成形大树群等,都可以作为居住区绿地的重要部分。在居住区绿地规划中,往往充分利用规划用地周围的自然生态景观因素,如居住区靠山临水时,使居住区内的开放空间系统与周围山水环境取得有机联系,在丘陵缓坡地上的居住区,建筑布局依山傍势、高低错落,应充分结合丘陵缓坡地的自然地形条件,使地形、空间更加丰富。通过绿化进一步协调建筑与居住区周围自然环境的关系,形成居住区环境景观和绿化的特色,丰富居住区开放空间的景观,提高绿化的生态环境功能。

5.3.1.3　根据绿地中市政设施布局和具体环境条件进行绿化设计

居住区绿地的规划设计要遵循城市园林规划设计的一般原则。首先,应充分利用规划用地内的自然条件、特色景观和绿化基础;其次,应根据当地气候生态特点和用地的土壤条件,结合立地环境的适当改造,选择适生的绿化材料;同时,居住区绿化中既要有统一的基调,又要在布局形式、绿化材料等方面做到多样而各具特色。

居住区绿化设计要根据绿地中居住区室外管线、构筑物的布置情况和道路的线型和布局、绿地与建筑物的空间关系进行,种植设计要符合有关种植设计规范,避免影响居住区的交通视线、建筑物对日照、采光、通风和视线空间的要求。

居住区内地下管线是居住区基础设施的重要组成部分。地下管线一般包括电信线、电缆、热力管、煤气管、给水管、雨水管(目前少数居住区的电信线、电力线采用架空线),地下地上构筑物包括化粪池、雨水井、污水井、各种管线检查井、室外配电箱、冷却塔和垃圾站等。在绿地中的这些管线和构筑物都直接对绿化布置起限制作用。居住区绿地除公共绿地外,其他绿地被建筑物、道路分割,从而使每一块面积不大的绿地往往与建筑物和道路有紧密的空间关系。对处在这种环境中的绿地进行布置,要求植物的生长(尤其是根系的生长)避免对居住区中的管线、构筑物等设施造成破坏和给日常检修带来不便;同时,要尽量减少这些环境因素对绿化植物生长的不利和限制,使植物根系在土壤中有合理的营养空间。居住区建筑物外墙边绿地的绿化,要求不能影响建筑物对采光、通风、日照和视觉空间的要求,如绿化配植高大乔木时,应考虑其与建筑物门、窗、门厅位置的相互关系。

5.3.2 居住区绿地规划设计的基础工作

通过对居住区的规划设计及现状图文资料的收集、现场踏勘和与业主的交流等,全面深入地把握居住区及其绿地的基本情况,了解居住区周围的城市环境和社会文化特点,取得绿地规划设计必须的平面图纸和其他基础资料,是居住区绿地规划设计必需的前期基础工作。全面细致的基础工作,是使规划设计符合规划用地环境的实际情况、提高设计质量、保证实际施工的可操作性和减少设计修改的基本条件。

居住区绿地规划设前计收集和分析的内容包括居住区规划和部分土建工程图文资料,居住区内自然环境和绿化基础,居住区周围环境等。

5.3.2.1 居住区规划和部分工程图文资料

居住区绿地规划设计必须全面把握居住区布局形式和开放空间系统的格局,了解居住区要求的景观风貌特色,具体如住宅建筑的类型、组成及其布局;居住区公共建筑的布局;居住区所有建筑的造型、色彩和风格;居住区道路系统布局等。

要求收集居住区总体规划的文本、图纸和部分土建和现状情况的图文资料,进行实地调查。在进行居住区绿地详细规划和施工设计时,要依据居住区总平面图(包括高程地形设计)、工程管线综合图、给排水总平面图及部分建筑物底层(有时包括2~3层)的平面图等,明确绿地中管线、构筑物具,居住区道路边路灯,建筑物门厅、窗、排风孔等的具体位置,结合有关规范进行具体的种植设计,以统一协调绿化(特别是乔木定植点)与建筑物、地下管线、构筑物、路灯等的位置关系。

5.3.2.2 居住区绿地的立地条件和绿化基础

居住区绿地的立地条件具体指:由周围建筑物所围合的绿地空间的朝向及建筑物与绿地间的空间尺度关系,绿地现状地形高差,土壤类型与理化性状及其在居住区施工中受建筑垃圾污染的情况,地下水位以及在北方寒冷地区冬季冻土层情况等。在规划设计时,既要根据立地条件选择适应性强而观赏价值和景观效果一般的园林植物,也应适当改良立地条件,配植对环境条件要求较高、观赏价值较高的园林植物。要确保绿化布置的生态合理性,在达到全面绿化的基础上,绿化布置重点和一般相结合,控制合理的投资和取得较好的景观与生态效益。

居住区绿地中植物材料的选择和布局,还应考虑当地气候生态环境,应选择对当地气候生态环境适应的乡土园林植物和已经长期在园林绿化中应用且效果良好的引种驯化树种。在南方湿热气候地区,园林植物的布置应有利于夏季通风和遮阴,在冬季干冷的北方地区应尽量采用常绿树阻挡北风,形成避风向阳朝南的绿地小气候环境。还应充分考虑因居住区建筑布局和体量不同等因素而形成的建筑物周围的微风效应、大风天气的风的狭管效应,通过绿化布置引导微风环流,改善住宅建筑通风条件,阻断或减弱建筑环境中冬季风的狭管效应。

对于保留的自然地形地貌和绿化基础,在取得现状地形图、水文土壤地质资料的基础上,必须实地踏勘,尤其要对现有绿化基础进行深入调查,在现状图纸上标明可保留利用的树木或植被群落,以便在规划设计时统筹考虑。

5.3.2.3　居住区周围的环境

居住区绿地必须与居住区的建筑布局和开放空间系统密切配合,共同处理居住区与周围环境的关系,充分利用居住区周围有利的环境景观和生态因素,降低和隔离居住区周围不利环境的影响。

对居住区有不利影响的城市环境,如城市主干道、铁路、工厂、航运河道和高压线等,居住区规划中往往通过在居住建筑和上述城市环境之间设置绿化隔离带,来减弱或隔离噪声、污染物以及不同环境之间相互干扰的不利影响。在具体的绿地规划设计时,必须根据隔离带的用地条件和隔离功能,来选择树种和确定种植布局形式,以充分发挥绿化隔离带的功能。

居住区周围可利用的景观生态因素包括:与城市居住区相毗邻的城市公共绿地或风景林地;在建成区边缘居住区附近的水体、山林、农田和近郊风景名胜区等。在居住区规划和居住区绿地设计中,应使居住区内开放空间系统和周围这些有利的景观生态因素有机联系,更有效地改善居住区内的景观生态环境,形成居住区景观特色。

5.3.3　居住区绿地规划布局

5.3.3.1　组团绿地

组团绿地是直接联系住宅的公共绿地,结合居住建筑组团布置,服务对象是组团内居民,特别是就近为组团内老人和儿童提供户外活动的场所,服务半径小,使用效率高,形成居住建筑组群的共享空间。有的居住区内不布局小区公园,而以组团绿地作为居住区的主要公共绿地。一般组团绿地面积在 1 000m² 以上。

图 5.8 为某小区中心组团绿地。它根据住宅建筑组群的布局形式,形成居住小区中部的公共绿地。组团绿地内溪流贯穿中部,以喷泉、水池为主景,辅以观景亭和平台及景观湿地,形成小区户外有特色的景观。

组团绿地的规划布局中,出入口、园路和活动场地要与其周围的居住区道路布局相协调。绿地内要有一定的铺装地面,满足居民邻里交往和户外活动的要求,并布置幼儿游戏场地,设置园椅、园凳和少量结合休息设施的园林小品。一般供居民活动的铺地面积可占组团绿地面积的 50%～60%,但组团绿地又要求绿化覆盖率在 50% 以上,为了保持较高的绿化覆盖率,又有充足的铺装活动场地,可在铺装地上留种植穴种植高大乔木,形成树荫式铺地广场(图 5.9)。

组团绿地主要依靠园林树木围合绿地空间。在具体的绿化配植中,应避免在靠近住宅建筑处种树过密,否则会影响低层住宅室内的采光与通风,但又应通过绿化配植尽量减少活动场地与住宅建筑间的相互干扰。组团绿地内必须有一处开敞明亮的园林空间,避免乔木充塞整个组团绿地空间。

一个居住小区往往有多个组团绿地,规划及植物配植上要既相互呼应协调,又各有特色。组团绿地的面积较小,是居住区中与居住建筑环境关系最密切的公共绿地。小区中建筑组群的组合形式和布局直接决定或影响组团绿地的位置、平面形状和空间环境。因此,在组团绿地

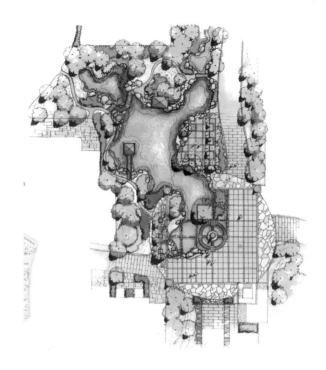

图 5.8　居住小区中心组团绿地

图 5.9　组团绿地中的树阴广场

的规划布局中,必须强调其与组团建筑环境的密切配合,采用与不同的建筑空间和平面形状相适应的布局形式,正确协调组团绿地的功能、景观与组团建筑之间的相互关系。常见的组团绿地形式及其相应的布局方法有以下几种类型:庭院式组团绿地、山墙间组团绿地、林荫道式组团绿地、结合公共建筑社区中心的组团绿地、独立式组团绿地、临街组团绿地,见表5.2。

表 5.2　居住区组团绿地的类型与布局形式

绿地的位置	基本图式	绿地的位置	基本图式
庭院式组团绿地		独立式组团绿地	
山墙间组团绿地		临街组团绿地	
林荫道式组团绿地		结合公共建筑、社区中心的组团绿地	

1）庭院式组团绿地

庭院式组团绿地位于建筑组群围合成的庭院式的组团中间，平面多呈规则几何形，绿地的一边或两边与组团道路相邻。这种形式的组团绿地不易受行人、车辆的影响，环境安静，由于被住宅建筑围合，有较强的庭院感。庭院式组团绿地可采用规划式或自然式的布局形式，不设专门出入口和管理房。一般在冬季有充足日照的绿地南部靠近组团道路一侧布置活动场地，形成绿地中一处开敞向阳的园林空间。活动场地中布置花坛、艺术小品、小水景等。在绿地西北部布置树丛，安排园椅等休息设施。

2）林荫道式组团绿地

在组团的建筑组群布局时，结合组团道路或居住小区主干道，扩大某一处住宅建筑间距，形成沿居住小区主干道（或组团道路）较狭长的组团绿地称林荫道式组团绿地。这种组团绿地的平面形状改变了行列式布局的多层住宅间狭长的室外空间产生的单调格局，又较为节约用地。

林荫道式组团绿地内部布局大多采用规则式，沿组团绿地平面的长轴构成一定的景观序列、根据绿地长度和宽度布置数个各有特点、风格协调的活动场地，活动场地中配备花架、廊、花坛、宣传廊等。可以结合组团绿地周边的居住区道路绿化和住宅建筑前后的宅旁或宅间绿地，配植构成组团绿地空间范围的乔木树丛。在形成组团绿地空间的同时，适当减少组团绿地范围内高大乔木的配置数量，有利于形成开敞的组团绿地空间序列。

3）山墙间组团绿地

点式或行列式住宅布局中，扩大部分东西相对或错位的住宅建筑间距离，在建筑山墙之间，至少有一侧毗邻居住小区主干道或组团道路的组团绿地称山墙间组团绿地。这种绿地的布局形式有效地改变了行列式布局的住宅建筑山墙间仅有道路空间所形成的狭长的胡同状的空间格局，而且又与宅旁、宅间绿地互相渗透，扩大了组团绿地的空间范围。

这种组团绿地的空间环境的组织可结合其周围的道路绿化和宅旁、宅间绿地的绿化布置，利用乔木树丛疏导夏季气流,阻挡冬季北来寒风。具体布局方法是:如在建筑物山墙边有一定宽度的宅旁绿地中或组团绿地接近山墙处配植乔木树丛;前后两幢建筑间的宅间绿地接近组团绿地处和与此宅间绿地相对应的组团绿地区域,以低矮开敞的绿化为主;组团绿地西北、东北角布置常绿乔木树丛等。组团绿地处在住宅建筑的山墙之间,绿地内活动场地的布置受住宅建筑影响较小,可灵活布局。

4) 临街组团绿地

临街或居住区主干道一侧,或位于居住区主次干道交汇处一角的组团绿地为临街组团绿地(图5.10)。这种组团绿地对丰富街道或居住区主干道景观、减少住宅建筑受街道交通影响均十分有利,而且在提供组团居民户外休息活动场地的同时,也能让行人方便进入绿地休息。

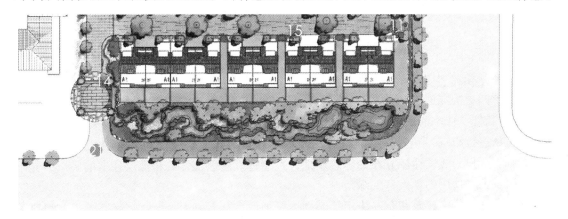

图5.10　临街组团绿地

临街组团绿地在布局上要与周围环境相协调,一般采用规则式布局,与组团道路和街道(居住区主干道)构成交通联系。绿地中临街一侧常布置模纹花坛,突出其美化街景的作用;靠近住宅建筑的一侧应加强绿化屏障,减少街道交通对住宅环境的不利影响,并形成朝向街道的绿化景观立面。在封闭式管理的居住区中,临街组团绿地与道路之间被铁栅栏、围墙隔开,但仍具有美化街景的作用。

5) 独立式组团绿地

由于居住区用地形状的限制,独立式组团绿地布局在不便布置住宅建筑的角隅空地,以更经济地利用土地。由于偏在一角,部分组团住宅建筑离它的距离较远。独立式组团绿地内部布局形式灵活,注重恰当地处理绿地与不一定是居住区建筑的关系,在朝向居民进入绿地的部位可设立醒目的标志景物和布置出入口。

6) 公共建筑社区中心的组团绿地

公共建筑中心往往人流、物流相对集中,需要较大的集散空间。因此,其组团绿地首先需满足以下基本要求:对该公共建筑主题有一定的辅助渲染作用,或通过植物品种及组合表现公共建筑社区的功能,或结合园林小品综合进行表现。其次,乔灌草结合,既层次分明,视野又开阔,将气势和韵味有机结合。另外,用植物将公共建筑社区与周围环境进行合理过渡,既具休闲娱乐功能,又有一定的景观效果(图5.11)。

图 5.11　组团泳池效果图

5.3.3.2　宅间宅旁绿地及庭园(院)绿地

宅间宅旁绿地和庭园(院)绿地是居住区绿化的基础,占居住区绿地面积的50%左右,包括住宅建筑四周的绿地(宅旁绿地)、前后两幢住宅之间的绿地(宅间绿地)和别墅住宅的庭院绿地、多层和低层住宅的底层单元小庭院等。宅间宅旁绿地一般不设计硬质园林景观,而主要以园林植物进行布置,当宅间绿地较宽(20m以上)时,可布置一些简单的园林设施,如园路、坐凳、铺地等,作为居民比较方便的休息用地。别墅庭院绿地及多层和低层住宅的底层单元小庭院是仅供家庭使用的私人室外绿地。

不同类型的住宅建筑和布局决定了其周边绿地的空间环境特点,也大致形成了对绿化的空间形式、景观效果、实用功能等方面的基本要求和可能利用的条件。在绿地设计时,应具体对待每一种住宅类型和布局形式所属的宅间宅旁绿地,创造合理多样的配置形式,形成居住区丰富的绿化景观。

1)宅间、宅旁绿地

宅间、宅旁绿地是居民在居住区中最常用的休息场地,在居住区中分布最广,对居住环境质量影响最为明显。宅旁绿地包括宅前、宅后、住宅之间及建筑本身的绿化用地,其设计应紧密结合住宅类型及平面特点、建筑组合形式、宅前道路等因素,创造宜人的宅旁庭院绿地景观,区分公共与私有空间。

宅间、宅旁绿地根据实际空间的大小进行处理,为附近居民设置休闲的场地,也可以设计相应的儿童活动场地,设置景观小品、景墙、树阵等,并配以植物绿化(图5.12)。

(1)宅间、宅旁绿地的绿化类型。不同的宅旁绿地可反映出居民不同的爱好与生活习惯,在不同的地理气候、传统习惯与环境条件下有不同的绿化类型。

①树林型。以高大的树木为主形成树林,管理简单、粗放,大多为开放式绿地,居民可在树下活动。树林型对住宅环境调节小气候的作用较明显。但缺少花灌木和花草配置,需配置不同树种,有快长与慢生、常绿与落叶以及不同色彩、不同树形等,避免单调。

②花园型。在宅间以篱笆或栏杆围成一定范围,布置花草树木和园林设施,色彩层次较为丰富。在相邻住宅之间,可以遮挡视线,有一定的隐蔽性,为居民提供游憩场地。另外在宅间花园设置儿童活动场地(图5.13)。

③草坪型。以草坪绿化为主,在草坪边缘适当种植一些乔木和花灌木、草花之类。这种形

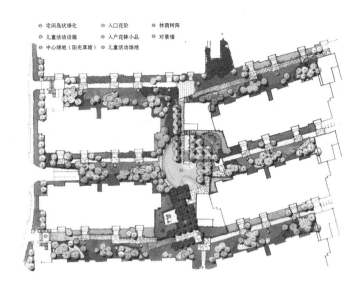

① 宅间岛状绿化　④ 入口花阶　⑦ 林荫树阵
② 儿童活动设施　⑤ 入户花钵小品　⑧ 对景墙
③ 中心绿地（阳光草坡）⑥ 儿童活动场地

图 5.12　宅间、宅旁绿地

图 5.13　宅间花园

式多用于高级独院式住宅,有时也用于多层或高层住宅。

④棚架型。以棚架绿化为主,采用开花结果的蔓生植物,有花架、葡萄架、瓜豆架,可作中药的金银花架、枸杞架等。采用棚架、座椅组合的宅旁绿地,更能满足居民需要(图 5.14)。

⑤篱笆型。在住宅前后用常绿的或开花的植物组成篱笆,如用高约 80cm 的桧柏或 1.5～2m 的绿篱分隔或围合成宅间绿地。还有以开花植物形成花篱,在篱笆旁边栽种爬蔓的蔷薇或直立的开花植物,如南方的扶桑、栀子等,形成花篱。

⑥庭院型。在庭院绿化的基础上,适当设置园林小品,如花架、山石等。

图 5.14　棚架型宅旁绿化

⑦园艺型。根据居民的爱好,在庭园绿地中种植果树、蔬菜,一方面绿化,另一方面生产果品蔬菜,供居民享受田园乐趣。一般种些管理粗放的果树,如枣、石榴等。

(2) 宅间、宅旁绿地设计的原则。

①以绿化为主。宅旁绿化由于周围建筑物密集而造成遮阳背阴部位较多,要选择种植耐阴植物,以达到绿化效果。

②美观、舒适。绿地计要注意庭园的空间尺度,选择适合的树种,其形态、大小、高度、色彩、季相变化与庭园的大小、建筑的层次相称,使绿化与建筑互相陪衬,形成完整的绿化空间。在室外种植乔木时,一般要结合地下管线的铺设,地下管线尽量避免横穿庭园绿地,与绿化树种之间留有最小水平净距。乔木与住宅外墙的净距应在5~8m以上。窗前不宜种常绿乔木,以落叶树木为好。

③内外绿化结合。在宅旁绿地中,植物配置以孤植或丛植的方式形成人工自然树群。除绿篱外一般不采用规则式修剪,使植物群保持自然形态。

(3) 宅间、宅旁绿地设计应注意的要点。

①宅间、宅旁绿地贴近建筑,其绿地平面形式、尺度及空间环境与其近旁住宅建筑的类型、平面布置、间距、层数、组合及宅前道路布置直接相关,绿地设计必须考虑这些因素。

②居住区中,往往有很多形式相似的住宅组合,构成一个或几个组团,因而存在相同或相似的宅间、宅旁绿地的平面形状和空间环境,在具体的绿地设计中应把握住宅标准化和环境多样化的统一,绿化不能千篇一律,简单复制。

③绿地设计要注意绿地的空间尺度,特别是乔木的体量、数量,布局要与绿地的尺度、建筑间距、建筑层数相适应,避免种植过多的乔木或树形过于高大而使绿地空间显得拥挤、狭窄,甚至过于荫蔽或影响住宅的日照通风采光。

④住宅周围存在面积不一的永久性阴影区,要注意耐阴树木、地被的选择和配置,形成和保持良好的绿化效果。

⑤注意与建筑物密切相关部分的细部处理。如住宅入口两侧绿地,一般以种植灌木球或绿篱的形式来强调入口,不要栽植有尖刺的植物。为防止西晒,住宅西墙外侧栽植高大乔木,在南方东西山墙还可进行垂直绿化,有效地降低墙体温度和室内气温,也美化了墙面。对景观不雅,有碍卫生安全的构筑物要有安全保护措施,如垃圾收集站、室外配电站等,要用常绿灌木围护,以绿色来弥补环境的缺陷。

2) 庭院绿地绿化

庭院绿地绿化主要针对多层和底层住宅单元小庭院绿地、低层花园式住宅(别墅)的庭院绿地等。

(1) 多层和底层住宅单元小庭院绿地。居住区在楼房底层的居民通常有一个专用的用花墙或其他界定设施分隔形成的独立的庭院,由于建筑排列组合具有完整的艺术性,所以庭院内外的绿化应有一个统一的规划布局。院内根据住户的喜好进行美化绿化,但由于空间较小,可搭设花架攀绕藤萝,进行立体绿化。

一般来说,住宅前庭院有以下几种处理方式:最小的过渡空间,无私人庭院,用于临时停放居民自行车等物,或为楼梯出口;由隔墙围成私人小院,具有很强的私密性;用高平台的小矮墙或栅栏分隔成独立小院;用绿篱围合的绿化空间,提供共享的观赏性绿化环境。

（2）低层花园式住宅庭院绿地。花园式宅院绿化在我国历史悠久，形式多样，南北方各有特色。花园式住宅庭院绿地设计的要求主要是：满足室外活动的需要，将室外室内统一起来安排；简洁、朴素、轻巧、亲切、自由、灵活；为一家一户独享，要在小范围内达到一定程度的私密性；尽量避免雷同，每个院落各异其趣，既丰富街道面貌，又方便住户自我识别。

①低层花园住宅庭院的分区及设计要点。前庭（公开区）：从大门到房门之间的区域就是前庭，它给外来访客第一印象，因此要保持清洁，并给来客清爽、好客的感觉。前庭如与停车场紧邻时，更要注重适用美观。前庭包括大门区域、草地、进口道路、回车道、屋基植栽及若干花坛等。设计前庭时，不仅要与建筑调和，同时应注意街道及其环境的景色，不宜有太多变化。

主庭（私有区）：主庭是指紧接起居室、会客厅、书房、餐厅等室内主要部分的庭院区域，其面积最大，是一般住宅庭院中最重要的区域。主庭最足以发挥家庭的特征，为家人休憩、读书、聊天、游戏等从事户外活动的重要所在。故其位置设于庭院的最优部分，最好是南向或东南向，日照充足，通风良好，如有夏凉冬暖的条件最佳。为充分发挥主庭功能，应设置水池、假山、花坛、平台、凉亭、走廊、喷泉、瀑布、坐椅及家具等。

后庭（事务区）：后庭即家人工作的区域，同厨房、卫生间相对，是日常生活中接触时间最多的地方。后庭的位置很少向南，为防夏日西晒，可于北、西侧栽植高大常绿屏障树，并与其他区域隔离开来。由于厨房、卫生间的排水量多且不易清洁，故在邻近建筑物附近可用水泥铺地，园路以坚固适用为原则，但仍需与其他区域相通。后庭栽植树木宜以常绿为佳。事务区应与庭院其他区域隔离，为不公开区域。后庭是紧接厨房、浴室的最实用区域，通常是放置杂物、垃圾桶及晒衣服的场所，以保持畅通为原则，如有障碍物要迅速扫除，其主要部分多为混凝土地或地砖铺地。

中庭：指三面被房屋包围的庭院区域，通常占地最少。一般中庭日照、通风都较差，不适合种植树木、花草，但摆设雕塑品、庭院石或筑形状整齐的浅水池，陈设一些奇岩怪石，或铺以装饰用的沙砾、卵石等较适合。此外，如要配植庭木时，以耐阴性种类为主，最好是形状比较齐整、生长不快的植物，栽植的数量也不宜多，以保持中庭空间的幽静整洁。

通道：庭院中联络各部分必经的功能性区域就是通道。通道可以采用踏石或其他铺地增加庭院的趣味性。沿着通道种些花草，更能衬托出庭院的高雅气氛。通道空间虽小，却可兼具道路与观赏用途。

②低层花园住宅庭院绿地的类型。低层花园住宅庭院绿可分为规则式庭院、不规则式庭院、混合式庭院三种。

规则式庭院的特点是笔直、对称和平衡。修剪整齐的树篱和灌木非常适合这类庭院。如果庭院里有草坪，一定要定期修剪。装饰品在风格上应该力求大胆，但在形式上则最好古典一些。日晷、雕像、花盆以及诸如此类的装饰物应该与庭院和谐一致。

柔和的曲线和不规则的花坛是不规则式庭院的典型特征。这种庭院适用于不规则的场地和不平坦的坡地。不规则庭院切忌直线，可以任植物长到草坪和块石铺地上，以增添景观的随意性和灵活性。

大部分庭院具有规则式庭院的特点，又具有不规则式庭院的特点，因此它们实际上混合式庭院。混合式庭院的大部分场地在形状上尽管不对称，但或多或少还是规则的，至少有一些人工界限对其加以限制，如墙和篱笆。

（3）独立式别墅庭院绿地。高档住宅区中，住宅建筑以独立式别墅为主，每户均有围绕别墅建筑的庭院。这类独立庭院的绿化，要求在一定别墅组群或区域内有相对统一的外貌，与住宅区的道路绿化、公共绿地的景观布置相协调。庭院内部可根据户主的不同要求,在不影响庭园外部景观的协调的性前提下,灵活布置,形成各具情趣的庭园绿地。别墅庭院以沙石铺地、小品栽植等布置形成协调的景观(图 5.15、图 5.16)。

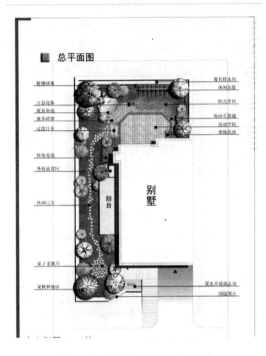

图 5.15　别墅庭院绿化平面图

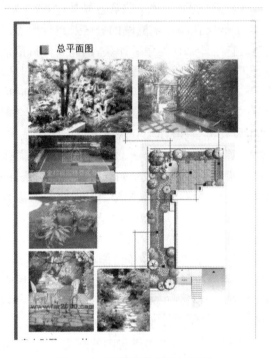

图 5.16　别墅庭院景观效果图

有的低层、多层住宅建筑也常用花墙分隔围合,形成底层独立庭院。在同一幢建筑独户庭院外的绿地应有统一的规划布局,但院内应由住户各主为主进行各具特色的绿化美化。

5.3.3.3　公共建筑及设施绿地

居住区公用建筑是指居住区内除居住建筑之外的其他建筑,主要是指居民生活配套的服务性建筑,涉及居民生活的各个领域,种类繁多,其使用功能、性质、特点及对环境及绿化的要求也不尽相同。

1) 公共活动中心和商业用地的绿化

(1) 公共活动中心。公共活动中心一般包括:科学、文化、娱乐方面的建筑,如文化馆、俱乐部、体育馆、书店、小区游园、青少年活动中心、老年活动中心等,对居住区面貌起良好的作用;行政管理等建筑,如各级行政管理机构、物业管理、社会团体、银行、邮电局、治安等,往往要求明朗而静穆的气氛,可以组成公共活动中心的主景。居住区会所的景观绿化,以灵活的布置方式烘托出会所的热烈气氛(图 5.17)。

公共活动中心的规划要考虑艺术布局的要求,主要通过道路、广场、建筑群组合,形成各种空间,再结合绿地的布置,使分散的局部达到统一的艺术面貌。每个居住区公共活动中心应有其独特面貌,反映其文化内涵。

公共活动中心在艺术处理上主要是顺应自然环境条件,建筑布置有主有从,空间组织有开

图 5.17 居住区会所的景观绿化效果图

有合,形成统一协调的局面。活动中心按内容及活动人流多少,可以有大小之分,中心主要部分由几个广场及街道串联。如公共活动中心的内容较多,则力求建筑物的造型、色彩、绿化风格协调统一。小型活动中心内容虽少,应注意小而有致,简而不陋。商业活动、文化娱乐活动中心宜自由灵活,如能与小区游园相接,可达到延伸及扩大绿地利用的效果。如与商业步行街等相结合,能组成绿树成荫、空间变化内容丰富的环境。

(2) 商业用地绿化。商业服务设施在居住区的规划布置要集中与分散相结合。一般情况下有下列几种布置方式:

①集中成片布置。在居住区入口或中心的位置的商业服务设施,集中布置以水景、雕塑等为主景,配以低矮灌木及整形植物、香花植物,形成成片布置的绿地景观。这种布置方式能形成主题明确,气氛鲜明的局部景观。

②沿街布置。在沿街的一侧或沿街的两侧布置,有的还与居住区主入口及道路结合布置。这是常用的方法,能方便居民、丰富街景。

③分散布置。结合分散布置的早点铺、日用百货店、副食店、超市等进行布置。商业建筑周围主要应留出足够的停车场面积以及货运出入口。商业建筑的主立面周围绿化以重点美化为主,在有条件的情况下,辟有休息广场,设置坐椅、花坛、水池等。

2) 托幼机构的绿化

托儿所、幼儿园是对 3～6 岁幼儿进行学龄前教育的机构,在居住区规内多布置在独立地段,也有设置在住宅底层的。前者有较为宽敞的室外活动场地,对住户干扰较小;后者室外环境受到限制,且对住户干扰较大。托儿所、幼儿园有分别单独设置的,也有联合设置的,现在多以联合设置为主。

托幼机构不仅要注意建筑本身的设计,使之布局合理、使用方便、明亮宽敞,而且要注意环境设计,将建筑物与室外良好的绿色环境有机地结合起来,使建筑小品、装饰物、色彩、尺度、花木等组成的环境都能符合幼儿心理,适合幼儿使用,为幼儿所喜爱。如功能分区明确、环境优美、设施齐全,是托幼机构设计主要的方面。

(1) 公共活动场地。公共活动场地是幼儿集体活动、游戏的场地,也是重点绿化的区域。

场地应设置游戏器具长与宽30m的沙坑、洗手池和水深不超过0.3m的戏水池，并可适当地布置一些亭、花架、动物房、园圃，以及供儿童骑自行车用的小路。秋千、吊箱等摆动类活动器械的周围应设有安全保护设施。户外场地要避免尘土飞扬，并注意保护儿童的安全。在活动器械附近以种植树冠宽阔、遮阴效果好的落叶乔木为主，使儿童及活动器械在炎夏免受太阳暴晒，冬天仍能晒到太阳。在场地角隅种植不带刺的、花色鲜艳的开花灌木和宿根、球根花卉。其余场地应开阔通畅，不宜过多种植，以免影响儿童活动。

（2）班组活动场地。幼儿园是按年龄分班的。分班活动场地主要是用于各个班分别进行室外活动。当建筑物布置呈长条形或院落时，园地面积不大，就不必划分专用的班组活动场地。场地根据活动要求，用塑胶、水泥、块石等铺砌，约有50％要铺装，其余部分铺草地。场地种植以落叶大乔木为主，也可设置棚架，种植开花的攀缘植物，如紫藤、金银花等。在角隅及场地边缘种植花灌木及宿根花卉，严禁种植有毒、带刺的植物。场地周围可用植篱围起来形成一个单独空间。

（3）生活用场地。生活用场地应与生活管理用房紧密结合，常设在建筑物背面，场地周围以密植的绿篱与其他区域分隔开，有条件时单辟出入口。

托幼机构的绿化应以整体环境的协调统一为前提，在兼顾功能空间的绿化重点的同时，还应注意以下方面：在建筑附近，特别是儿童主题建筑附近不宜栽植高大乔木，以免影响室内的通风和日照，一般应离建筑5m以上，在建筑近处以低矮灌木、草坪及宿根花卉作为基础栽植；在主出入口附近可布置花坛、水池、坐椅等，除美化环境外，还可作为家长接送儿童及室外休息之用。在托幼机构用地必须种植成行的乔木和灌木绿篱，形成一个浓密的防尘土、噪声、风沙的防护绿带，其宽度为5～10m。如一侧有车行道，绿化带应以密集式栽植，宽10m左右。托幼机构绿地植物选择宜多样化，多植树形优美、色彩鲜艳、物候季节变化强的植物，使环境丰富多彩，气氛活泼，也可成为儿童学习自然科学知识的直观教材；不要栽植多飞絮、多刺、有毒、有臭味及易引起过敏症的植物，如悬铃木、皂荚、海州常山、夹竹桃、莺尾、漆树、凌霄、凤尾兰等。

3）道路绿地

居住区内一般由居住区主干道、居住小区干道、组团道路和宅间道路等四级道路构成交通网络，联系住宅建筑、居住区各功能区、居住区出入口至城市街道，是居民日常生活和散步休息的必经通道。在城市各种用地类型中，居住用地是路网密度最高的用地类型。居住区的道路面积一般占居住用地总面积的8％～15％，道路空间又是居住区开放空间系统的重要部分，在构成居住区空间景观、生态环境方面具有十分重要的作用。

作为道路空间景观的重要组成成分，道路绿地自然发挥着多方面的重要作用。道路绿化结合道路网络，将居住区各处各类绿地连成一个整体，增加居住区绿化覆盖率，发挥改善道路小气候、减少交通噪声、保护路面和组织交通等方面的作用。

居住区道路网络中，主干道路幅较宽，可以规划布置沿道路的行道树绿带、分车绿带及小型交通岛。居住小区干道有时设行道树绿带，组团、宅间道路一般不规划道路绿带。因此，大部分居住区道路绿地都必须结合在道路两侧的其他居住区绿地中，或者说道路两侧的其他居住区绿地同时又起居住区道路绿化带的作用。这样，居住区道路两侧一定范围内的其他绿地类型的绿化布置必须与居住区道路绿地相结合，甚至首先根据道路绿地的要求确定绿化布局的形式。

居住区主干道或居住小区干道是联系各小区或组团与城市街道的主要道路，兼有人行和车辆交通的功能，其道路和绿化带的空间、尺度与城市一般街道相似，绿化带的布置可采取城市一般道路的绿化布局形式。其中行人交通是居住区干道的主要功能,行道树的布置尤其要注意遮阳和不影响交通安全,特别在道路交叉口及转弯处应根据安全视距进行绿化布置。组团道路、宅前道路和部分居住小区干道以人行交通为主,路幅和道路空间尺度较小,道路环境与城市街道差异较大,一般不设专用道路绿化带,道路绿地结合在道路两侧的其他居住区绿地中。

在居住小区干道、组团道路两侧以及宅前道路靠近建筑一侧的绿地中进行绿化布置时,常采用绿篱、花灌木来强调道路空间,减少交通对住宅建筑和绿地环境的影响。一般居住小区干道和组团道路两侧均配植行道树,宅前道路两侧可不配植行道树,或仅在一侧配行道树。行道树树种的选择和种植形式应配合上述几种道路类型的空间尺度,在形成适当的遮阳效果的同时,具有不同于城市街道绿地的景观效果,能体现居住区绿地活泼多样、富于生活气息的特点。在树种选择方面,由于道路空间尺度较小,又由于居住区绿地的立地条件优于城市道路绿带,对绿化植物的要求不如城市道路严格,故一般不采用城市道路中树形高大、树冠开张、生长势和适应性强,但景观效果一般的行道树,如南方城市道路的主要行道树香樟、悬铃木、榕树等,而应选用树形适中的树木,如居住区道路人行道树种植无患子、广玉兰、白兰、香椿、合欢等,这些树种大多有优美的自然形态,有春花秋色的季相,又有较好的夏季庇荫效果。在种植形式方面,不一定沿道路等距离列植和强调全面的道路遮阳,而是根据道路绿地的具体环境灵活布置。如在道路转弯、交汇处附近的绿地和宅前道路边的绿地中,可将行道树与其他低矮花木配植成树丛,局部道路边绿地中不配植行道树,在建筑物东西向山墙边丛植乔木,而隔路相邻的道路边绿地中不配植行道树等,以形成居住区内道路空间活泼有序的变化和连续开敞的开放空间格局,加强居住区开放空间的互相联系,有利于居住区环境的通风等(图5.18)。

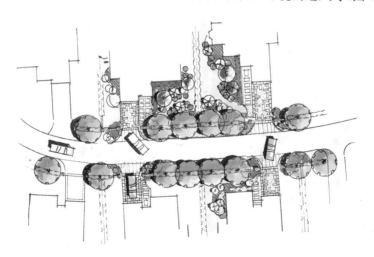

图 5.18　居住区道路绿地平面图

此外,道路绿化还应注意道路走向。东西向的道路边配植行道树时,应注意乔木对绿地和居住建筑日照、采光和地面遮阳的影响。南北向的干道两侧,南方一般主要栽植常绿树。

5.3.3.4　郊野高档住宅社区园林绿地的规划设计

郊野高档住宅社区往往要求兼具居住以及健身度假和休闲娱乐等功能,社区内绿地的用地规模和山水园林环境为实现上述功能提供了良好的基础。基于上述要求和有利的基础,社区园林环境绿地的规划设计,是在社区总体规划的基础上,结合一般居住区绿地规划设计、旅游度假区规划设计和城市公园规划设计的原理和方法进行的。

1)规划目标

充分利用和合理改造用地范围内的山水地形地貌和绿化基础,优化社区整体生态环境,形成一个居民在自然山水生态景观中进行丰富多样的日常休闲和娱乐社交的场所。通过绿化调和统一建筑物与自然环境在景观生态上的关系,修补因房屋道路建设等对自然山林和地形地貌的破坏。总之,绿地规划设计要充分体现可持续发展,充实生态文化、历史文化内涵,形成社区可居可游的综合功能。

2)布局

常常把社区主干道作为展示社区内山水园林景观、联系景点(或景区)的游览路线。在不布局住宅建筑的山林绿地、湖塘水体边,综合考虑具体地形条件、绿化基础和建设可行性、交通因素等,布置不同的山水景点和具有休闲健身娱乐功能的园林景点。如沿主干道相继展现茂密的森林、幽深的竹林、宁静明秀的湖塘、潺潺流水的叠泉小溪和开阔绚丽的缀花草地等,形成诸如湖光烟柳、竹林闻蝉、斜阳叠翠、三春草绿、清溪踏歌等具有自然山林野趣和乡村田园风情的景观,让居民开展春采花遂燕、夏沐风观荷、秋问茶赏桂、冬踏雪寻梅等游赏休闲活动。

3)住宅建筑群或社区公共功能中心

根据建筑功能和形式风格、布局方式以及组团内建筑间绿地不同的绿化景观效果,将住宅建筑群或社区公共功能中心规划为社区景观布局中的景点(或景区),赋予诸如碧海云天、白云深处、江湖梦远、香溪福邸等组团(组群)名称。

4)规划设计手法

(1)保护自然山林,进行林相改造,完善群落结构,提高其生态保育功能,丰富四季季相,形成社区最主要的自然生态景观。在树林中开辟游步道和大小不一的林间草地、疏林草地,适当布置园林小品和风景(点景)建筑供居民时行晨练、散步、登高和森林浴等活动。

(2)湖泊水塘及滨水地带是社区中既宁静又活泼的空间环境,岸边多筑自然式驳岸,由缓坡草地过渡到自然山林或配植的树丛。岸边或水中常建临水茶室,安排垂钓、游船、游泳等水上休闲活动内容和设施,配以曲桥汀步,营造与溪流相呼应的喷泉、瀑布和桥水等动态水景。开阔草坪一般布置在向阳开敞的社区公共活动中心附近的缓坡地上 ,是社区中最为居民喜爱的户外活动空间。在居民可方便到达的局部地段,充分利用地形条件,规划精致的古典山水园林。此外,在园林绿地中,还应注意布置儿童游乐场和老人乐园等一般居住区必须配套的公共活动场所。

(3)住宅建筑群的环境绿化应注意掌握以下原则:绿化不是掩盖建筑物,而是通过植物配植,使建筑物与山水园林环境更加协调融洽,形成社区中人与自然协调共生的生态文化景观和理念。具体的绿化布置时,由于有良好的自然环境,又以低层别墅建筑群为主,故要注意形成建筑物周围开敞明朗的空间环境,使建筑物与山水环境及绿地景观互为映衬,同时适当形成每一幢别墅或建筑组群之间的空间分隔,减少居民生活上的互相干扰。布局形式上以自然式为主,使各建筑组群的绿地景观特色与每一建筑组群的风格和所属的景点意境相配合(图 5.19、图 5.20)。

图 5.19　郊野别墅立面图

图 5.20　郊野高档住宅社区景观效果图

（4）在社区内主干道两侧，结合各不同景点和建筑组群进行绿化布置，既可形成一定的道路绿化的遮阳效果，又可开辟透景线，展示各处山水风景、园林景观和绿化掩映中的建筑物。

（5）通过绿化弥补或修复由于各项建设对自然地形的破坏。如通过垂直绿化掩盖施工开挖后不自然的陡坎和构筑的挡土墙等。

（6）在绿化材料的选择方面，由于地处郊野的自然生态环境中，没有城市大气污染、城市热岛和其他不利的生态条件的限制，可选用山野生长的观赏价值较高的乡土植物和对环境条件较敏感而观赏价值较高的园林植物，有利于形成更加自然秀美的社区山水风景和绿化景观。

5.4　实训案例——金庭水岸居住区景观规划设计方案

5.4.1　项目背景

5.4.1.1　项目概况

金庭水岸居住区位于贵州仁怀市兴茅西路和振兴南路交叉口处，地理位置良好，地形变化较大。该地块呈狭长形,自西北向东南方向延伸,长度约 280m,宽度约 100m,总占地面积 22 902m²。地形为凸地型,周边道路低于建地,总体趋势为西北高,东南低,呈跌落状。

小区的规划设计中通过把握小区在居住,景观,文化,生态等方面深层的协调关系,创造一种形神兼备的环境效果。该景观设计突出"水、生态、绚烂、健康"的设计思路,旨在不仅为使用者提供一种风景、一种良好的生活环境,而且倡导健康、和谐的生活方式,力求使其景观成为小区一道亮丽的风景线。

5.4.1.2 项目分析

1) 项目优势

小区所在地块地理条件优越,周边配套设施完善,交通便利,绿化环境较好,而且有较为丰富的地形高差和景观,水系的建设也有较为便利的条件。

2) 项目劣势

小区地形复杂,呈狭长形,地形为凸地,周边道路低于建地。市政部门要求自小区西南到东北向留出一条 2m 宽的人行道,如何将这条道路融入景观之中也成为小区景观设计的难点。小区东北区的景观是安排在建筑的屋顶上,因此安全性也成为此处景观设计的又一大难点。

5.4.2 景观规划构思

1) 景观风格定位

东方审美格调下的花语水乡。

2) 设计理念

遵循建筑规划的整体构思,将江南小桥流水的诗意,喷泉的灵动、健康以及植物的色彩整体融合在一起,将城市生活和自然空间完美地结合。

3) 设计主题

景观设计以"坡地、水体"为主题,创造跌落式景观格局,充分利用水体灵动、柔美的特性,并汲取坡地生活的精髓,融合现代景观理念,构筑多层次,多空间,多样化的生活、休憩、社交等空间体系。

金庭水岸居住区景观设计方案充分考虑现状,在有限的空间中创造多层次、和谐和幽雅的景观,把中国传统园林的造园理念、东方审美情趣与现实的社区生活环境相融合,达到形和意的完美结合,创造"一勺则江湖万里"的园林景观。

在景观空间营造方面,从人的行为心理、视觉心理出发,根据所在的区域及其主要使用者的不同,在景观的尺度、材料、各元素的平面布局、立面设计等方面有所变化,从人的行为需要出发,强调人、环境和自然的和谐共生,以提高居住环境质量为目标,充分考虑人的活动需求,创造人性化的交往空间。设计中提倡"生态、文化、人性化、品位"的景观设计原则(图 5.21)。

4) 生态性设计

主要体现在景观设计中水体的处理、植物的选择、铺地的设计上。在水体设计中尽量利用

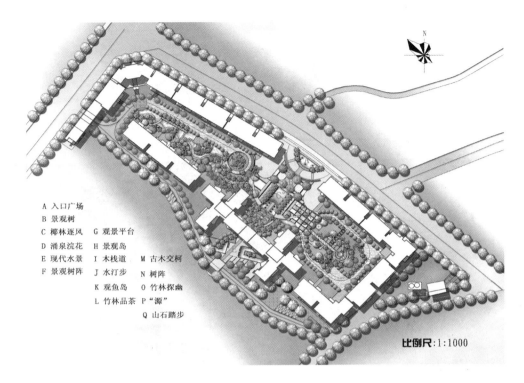

A 入口广场
B 景观树
C 椰林逐风　G 观景平台
D 涌泉浣花　H 景观岛
E 现代水景　I 木栈道　　M 古木交柯
F 景观树阵　J 水汀步　　N 树阵
　　　　　　K 观鱼岛　　O 竹林探幽
　　　　　　L 竹林品茶　P "源"
　　　　　　　　　　　　Q 山石踏步

比例尺 1:1000

图 5.21　金庭水岸居住区景观平面

生态的驳岸和池底,植物尽量采用乡土植物,并且从花期、树形等方面着重处理,给人一种回归的亲切感。

5）文化性景观设计

深入了解当地居民的心理,把握居民的喜好,极力营造街坊邻居般的景观空间,使居住在这里的人有交流的空间,彼此不再陌生,充分体现当地的民俗文化生活。从文化中抽象提取休息设施、小品雕塑,使居民随处可以感受到文化的气息,而不会感觉身处陌生的环境。

6）人性化景观设计

根据基地现状,在有限的空间中充分考虑不同人群的活动。景观中轴线把整体景观分成两个部分,西北部旨在创造幽静的江南水乡,东南部要利用装饰性水景和色彩斑斓的花卉烘托出较为活跃的气氛,动静结合,使每一个居民能找到适合自己的景观。

小区景观设计方案强调景观轴线的运用,考虑在不同空间中视线焦点的位置、尺度和色彩,无论在精巧的小空间还是在中轴线的景观道路上都强调视线的通透和视域的运用。每个空间都有自身的主题和特色,在不同的角度、位置和时间,有不同的景观效果。

5.4.3　景观设计分析

5.4.3.1　轴线景观区——跳跃的色彩

利用地形的变化,设计一条横向贯穿小区的轴线,利用水体的跌落、喷泉的跳跃和植物色彩的搭配,形成一道跳跃的音符,旨在为人营造一种活泼开朗的氛围(图5.22)。

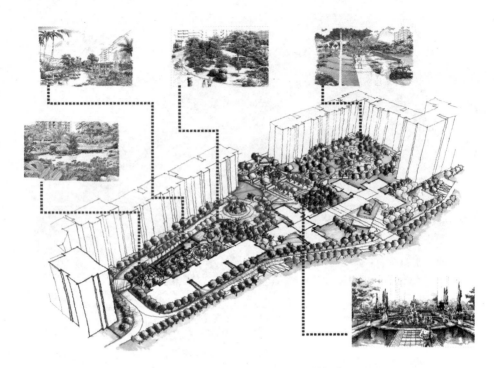

图 5.22　金庭水岸居住区景观效果

5.4.3.2　休闲景观区——流动的音乐、花语水乡

天生的地形高差,并仿造苏州水乡创造的小桥流水,呈现错落有致的立体景观。不同的溪流段种植不同的植物,平缓段种植飘逸的水草,创造幽雅的诗意场所。人为在溪流的一些段落创造小的高差,让溪水缓慢地跌落,溅出不同的声音,并配合溪边的花卉,又有丝活跃的气息。水声,树叶随风发出的沙沙声,奏响出一首流动的音乐。

5.4.3.3　宅间休闲区——宁静的庭院

通过植物的培植,竹类的运用,营造舒适、安宁的庭院环境。宅间休闲区是离居民最近的区域,主要以绿化为主,配置上注重乔、灌、草的合理搭配,形成不同层次的丰富植物景观,让居民在幽雅的环境中休息、散步、交谈。通过建筑、植物围合成一个宁静的庭院,并在每个单元入口处种植不同的植物以区分,让每个居民都有被理解的精神满足。

5.4.3.4　运动休闲区——和谐的运动

通过设置功能性的运动场地,使居民享受舒适、健康的生活。

考虑到休闲运动区设在建筑的顶部,因此设置卵石按摩带等功能性健身设施,让居民在咫尺空间中塑造完美身体,储备生活能量。同时结合装饰性水景和疏朗的植物配置,让老人和儿童在优美的环境中"和谐的运动"。

5.4.4 道路设计

小区内的道路主要为满足消防要求的消防车道和游步道。园路设计依照主体景观的需求,多角度、多距离,由远及近、由虚至实,将景线穿插、过渡、分隔、变化,构成不同景区系列。主要园路上,适当设置长椅、置石、花架等,供居民短暂歇息(图 5.23)。

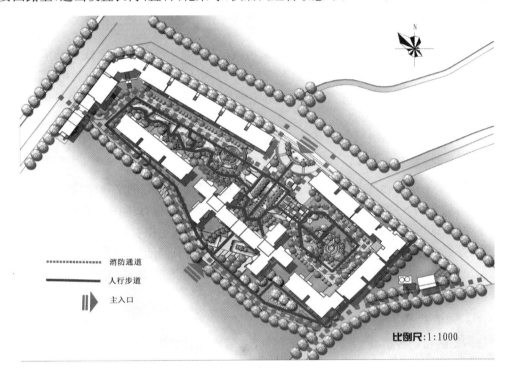

图 5.23　金庭水岸居住区交通分析

5.4.5 种植设计

植物种植设计以本地乡土树种为主,适地适树。在重点区域,结合树池的处理,适当点植大树,形成树池景观。种植设计需突出植物色彩的层次,因此在点景部分,结合树池和花池种植鲜艳的花卉。整体设计要保证四季常绿,三季有花,利用植物的季相变化,使居民体会到季节的变换更替。

5.4.5.1 配置理念

居住区绿化对平衡城市人工生态系统、美化城市面貌、解除人们的心理压力都有很强的作用。植物配置要尽量为居民营造一个轻松和谐的居住范围,以绿色为基调,使其成为小区居民的氧源。以居住环境为中心,以植物作为基调,以园林建筑作为补充,建造出宜居的居住区。

5.4.5.2　树种选择的原则

1）体现"以人为本"的设计思想原则

绿化首先是要为人服务,让人在繁杂的工作间隙享受到宜人的景观环境,身心得到休养。利用现状地形,配植色块及色叶植物,达到良好的视觉效果和环境效果,营造人性化的空间,体现"以人为本"的景观设计思想。

2）坚持生态性原则

植物是生命体,每种植物都是进化的结果,它在长期的系统发育中形成了适应环境的特性,这种特性是很难改变的。我们应尊重客观规律,以本地树种为主,在适地适树、因地制宜的原则下,合理选配植物种类,避免种间竞争,避免种植不适应本地气候和土壤条件的植物。结合当地的气候特征,草花主要选择小花月季、双色茉莉、三色堇等,同时选择在该地区生长普遍的灌木,如紫薇、红叶李、贴梗海棠、杜鹃、木槿、珊瑚树、黄花槐等。

3）渗透文化,追求艺术

作为蕴涵了一定文化底蕴的小区,在植物运用上也要体现出它的文化性。"岁寒三友"松、竹、梅用在运动休闲区周边显现出了一种文墨色彩。植物景观设计遵循着绘画艺术和造园艺术的基本原则,即统一、调和、均衡和韵律四大原则,巧妙地利用植物的形体、线条、色彩、质地进行构图,并通过植物的季相及生命周期的变化,使之成为一幅活的动态构图。在构图上面,以轻松明快的线条为主,体现出一种运动的活力。用流线型花带,体现出了艺术美。绿篱的布置体现出了构图的节奏与韵律。

4）形、色、香的结合

突破传统的植物种植设计只注重表面的缺陷,考虑花香对居民身体健康的影响,刻意选择香花类植物,如桂花、栀子花等,居民在眼光所到之地,嗅觉也会得到极大的满足,使身心足够放松。

5.4.5.3　树种选择

1）花语水乡景观的植物种类选择

该景观区主要以常绿小型乔木为背景,结合色彩鲜艳的时令花卉,形成水乡景观。靠近水岸处,种植湿生植物,如菖蒲、睡莲等,以增添水体的魅力。

2）宅间绿地

宅间绿地主要以竹类作背景,并在每个单元入口处种植不同开花类植物,如樱花、桃花、红叶李等,为单元住宅创造出各自的景观特色。住宅周边的地被植物主要以结缕草为主,并适当地在不同的宅间绿地辅助种植车轴草、紫花地丁等缀花草坪。草坪上适当种植红花檵木木、金叶女贞、毛叶丁香、六月雪、杜鹃等开花类灌木形成色彩层次丰富的景观。

3）轴线景观植物

轴线上主要选择龙爪槐、苏铁等枝叶有特色的植物,在主要节点处采用花钵种植时令花卉,在中间2m宽的人行道两侧辅助种植绿篱和花篱,让通行的行人也能体会到小区的景观魅力。

4）健身区的植物

健身区主要以低矮的植物为主,尤其注重色彩的搭配,给锻炼的老人和孩子一种运动健康的气息。

思考题

1. 开展一次居住区住户绿化心理需求抽样调查。

2. 在居住区规划设计中如何体现以人为本的设计理念?

3. 举例说明居住小区小游园的分区及设置的内容。

4. 设计一个完整的居住小区绿化,并完成一份正式图纸。

6　城市广场规划设计

【学习重点】

　　了解城市广场的概念、分类和发展概况，重点熟悉我国城市广场存在的问题。熟悉城市广场规划设计理论和设计方法，掌握各类城市广场的规划设计步骤、设计原则、硬质景观和软质景观设计要点

6.1　城市广场的定义与发展概述

　　城市作为物质的巨大载体，为人们提供生存的空间环境，不仅改变了人们的生活方式，也在精神上影响着生活在这个环境中的每一个人。城市广场从用地性质上属于城市十大类用地中的道路广场用地，同时作为城市重要的公共开放空间，是现代城市空间环境中最具公共性、最富艺术魅力，也是最能反映现代都市文明和气氛的开放空间，它在很大程度上体现一个城市的风貌，是展现城市特色的舞台，甚至可以成为城市的标志与象征。

　　随着我国经济的飞速发展，城市建设的规模也在不断扩大，人们对生活方式、城市形态和生存空间有了越来越高的要求。城市广场作为当前城市物质文明与精神文明建设的热点，在城市空间中扮演着越来越重要的角色。

6.1.1　城市广场的概念

　　广场是城市的重要组成部分，它拥有与城市相同的历史。广场从字面意义上有三种解释：一是广阔的场地；二是特指城市中的广阔场地；三是指人多的场合。凯文·林奇认为"广场位于一些高度城市化区域的中心部位，被有意识地作为活动焦点。通常情况下，广场经过铺装，被高密度的构筑物围合，有街道环绕或与其相通。它应具有可以吸引人群和便于聚会的要素"。综合来看目前城市广场通常是城市居民社会生活的中心，是城市不可或缺的重要组成部分。王珂、夏健、杨新海编著的《城市广场设计》一书中认为，城市广场的定义需要包括场所、内容、构成、使用方式和意境五个方面的基本限定，尝试将城市广场定义为：城市广场是为满足多种城市社会生活需要建设的，以建筑、道路、山水、地形等围合，由多种软、硬质景观构成的，采用步行交通手段，具有一定的主题思想和规模的节点型城市户外公共活动空间。其中，城市社会生活包括政治、文化、商业、休憩等多种活动；主题思想则指表现城市风貌和文化内涵，及城

市景观环境等多重目的;节点型是指城市空间中的核型空间形态。

由此可以看出,城市广场的概念很广,大到形成一个城市的中心或一个公园,小到一块空地或一片绿地,除街道外,是城市公共空间的另一种重要空间形式。城市广场突出地反映了城市的特征,为市民提供了室外活动和公共社交的场所。例如,上海人民广场(图6.1)是市民生活、节日集会和游览观光的地方;重庆人民大会堂广场(图6.2)既有政治和历史意义,又有丰富的艺术风貌,是重庆人民向往的地方。

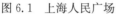

图 6.1　上海人民广场

图 6.2　重庆人民大会堂广场

6.1.2　城市广场发展的历史沿革

6.1.2.1　欧洲城市广场发展史

城市广场作为一种传统的城市开放空间,起源于欧洲。最早的广场可以追溯到古希腊。古代希腊文明是工商业发达的城邦文明,那个时期的广场是作为公民参与政治生活的集会性场所而自发形成的,且多为自由的形式。作为早期希腊城市广场典型代表的雅典中心广场,是群众聚集中心,兼具司法、行政、商业、工业、宗教、文娱交往等社会功能。广场的形式和功能可以与古希腊的一系列社会性质相联系起来,包括其发达的商业以及公民政治生活与社会生活相融的状况。在古希腊,国家与市民社会、公民政治生活与社会生活是复合的,那个时候的广场就犹如一个大家庭,是公民的日常生活中心。

作为古希腊文明传承者的古罗马,在共和体制的初中期,民主政治较雅典更为健全,市民社会与城邦政治生活密切相联。罗马共和时期的广场与希腊晚期相仿,布局比较自由、开敞,是市民集会和交易的场所,也是城市的政治活动中心,其典型代表如罗马城中心的罗曼努姆广场。而随着共和末期向帝国的转化,对外征服和疆域的不断扩展,民主政体不可避免地被专制体制所替代,广场的功能随着社会性质的改变而改变,如相继建立的恺撒、奥古斯都和图拉真广场。皇帝的雕像、巨大的庙宇、华丽的柱廊无不显示出浓重的皇权色彩,广场成为统治者歌功颂德的工具,广场形式也由开敞转为封闭,由自由转为严整。"从罗曼努姆广场到图拉真广场,形制的演变,清晰地反映着市政广场的纪念功能"。

文艺复兴后,经历了漫长的"黑暗时期",欧洲一些新型城市开始发展,出于非政治的目的,出现市场广场,刺激了手工业和商业的发展。随着近现代史序幕的拉开,传统的社会等级制度秩序发生改变,城市社会逐渐摆脱王权和封建政治掌控,城市发展更加自由,市民社会生活日益拓展,城市公共生活与私人生活逐步分离。广场也不再是城市中心,而是演化出各种不同的类型与功能,公共性和市民性进一步加强,成为人们节日欢庆、集市的公共活动场所,空间形式也更加开放多元。例如法国的埃菲尔铁塔广场(图 6.3)。

图 6.3　埃菲尔铁塔广场

6.1.2.2　中国城市广场发展史

中国城市的发展与欧洲截然不同。中国的传统公共空间是街市,广场是一种外来的空间形式。因此,中国广场的大规模兴起是在中华人民共和国成立以后才开始的。虽然中国城市广场发展史没有欧洲那样的渊源和复杂,但是中国城市开放空间也随着社会转型而经历了不同的历史演变。探索其背后的社会动因,发掘广场与公民和社会的关系,有助于对广场这个概念内涵的更深刻的理解。

在中国漫长的封建社会中,强大的皇权、严格的政治等级制度、高度集中统一的统治体制,使得中国城市的空间布局主要基于体现封建等级制度、为皇权服务和对市民的统治要求,导致空间结构和布局的封闭、内向的特点,像西方那样作为市民社会交往和活动的开放的公共空间几乎是不存在的。

中华人民共和国成立后,高度集中的计划经济体制使开放式的城市公共空间的发展受到了束缚和限制。我国城市规划在苏联专家指导下,建成的城市广场也多是为政治集会服务的,如典型的天安门广场,以其宏大和壮阔向世人展示中华人民共和国成立后的面貌。但是这种广场不具有服务性,并非真正意义上的能容纳多种功能和社会生活的市民广场。

改革开放后广场功能的过于单一性才逐渐引起城市设计者的重视,我国具有多功能复合的城市广场开始大规模的兴起。城市广场作为人与人之间交流的场所,应该更多的面向广大民众,广场的人性和公民性应该得到更多的尊重和体现。

对于中国和欧洲城市广场发展历程的回顾,可以看出城市公共空间的发展与国家和社会的发展变化是息息相关的。甚至在某种程度上可以说,广场的形式与功能是当时经济体制的缩影。随着我国经济体制的改变,广场这种公共开放空间形式的定位值得我们重新思考。了解广场的发展历史,掌握政治国家和市民社会与公共空间之间的相互关系及其发展的一般规律,有助于我们进一步把握城市空间演变和发展的深层社会动因,发掘城市广场的本质,认清当今景观设计师面临的重要任务和使命,那就是如何把普通市民作为主体,尊重人性,尊重场地,寻回广场的本性。例如成都都江堰广场(图 6.4)。

图 6.4 成都都江堰广场

6.2 城市广场的类型与特点

城市广场具备开放空间的各种功能和意义,并有一定的规模要求、特征和要素。城市中心人为设置以提供市民公共活动的一种开放空间是城市广场的重要特征;围绕一定主题配置的设施、建筑或道路的空间围合以及公共活动场地是构成城市广场的三大要素。只具备广场特征而组成要素不明显的,如单纯的绿地或空地,或组成要素明显而不具备广场特征的,如仅供某一商住区或建筑物使用,出于商业目的而冠名的广场,则不应纳入城市广场范畴。

因为城市广场兼有集会、贸易、运动、交通、停车等功能,故在城市总体规划中,对广场布局应作系统安排,而广场的数量、面积大小、分布则取决于城市的性质、规模和广场功能定位。广场的功能决定了广场的性质和类型。广场按主要性质一般可分为以下六种:

6.2.1 宗教纪念广场

早期的广场多修建在教堂、寺庙等前面或对面,为举行宗教庆典仪式、集会、游行所用。在广场上一般设有尖塔、宗教标志、坪台、台阶、敞廊等构筑物。为了缅怀历史事件和历史人物,常在城市中修建一种主要用于纪念活动的广场,用相应的象征、标志、碑等纪念建筑,教育人、感染人,以便强化所纪念的对象,产生更大的社会效益。如天安门、雨花台广场。然此类广场,现已兼有休息、商业、市政等活动内容。天安门广场(图 6.5)建设初期主要是纪念功能,现在已经兼具其他相关功能。

6.2.2 市民集会广场

这类广场常常是城市的核心,多修建在市政厅和城市政治中心所在地,供市民集会、庆典、休息使用。市民集会广场一般由行政办公、展览性建筑结合雕塑、水体绿地等形成气氛比较庄严、宏伟、完整的空间环境,一般布置在城市中心交通干道附近,便于人流、车流的集散。例如,南京鼓楼广场发挥市民集会广场的作用。新疆乌鲁木齐新源广场(图6.6)是市民集会以及庆典活动场地。

图6.5　天安门广场

图6.6　新疆乌鲁木齐新源广场

6.2.3　休闲娱乐广场

　　此类广场是居民城市生活的重要场所,是市民接受历史、文化教育的室外空间。休闲娱乐广场包括花园广场、文化广场、水上广场,以及居住区和公共建筑前设置的公共活动空间。广场的建筑、环境设施均要求有较高的艺术价值。近些年在休闲娱乐广场类型中文化广场的建设越来越多。文化广场主要是为市民提供良好的户外活动空间,满足市民节假日休闲、社交、娱乐的要求,兼有代表一个城市的文化传统、风貌特色的作用。因此,文化广场常选址于代表一个城市的政治、经济、文化或商业中心地段(老城或新城中心),有较大的空间规模,在内部环境塑造方面常利用点、线、面立体结合的广场绿化、水景,保证广场具有较高的绿化覆盖率和良好的自然生态环境。广场空间具有层次性,常利用地面高差、绿化、建筑小品、铺地色彩和图案等多种空间限定手法对内部空间作第二次、三次划分。大连人

图6.7　大连人民广场

民广场的层次性、色彩搭配以及植物配置都较为完善,为市民提供了一个良好的休闲娱乐场地(图6.7)。

6.2.4　交通广场

　　火车站、汽车站、航空港、水运码头及城市主要道路交叉点,是人流、货流集中的枢纽地段。交通广场通常是指有数条交通干道的较大型的交叉口广场,例如大型的环形交叉、立体交叉和

桥头广场等。交通广场的主要功能是组织和疏导交通,应处理好广场与所衔接道路的关系,合理确定交通组织方式和广场平面布置。在广场四周不宜布置有大量人流出入的大型公共建筑,主要建筑物也不宜直接面临广场。应在广场周围布置绿化隔离带,保证车辆、行人顺利和安全的通行。交通广场主要有两类,一类是设在人流大量聚集的车站、码头、飞机场等处,提供高效便捷的交通流线,具有人流疏散功能。另一类设在城市交通干道交汇处,通常有大型立交系统,以交通疏导为主,应避免在此处设置多功能、容纳市民活动

图 6.8　重庆火车北站站前广场

的广场空间,同时采取平面立体的绿化种植吸尘减噪。火车站广场是典型的交通集散广场,例如重庆火车北站广场(图 6.8)。

6.2.5　商业广场

商业广场是指建有商业贸易建筑,具有良好配套设施,供居民购物,进行集市贸易活动用的广场。现代的商业广场往往集购物、休息、娱乐、观赏、饮食、社交于一体,成为人们文化生活的重要组成部分,常与步行街结合设置。随着城市主要商业区和商业街的大型化、综合化和步行化的发展,商业广场的作用越来越显得重要。人们在长时间的购物后,往往希望能在喧嚣的闹市中找一处相对宁静的场所稍做休息。因此,商业广场这一公共开敞空间要具备广场和绿地的双重特征,在注重投资的经济效益的同时,应兼顾环境效益和社会效益,从而促进商业繁荣。例如石家庄万达广场(图 6.9)。

图 6.9　石家庄万达广场

6.2.6　园林广场

园林广场主要指与城市集中绿地、公园绿地、城市居住区绿地、花园或城市自然景观相结合,以自然生态环境、园林景观为主要功能的广场。其规模常比较小,并与其周围的植物绿化

花卉、山石水景、构筑物、园林小品等构成要素形成亲切怡人的生态小气候。因此,园林广场应合理控制规模。重庆园博会广场(图 6.10)作为公园内部广场,规模适宜,同时满足了集散和休息功能,为园博会增色不少。

图 6.10　重庆园博会广场

6.3　城市广场的设计原则与形式

6.3.1　城市广场的设计原则

6.3.1.1　功能性原则

城市广场是以突出主题而在城市中人为设置的一种现代开放空间。城市广场兼有集会、贸易、运动、娱乐、交通、停车等功能,故在城市总体规划中,对广场布局应进行系统规划,而广场的数量、面积大小、分布则取决于城市的性质、规模和广场功能定位。规划设计时应首先满足广场的主要功能要求。

6.3.1.2　以人为本原则

城市广场的使用应以"人"为主体,充分展现对"人"的关怀,体现"人性化",使广场贴近人的生活。广场要有满足市民大型集会活动的铺装用地,周围应设有坐凳、饮水器、公厕、电话亭、小售货亭等服务设施,广场的小品、绿化、服务设施等均应以"人"为中心,时时体现为"人"服务的宗旨,设计适宜人体的尺度。针对一些特殊的使用人群,如儿童、老人、残疾人等,应添加相应的服务设施。

一个优秀的广场设计要以人的活动需求、景观需求、心理需求为出发点,以满足人们更方便、舒适地进行多样化活动为目的,贯彻"以人为本"的设计指导思想。

6.3.1.3　地域性原则

城市广场的地域性即地方特色。城市广场的地方特色既包括自然特色,也包括社会特色。首先城市广场应强调其地方社会特色,即人文特性和历史特性。城市广场设计应继承城市本身的历史文脉,适应地方风情、民俗文化,突出地方建筑艺术特色,有利于开展地方特色的民间活动,避免千城一面,似曾相识,增强广场的凝聚力和吸引力。以西安大雁塔广场为例,作为西安市重要标志之一的大雁塔(图6.11),拥有悠久的历史文化背景,所以其周围环境的处理应具有深厚的文化底蕴。广场的整体平面形式、环境小品、硬质铺装以及广场绿化,都显示出西安大雁塔广场的地域性以及其深厚的历史文化气息(图6.12)。

图6.11 西安大雁塔广场

图6.12 大雁塔广场小品

其次,城市广场还应突出当地的自然特色,即适应当地的地形地貌和气候等。城市广场应强化地理特征,因地制宜,尽量采用富有地方特色的建筑艺术手法和建筑材料,体现地方山水园林特色。为适应当地气候条件,植物配置也应尽量选择本土植物,以保证植物成活率。如北方广场强调日照,多为开放性空间布局;南方广场则强调遮阳,种植高大乔木和浓密灌木,多半私密性空间。

6.3.1.4 公众参与性原则

公众参与性原则很重要的一方面体现在人对广场的使用频率上。一个好的广场要有活力,才更具吸引力。活力是指空间由于有人的参与和活动而体现出的蓬勃生机。好的设计会激发人们参与各式各样活动的兴趣,并为这些活动创造适宜人的环境,从而满足人们社会交往、释放激情、了解信息、获得启发等高层次的需求。为了更好地调动人参与的积极性,应满足人们视觉和心理需求的基本尺度,使人在参与的同时获得愉悦感。纪念性广场给人以空旷疏远之感,缺乏对一般民众的亲和力,从而抑制了人们参与活动的积极性;而活泼灵活的休闲广场给人以亲切、好奇的感觉,调动了人们进入和参与的积极性。

公众参与性原则也体现在广场规划设计时应以多种方式征求公众意见,让广大群众参与广场的选址、设计等工作。

6.3.1.5 空间多样化原则

城市广场应具有多样化的空间表现形式和特点,同时服务于广场的设施和建筑功能也应多样化,体现休闲性、娱乐性、纪念性和艺术性。多样化主要体现在为人们的活动创造丰富的选择,满足不同人群对不同空间的需求。广场设计时要注意通过设计多个主题鲜明的次空间、设置多元化的景观要素、举行丰富多彩的公共活动等,为人们在空间中驻足、流连、参与创造适宜的条件和富有层次的空间组织。

图 6.13 齐白石石雕塑

6.3.1.6 艺术性原则

广场的审美及艺术特性是广场设计的目标,强调在更高的层次上创造人与周围环境的相互渗透,其核心是要有一定艺术气息和文化氛围,而非单一的满足集会与礼仪活动的公共场所。广场的艺术性通过优美的平面造型、多元化的空间形态、丰富的造景艺术手法等来表现。以图 6.13 齐白石文化广场为例,广场采用"因地制宜"而"顺应自然"的造景法则,充分展现了名人故里、艺术大师的风采。广场巧妙地采用了白石老人绘画中的艺术元素于造景之中,使文化广场的艺术特色得以升华,使游人得到艺术的畅想与享受。

6.3.2 城市广场的设计形式

广场作为城市的外部空间,是由人创造的有目的的外部环境,是比自然更有意义的空间。历史表明,许多有魅力的城市不仅因为她们有许多优美的建筑,还因为她们拥有许多吸引人的外部空间。

6.3.2.1 广场的平面形式

1)广场设计的轮廓

广场的形成有规划和自发两种模式,也受地形、观念、文化等多种影响,因而其平面组合表现为各种不同的形态,基本可分为单一和复合两大类别:

(1)单一形态广场。该类广场一般由一个基本几何形构成,有单一规整几何形和不规整的自由形态两种表现形式,具有各自不同的表现特征。

①规整形广场。规整形广场的形状比较严整对称,有比较明显的纵横轴线,广场上的主要

建筑物往往布置在主轴线的主要位置上。规整形广场又可分为以下几类：正方形广场（图6.14）、长方形广场（图6.15）、梯形广场（图6.16）、圆形和椭圆形广场（图6.17）等。

　　②自由形广场。由于用地条件、环境条件、历史条件、设计观念和建筑物的体型布置要求，因而出现了一些非规整几何形的自由形态广场，如历史上中世纪西欧许多城市由城市生活逐渐自发形成的广场（图6.18、图6.19）。

图6.14　巴黎旺多姆广场

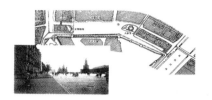

图6.15　莫斯科广场

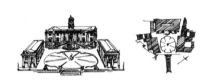

图6.16　罗马市政广场

图6.17　巴黎星形广场

图6.18　佛罗伦萨长老会议广场

图6.19　四川罗城广场

　　（2）复合形态广场。相对于单一形态广场，另一类广场是以数个基本几何图形按有序或无序的结构组合成广场的整体景观，这种复合形态广场提供了比单一形态广场更多的功能合理性和景观多样性。

　　①有序复合广场。运用一个或几个母题，按序列原则排列，构成了兼具理性和动态两种空间感受的城市景观。如罗马的圣彼得广场和法国南锡广场群（图6.20、图6.21）。

　　②无序复合广场。无序仅指组合方式的非理性原则，事实上仍有一定的内在规律性而使整体统一（图6.22、图6.23）。

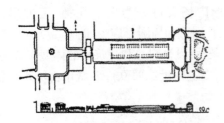

图 6.20　法国南锡广场群平面图

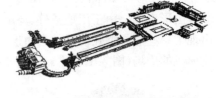

图 6.21　法国南锡广场群鸟瞰图

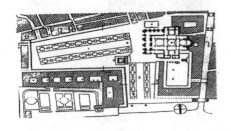

图 6.22　意大利威尼斯圣马可广场平面

图 6.23　威尼斯圣马可广场鸟瞰

2) 广场设计的立体化趋势

广场如从空间形态分,主要表现为平面型广场和立体型广场。

(1) 平面型广场。平面型广场最为常见,传统广场和今天已建成的绝大多数城市广场都是平面型广场,如郑州绿城广场(图 6.24)等。这类广场在垂直向无变化或很少变化,处于相近的水平层面,与城市道路交通平面相接,具有交通组织便捷、技术要求低、经济代价小的特点。平面型广场由于缺乏层次感和戏剧性的景观特色,显得单调、乏味。

图 6.24　郑州绿城广场

(2) 立体型广场。立体型广场按其与城市平面的关系,又分为上升式和下沉式两种。

① 上升式广场。上升式广场一般利用城市道路网上方或低层建筑物顶部构筑,而发展的极限即为在高层建筑中部、顶部或挖空或连接的空中广场(图 6.25,图 6.26)。上升式广场一般将车行道放在较低的层面上,而把步行和非机动车交通放在地上,实行人车分流。在行人穿越的核心处构筑景观广场,还城市以绿色和生命。这类广场的设计一般结合中心区的改造更新和环境综合治理而建设,如巴西圣保罗市的安汉根班广场的重建,就是在交通隧道以上建成面积达 6hm² 的上升式绿化广场,给这一地区重新注入了绿色的活力。

图 6.25　巴西圣保罗市安汉根班广场

图 6.26　上海天诚大酒店广场

② 下沉式广场。下沉式广场是当代城市建设中应用较多的广场形式,它不但解决了广场交通立体化和主要空间步行化的问题,广场既有方便的交通条件,又使人在广场上有安全感,而且利用高差变化和构成要素的变异,使平铺直叙变为落差有致,广阔开敞变为曲折张弛(图6.27、图 6.28)。下沉式广场作为城市广场设计的一种主要形式,既是城市广场在空间上的立体拓展,又是城市广场在功能上的延伸和补充。

图 6.27　上海人民广场地下商业街下沉式入口

图 6.28　东京新宿口地下街的下沉广场

进入 20 世纪以后,伴随着城市空间立体化的发展,尤其是地下交通与大型地下空间的开发和利用,人们对地下空间的使用提出了更高的要求。下沉式广场满足了人们所需要的通风和采光等问题,有效解决了地下空间的种种弊端,因此得到了广泛的应用。

下沉式广场由于其本身空间下沉的特性,更是为人们在喧嚣的都市里提供了一处安静、安全、具有较强归属感的场所,成为现代城市开放空间系统中一个重要的节点空间。然而由于种种原因,下沉式广场在设计和使用中也出现了许多不尽如人意的地方。下沉式广场设计应注意以下几个方面:

气候:在下沉式广场的景观设计上注重微气候的营造,将会在很大程度上提高空间的品质。然而,多数下沉式广场并不注重下沉空间内微气候的营造。有些北方城市的下沉式广场甚至省略了植物的应用。如哈尔滨红博世纪广场的下沉式广场内没有栽植任何植物,也没有水体的应用,降低了整个广场可停留性(图 6.29、图 6.30)。

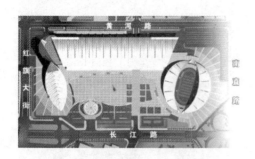

图 6.29　哈尔滨红博世纪广场平面图　　　图 6.30　哈尔滨红博世纪广场现况图

功能：我国城市下沉式广场在设计建设中,常常单一解决交通矛盾或地下空间的通风与采光问题,忽略了作为城市广场的其他功能。下沉式广场经常被建造成地上、地下空间过渡的竖向通道或者仅仅是入口空间,没有为人们提供公共活动和休息娱乐的空间,在商业服务和文化营造等方面也考虑不足,降低了广场的吸引力,造成其逗留性和可坐性差。

设施：下沉式广场由于其空间下沉,吸引地面的人流下来是其景观设计的关键。某些下沉式广场由于缺少座椅,或者座椅的布置与摆向不当,没有考虑群体的使用而显得人性关怀不够,降低了人们在广场上活动的丰富性,使下沉空间失去了魅力。

空间尺度：我国有些下沉式广场给使用者带来了较大的压抑感,正是因为其基面大小与边界高度的比例关系超出了尺度范围造成的。这种情况下,广场的使用者虽然可以清晰地看到广场周边的实体细部和整体,但没法看清自己周围所处的环境背景,以至于使用者迷失了自己的方位,甚至有压抑的感觉。

文化内涵：城市广场不仅是一种文化观念的产物,更是巩固和加强文化宣传的一种重要手段。下沉式广场作为城市广场的一种特殊形式,同样是城市开放空间系统的节点空间。继承城市历史文脉、展现城市文化是其不可忽略的责任。随着我国城市化进程的加快,城市土地资源的紧缺,下沉式广场的应用是不可避免的。只有解决了下沉式广场景观设计中存在的这些问题,才能使下沉式广场更好地为市民服务。

6.3.2.2　广场的空间组织

1) 广场的规模

城市广场尺度的处理是否得当,是城市广场空间设计成败的关键因素之一。现在,我国的一些城市广场尺度巨大,对人有排斥性。表 6.1 中外城市广场面积比较可以说明一定问题。

表 6.1　中外城市广场面积

广　场	面积/hm²	广　场	面积/hm²
普利也城集会广场	0.35	大同红旗广场	2.9
庞贝城中心广场	0.39	太原"五一"广场	6.3
佛罗伦萨长老会议广场	0.54	天津海河广场	1.6
威尼斯圣马可广场	1.28	南昌"八一"广场	5.0
巴黎协和广场	4.28	郑州"二七"广场	4.0
莫斯科红场	5.0	北京天安门广场	30.0

广场空间的尺度对人的感情、行为等都有巨大的影响。空间距离愈短亲切感加强,距离愈长愈疏远。

2) 广场内部的空间组织

广场空间的安排要与广场性质、规模及广场上的建筑和设施相适应,应有主有从、有大有小、有开有合、有节奏地组合,以衬托不同景观。广场设计要满足人们活动的需要及观赏的要求,同时考虑动、静空间组织,把单一空间变为多样空间;充分利用近景、中景、远景等不同层次的景观,使静观视线变为动观视线,把一览无余的广场景色转变为层层引导、开合多变的广场景色。

（1）开阔、舒展式。代表:大连星海广场(图6.31)。

图6.31　大连星海广场

大连星海广场占地面积110万m²,是亚洲最大的城市广场,是纪念香港回归的工程,建于1997年6月30日。中心广场面积4.5万m²,环绕广场周围的是大型音乐喷泉,从广场中央大道中心点北行500m是会展中心,南行500m是蓝色的大海。中央大道红砖铺地,两侧绿草如海。星海广场背倚都市,面临海洋,令人心胸开阔。

（2）交通枢纽式。代表:大连中山广场(图6.32)、友好广场、港湾广场、学苑广场。

图6.32　大连中山广场

大连中山广场位于大连市中山区,总面积2.2万m²,直径168m。广场呈圆形辐射状,有10条大路从这里向四面八方辐射。因为四周装有高级音响,每天定时播放世界名曲,所以又称中山音乐广场。

（3）商业综合体式。代表:大连奥林匹克广场(图6.33)。

奥林匹克广场面积6万m²,分南北两部分。南部有一个足球场(现已拆除)、12个网球场和4个门球场;北部广场不但矗立着五环标志,而且整个广场也是由象征着五环的五个圆组合而成的。广场东西两侧各有一个约 700 个喷头的音乐喷泉,形成像两只高攀的巨手,把五大洲高高托起。

图 6.33　大连奥林匹克广场

（4）景区中心式。代表:大连海之韵广场(图 6.34)。

海之韵广场是滨海路东北段的入口,也是东海公园的北入口,与星海广场遥相呼应。广场面积 3.8 万 m^2,由 13 000 m^2 的铺装广场、12 000 m^2 的绿地和许多雕塑小品组成。雕塑广场全部采用铸钢、不锈钢、花岗岩等现代建筑材料,使广场显得现代、大气、活泼、富有韵律,充满了自然情趣。

图 6.34　大连海之韵广场

6.3.2.3　广场的铺装设计

地面铺装可以给人以非常强烈的感觉,这是由人的视觉规律所决定的。人在行走的过程中,总是注视着眼前的地面、人和物及建筑底部。所以,广场地面的铺装设计以及地面上的一切建筑小品设计都非常重要。地面不仅为人们提供活动的场所,而且对空间的构成有很多作用,它有助于限定空间、标志空间、增强识别性,可以通过底面处理给人以尺度感,通过图案将地面上的人、树、设施与建筑联系起来,以构成整体的美感,也可以通过底面的处理来使室内外空间与实体相互渗透。

1）铺装的类型

（1）复合功能场地。复合功能场地没有特殊的设计要求,不需要配置专门的设施,是广场铺地的主要组成部分。

（2）专用场地。在专用场地设计或设施配置上具有一定的要求，如露天表演场地、专用的儿童游乐场等。

2）铺装的装饰性

地面铺装是广场设计的一个重要环节，应该灵活运用它的特点，创造一种符合地方特色、城市个性的广场空间。今天的都市空间可以说是由绿色植物、石材、混凝土、沥青、砖瓦、瓷砖等多种类的材料覆盖而成的"铺装都市"。换句话说，根据铺装来表达空间，或者是根据铺装来塑造广场的格调、个性。如日本景观设计师佐佐木叶二在日本吹口市设计的站前广场中运用地面铺装来表现城市特色及其文化内涵（图 6.35）。

图 6.35 日本吹口市站前广场

3）铺装的图案处理手法

图案本身对广场空间效果影响较大，也是广场主题的一种表达方式。地面图案的处理能给人以尺度感，通过图案和铺装材料使人、建筑物、树木、室外设施与公共活动建立起相关的联系，构成整体的美感。铺装的图案处理手法有以下几种：

（1）整体式图案。整体式图案指把整个广场做一个整体来进行整体性图案设计。在广场中，将铺装设计成一个大的整体图案，会取得较佳的艺术效果，并易于统一广场的各要素和取得广场空间感。如美国新奥尔良意大利广场中同心圆式的整体构图，使广场极为完整，又烘托了主题。

（2）单元重复式图案。排列同一图案或网格，往往在图案的交汇点和网格交点可以布景。单元重复式图案韵律感强，施工方便，但缺乏变化，容易产生枯燥感。这时可适当插入其他图案，或用小的重复图案再组织起较大的图案，使铺装图案较丰富些。

（3）组合式图案。图案的交叉和组合是提高视觉兴奋度的有效手段，结合广场领域的变化，转换铺装形式，有利于提高识别性。

4）广场边界处理

广场空间与其他空间的边界处理是很重要的。在设计中，广场与其他地界如人行道的交界处应有较明显区分，这样可使广场空间更为完整，人们亦对广场图案产生认同感；反之，如果广场边缘不清，尤其是广场与道路相邻时，将会给人产生到底是道路还是广场的混乱与模糊感。人的审美快感来自于对某种介于乏味和杂乱之间的图案的欣赏，单调的图案难以吸引人们的注意力，过于复杂的图案则会使我们的知觉系统负荷过重而停止对其进行观赏。因而广场铺装图案应该多样化一些，给人以更大的美感。但是，追求过多的图案变化也是不可取的，会使人眼花缭乱而产生视觉疲倦，降低了注意与兴趣。

最后，合理选择和组合铺装材料也是保证广场地面效果的主要因素之一。

6.3.2.4 广场的水景设计

水是城市中最有灵气的元素，蕴藏着城市丰富的历史和文化，也是现代城市体现其独特景观风貌和人文精神的重要载体。"水景"作为活化景观的一种形式,在广场设计中占有特殊地位。

1) 广场的水景设计形态

(1) 生态水池。生态水池(图 6.36)就是在水池中饲养鱼和水草等动植物,人们在游玩之时不仅可以观赏到美鱼,还可以亲自喂食,不但增添了观赏性,也增添了亲自参与的趣味性。另外,生态水池还可以调节小气候,保持生态平衡。

设计要点:水池的深度应根据饲养鱼类的大小、数目和水生植物所需的生存深度而确定,一般深度在 0.3~1.5m 之间。水池边与水面保证有至少 0.15m 的高差。较深的水池应设置护栏,以防止发生危险。水池底部应保持光滑、平整,利于鱼及其他生物活动。池壁与池底一般设计成深色,利于清洁,也可以体现池水的深幽。池深低于 0.3m 的较浅的池,池底可做艺术处理,比如选择具有一定图案和色彩的铺装材料,目的是显示池水的清澈透明。池底要铺设水更新管道,进水管设置在池上部,排水管设置在下部,方便水质更新。

(2) 涉水池。涉水池(图 6.37)是儿童的快乐天堂。一般在休闲广场之中常设有涉水池,人们可以走入水中嬉戏、玩耍,增添无限乐趣。涉水形式很多,如旱地喷泉、游泳池、人工河滩等。

图 6.36　生态水池

图 6.37　涉水池

设计要点:涉水池如果有边沿,转角需做圆角处理,避免撞伤人。地面必须铺设防滑材料,必须做好渗水和排水处理。

(3) 喷水。喷泉是喷水的主要形式之一,也是广场中动态水景的重要组成部分,常与声效、光效配合使用,形式多种多样(图 6.38)。

设计要点:喷泉是完全靠设备制造出的水量,对水的射流控制是关键环节,因此在设计中要选择适合的喷头进行组合,创造出多姿多彩的变化形态。

不同的喷水形式适应不同场合。比如音乐喷泉一般适用广场等集会场所,它以音乐、水形、灯光的有机组合给人以视觉和听觉上的美感,同时喷泉与广场又融为一体,形成了建筑的一部分。音乐喷泉的设计可充分利用现代声、光、电等高科技手段,制造出奇幻、瑰丽的景观效果。比如电控音乐喷

图 6.38　喷泉

泉,水柱可以随音乐上下飞舞,呈现涌泉、冰山、云雾、水线等多种效果,人们可以快乐地在水中穿行嬉戏,营造轻松愉快的气氛。喷泉对水质要求较高,注意水的更新与清洁。

6.3.2.5 广场的植物景观设计

植物是城市生态和文化环境的基本要素之一,这不仅在于植物所具有的调节人类心理和精神的功能,以及它所发挥的生态、物理和化学效用,更重要的是,植物的生长特性使之成为城市广场景观中最特殊而又潜在的因素。

植物具有自然生长的姿形和色彩,经过人工修整的树形更具有人文色彩。从生态角度、经济价值、艺术效果和功能涵义等方面,植物景观设计应列入广场设计中的重要因素,合理的绿化配置即是对植物各种功能的综合体现。

1) 广场植物景观的功能

(1) 保护环境。植物作为一种特殊的生命群体,在对城市环境进行有限索取的同时,对城市做出了巨大的贡献,这些贡献主要有减少粉尘污染、净化空气、杀灭病菌、吸收有毒气体、吸收紫外线、降低温度、减少噪声等。因此,在城市广场中配置植物时,应该根据各地环境保护的实际需要合理配置。例如多配置一些侧柏、青桐、槐树、悬铃木、毛白杨等易于吸滞粉尘的树木,可以降低工矿附近、城市主干道两侧、人流稠密地区的粉尘污染;在地表覆盖植株低矮的木本或多年生草本的地被植物,不仅能使表土免于暴露而减少水土流失和尘土飞扬,而且能与灌木、乔木紧密衔接,组成多层垂直混交的植物生态群;此外,植物还可以同流水、山石等自然元素共同构成有机的自然生态环境,使城市居民真正回归自然,实现"诗意栖居"的梦想。

(2) 软化空间。作为软质景观,绿化是城市空间的柔化剂。在以硬质铺地为主的广场空间,若能适当的加入绿化,不仅可以增加一种平面构图元素,还可以软化硬质空间,体现人工和自然的结合。

(3) 塑造景观。树木本身的形状和色彩是塑造城市公共开放空间的重要景观元素(图6.39)。对树木进行适当的修剪,利用规则树形与自然树形形成对比,既可以体现其阴柔之美,又可以体现强烈的理性和雕塑感;一些特有的树种,还可以通过剪型形成特定地区的标志树;树木四季色彩的变化,给城市广场空间带来不同的面貌和气氛,与观叶、观花、观景的不同树种及观赏期的巧妙结合,就可以用色彩谱写出生动和谐的都市交响曲。

图 6.39 植物景观

(4) 划分空间。绿化可以用来划分内外空间(图6.40)。在广场空间的边界与道路的相邻处,可利用乔木、灌木、花坛起分隔作用,减少噪音、交通对人们的干扰,保持空间的完整性。还可利用绿化对广场空间进行灵活划分,形成不同层次的内部活动空间,满足人们的需要。在以交往、游戏、锻炼为主的动态空间,可用低矮的灌木在平面上限定场地边界;在以休闲、静养、学习为主的静态空间,则可用高大乔木为主的树丛群形成的大面积绿荫对空间进行立体限定。

图 6.40　植物划分开了私密和开敞空间

(5) 表达文化。植物文化内涵的形成是比较复杂的,它与民族的文化传统、风俗习惯、文化教育水平、社会历史发展等密不可分。比如中国以竹表示贞节,日本人视樱花为国花,苏联人用白桦寄托哀思。因此在植物配置时,必然要对植物所表达的文化内涵进行思考、观察,达到因景生情、发人深省的目的,这也就是通常所说陶冶情操的过程(图 6.41)。

图 6.41　植物的文化造景效果

此外,在广场空间的空间处理上,绿化可以使空间具有尺度感和空间感,反衬出建筑的体量及其空间位置。

2) 广场植物景观营造的方式

(1) 因地制宜,合理布局。根据不同的地势,划分不同的功能场所,利用植物创造空间氛围。如在广场四周,可用植物围合形成广场内部的空间,与外界的嘈杂声、灰尘等环境隔离,闹中取静,形成一个宁静和谐的活动游憩场所。空间要似连似分,变化多样,形成景色各异的整体景观,达到"自成天然之趣,不烦人事之工"的目的。

(2) 主次分明,疏密有度。植物景观的营造,要充分发挥不同园林植物的个性特色,根据环境的需要突出主题,分清主次,不能千篇一律,平均分配。主要突出某一树种栽植时,其他植物进行陪衬。种植时,疏密有度,师法自然,避免人工之态的显现。

(3) 植物季相,丰富景观。园林植物景观总的营造效果应是三季有花,四季常青。突出一季景观的同时,兼顾其他三季,避免单调、造作和雷同,形成春季繁花似锦,夏季绿树成荫,秋季叶色多变,冬季银装素裹,景观各异,近似自然风光,使人们感受到大自然的生命气息及其变化,有一种身临其境的感觉。

(4)注意空间的节奏韵律感。在植物景观营造时,应充分考虑植物的立体感和树形轮廓,通过错落有致的种植,合理利用曲折起伏的地形,使林缘线、林冠线有高低起伏的节奏韵律,不同的曲线应用于不同的意境景观中,形成景观的韵律美。

6.3.2.6 广场的环境设施设计

1)广场环境设施分类

环境设施是广场环境中不可缺少的整体要素。每个环境都需要特定的设施,它们构成氛围浓郁的环境内容,体现了不同的功能和文化气氛,充分展现了广场的空间内容。

表 6.2 城市广场环境设施

种 类	内 容	备 注
艺术性环境设施	雕塑	圆雕和浮雕
	赏石	石为古典造园要素,当代景观设计中巧妙运用可表现自然清雅的审美趣味
服务性环境设施	座椅	类型多样,需精心设置
	指示导向标识系统	包含文字、图形、符号等形式,应醒目、清晰、恰当
	服务性景观小建筑	如公共卫生间、报刊亭、电话亭等
	其他景观服务性设施	如垃圾桶、护栏、饮水台等,虽琐碎,但不能忽视
休闲娱乐性环境设施	游戏设施	首要考虑安全性
	休闲健身设施	在有条件的景观环境中可选择

2)广场环境设施的功能

我们在谈论广场内的环境设施时应该把它看成一个综合体。一般来说,城市广场环境设施的功能具有四个特性:基本性、环境性、装饰性以及复合性。

基本性是指城市广场环境设施外在的、首先为人所感知的功能特性。广场环境设施直接向人们提供使用、便利、安全防护、信息等服务。环境性是指广场环境设施通过其形态、数量、空间布置方式等对环境要求予以补充和强化的功能特性。装饰性是城市广场环境设施以其形态对环境起到衬托和美化的功能特性。如隔离墩和座椅在批量生产中尽管可以做到材料精致、尺度适中,但是放到某一特定环境,它们还需要具有反映这一环境特点的个性。复合性指城市广场环境设施可以同时把几项使用功能集于一身,例如在路灯灯柱上悬挂指路牌、信号灯,或者路灯本身就含有路标,使其又兼具指示引导功能,从而使单纯的设施功能增加了复杂的意味,对环境起到净化和突出的作用。

3)广场雕塑的类型和构思

(1)纪念性雕塑。这类雕塑通常是把与本城市有密切关系的重大历史事件和重要历史人物作为创作对象。作为历史的印记,纪念性雕塑在爱国主义教育、革命理想教育、再现历史巨人、缅怀先烈、树立人生楷模、烁古倾今等诸多方面,能发挥别的艺术形式无可代替的特殊作用,在整个审美过程中能加深人们对这一城市的了解,使人们对这个城市留下不可磨灭的印象。如天安门广场的人民英雄纪念碑浮雕(图6.42)、唐山的李大钊像、布鲁塞尔的标志雕塑《撒尿的男孩》等都是纪念性雕塑的佳作。建立纪念性雕塑一定要与该地域的历史紧密相连,要有历史感。与周边环境的氛围合拍,切忌贪大求多,应根据环境因素精心设计尺寸、材质,艺术地再现所要树立的形象,做到相得益彰、恰到好处。当然,这类雕塑并不是一种写实模式,它以不违反史实为前提,艺术地再现历史人物和历史事件。

图6.42　天安门广场人民英雄纪念碑浮雕

(2)主题性雕塑。主题性雕塑可分为两种类型。一种是根据与本城市有关的传说、神话、文学作品、民间故事、典故、历史事件,经过概括提炼有某种意识指向性的,能激发人们的自豪感、荣誉感,给人以积极向上的启示,符合时代精神和现代意识的某种主题而创作的。如辽宁大连的"足球"雕塑(图6.43)、河南洛阳的"牡丹仙子"、山东青岛"五月的风"等。还有一类是为反映一个时代、一种意念和一个广场的主题而创作一种象征性、寓意性造型。这类雕塑特别强调形式感,艺术家有充分发挥自由想象的余地,造型可以是写实的,也可以是大写意的、变形的,如北京农展馆广场的两组群雕、福建龙岩文化广场的"生命之树"等。

图6.43　大连的"足球"雕塑

(3)纯环境视觉感受造型的雕塑。这种雕塑不必顾及任何功能主题,它的存在价值完全是为了环境视觉的需要(图6.44)。有的给人一种在特定环境里所缺少的体量感和在平淡环境中所亟须的一种形体感,在感受一个体块或面的变化转折中,在线的曲直变化或一种外轮廓与环境的组合中获取美感;有的在灰暗的建筑群中设置一个醒目的形体色块,让人振奋;有的在过于强烈的色彩群中设置一种表体或色块,起到调和作用;有的以一个横向设备打破高层建筑林立的枯燥、重复的直线,或以一件垂直造型镇住背景中杂乱无章的横线干扰。这种类型的抽象造型,不能归纳为抽象"雕塑",表面看来可能是很简单的一个几何形体,但设计和制作并不是易事,要慎之又慎。它要求作者对环境有独特的感受,能满足环境视觉的需要。

图 6.44　舞动的南海雕塑

（4）装饰性雕塑。装饰性雕塑多为广场上散点式布局的一些中小型雕塑（图 6.45）。作为主体雕塑的补充,装饰性雕塑给人以美感,有的甚至具有实用性。它的特点是贴近生活。符合人们的审美心理和审美情趣。它大多并不直接影响整个广场的第一视觉感觉,但的确关系到整个广场的品位,是整个环境中有机的组成部分。

（5）浮雕的设计。作为主体雕塑的附属部分,浮雕分为主题演绎和纯装饰两种类型。单独的主题性创作浮雕可采用专门的浮雕墙形式,也可雕在石块、石壁或广场周边的建筑物墙面上（图 6.46）。值得注意的是,浮雕是供人们细细观赏和品评的,切忌空泛无物。而且,浮雕是靠光影效果来展示它自己的形体感、层次感和体量感,所以选用材料和确定朝向特别重要。例如,带花纹、斑点的石材可能会干扰视觉形状,而正面的阳光会使雕塑平淡无层次,正侧的光照所产生的投影又会扰乱形体的视觉效果。

图 6.45　浇水的阿姨

图 6.46　景区浮雕

6.3.2.7　广场照明设计

1）广场照明的意义

城市广场照明是一门科学技术,又是一门景观艺术。一个优秀的广场夜景照明工程是反映照明科学技术和景观艺术的有机结合物,也是照明技术与城市环境结合的综合艺术。现代化的城市广场利用灯光加以美化、亮化,充分运用光线照射的强弱变换、色彩搭配产生的奇妙景观,淋漓尽致地表现出城市特有的风格,从而产生巨大的社会和经济价值(图6.47)。

图6.47　大连星海广场夜间照明

城市广场照明设计属室外照明设计范畴,其照明设计目的是创造气氛、强调区域、控制人流并取得明亮而富有现代化气息的效果。正如国际照明委员会文件所述"一个明亮的城市是受人欢迎,使人陶醉和合乎人意的。它能吸引游客并能诱发他们的兴趣","无论光线是传统的还是现代的,是慢的还是快的,是恒定不变的还是一闪而过的,它穿过城市上空和建筑,在它们沐浴下,一切都照耀生辉"。通过灯光艺术的手段将广场环境在白天无法表达的高层艺术品位发掘出来,能充分展现都市生活和文化风貌。

2) 不同类型广场照明设计要点

城市广场是城市空间环境中最具公共性、最富艺术魅力,也最能反映现代城市文明的开放空间。不同性质的广场其照明设计的要求也不相同。

(1) 交通广场。城市道路的平面交叉口和立体交叉口位交桥形成的交通广场,由于交通流量大,对照明的照度和照度均匀度的要求也应当高。交通广场的照明应以功能性照明为主,其照度应大于快速路的照明水平。各地设计较好的交通广场的照度一般都在100Lc左右。为了限制眩光的产生,应提高灯杆的高度,最好是采用中心设置圆盘或圆球中高杆灯的方式,也可采用四周设置投射型中高杆灯方式。总之,要保证在司机视觉作业的注视范围内,照明器与司机眼睛水平视线的夹角大于45°。

(2) 市政广场和纪念广场。一般来说,市政广场和纪念广场的一部分或某个方向兼有交通广场的性质,属于交通广场的部分采用杆灯照明的方式,切不可采用庭院灯一类的栏杆照明,并严格禁止使用非截光型灯具。广场的绿化、雕塑可采用彩色金卤灯来装饰;广场上的纪念碑、纪念塔和具有纪念意义的雕塑,宜采用日光色金卤灯和高压钠灯来做装饰照明,以显其庄重之感。市政广场和纪念广场的照明应有层次感,标志性建筑要亮一些。广场照明要使人感到舒适、轻松,应着重考虑造型立体感、限制眩光、灯型灯具的视觉效果和色温及显色性等四个照明要素。

(3) 娱乐休闲广场和商业广场。近年来,不少城市修建了供市民娱乐休闲的广场(或称市民广场)。娱乐休闲广场的照明要适合游人的生理要求、安全要求和交往要求。因此,其照明应达到以下具体要求:使人感到轻松、舒适、随意,并能潜心静处,避免不舒适眩光;满足觉察障碍物的要求;满足视觉方位的亮度,对广场的标识、指示牌的照度可略提高,帮助不熟悉周围环境的人确定方向;从安全和交往的角度出发,需保证在 10m 左右的范围内能识别他人面部或他人特征。娱乐休闲广场应以景观照明为主,注重灯型、灯具的视觉效果,注重灯杆、灯具的可靠性。空中强光探照灯之类的光源,应安装在广场附近的高大建筑物上,建议高度应超过 20m。

　　商业广场以商业经营为目的,店堂及其他商品陈列处的亮度要高,能清晰分辨商品的外表造型、颜色等,因此要求采用显色性好的光源。其他地方则在尽量减少眩光的前提下,安装各种彩色光源,形成色彩斑斓、流光溢彩的场景,以渲染气氛,吸引消费者光顾。

6.4　实训案例——安徽涡阳老子文化休闲广场规划设计

　　涡阳老子文化广场位于安徽省涡阳县的中心区域,南北约 150m,东西约 140m,占地 22 000m²,由原体育场改建而成。该广场是城市建设标志性建筑,它集大型雕塑、音乐喷泉、绿地草坪为一体,突出道家文化特色。在下沉式广场中心园地坪铺有太极图图案,在其南端安装九根龙型图腾柱。老子文化广场是涡阳县市民休闲健身的好去处。

6.4.1　环境分析

　　老子文化广场位于市中心区,四面环路,南北主干道分别是建国东路和胜利路;东西分别为 6m 宽的广场路和 4m 宽的巷道。周围建筑较低,可观性比较好。用地形状几乎呈方形,原为开放型的体育场,地势平坦,土质良好,附近管道设施齐备。

　　一方水土养育一方人,孕育一方文化特色。悠悠岁月孕育了涡阳浓厚的道家文化特色,充分挖掘历史文化积淀,将溶于具有时代特色的广场中,成为老子文化广场设计的核心。

6.4.2　指导思想

　　中国传统文化"天人合一"的思想具有深刻的内涵,是把"人"和代表宇宙自然的"天"作为一个整体,追求人与自然的和谐统一。在环境问题成为当今人类的重大课题时,环境的优化美化成为城市的重要标志,向往自然,回归自然成为人们的愿望。因此,将丰富的历史文化积淀融于现代广场设计之中,承续涡阳历史文化脉络,营建广场文化氛围,体现广场的休闲特色,重"神"与"形"的相谐相融,满足现代人们对自然的渴望,使人们最大限度地接近自然,将广场建成一个既富有历史文化内涵,又具有时代气息的市民广场,成为规划设计的指导思想。

6.4.3　立意构思

　　老子文化广场根据其定位和地理位置将其立意构思定位于:追求人·自然·历史相和谐。

6.4.4　布局特点

老子文化广场的总体布局以南北方向作为主轴线方向,东西两侧作对称的设计手法进行布局,对称中兼有自然变化。利用圆、椭圆、直线划分空间形成中部下沉的文化活动区、休闲漫步区、生活游憩区和轴线南北两端的自然生态区(图6.48)。广场规划设计主要体现以下几点:

图6.48　老子文化广场平面图

6.4.4.1　"情无景不生,景无性不发",以至情景交融,突出主题

规划设计方案力求反应涡阳的历史文化和深厚的文化内涵,充分体现其历史文化和地方特色。太极以旱喷泉的形式体现,八卦以花岗岩铺地展现(图6.49)。文化活动区的南部边缘"九龙柱",以九根图腾柱环绕(图6.50),象征着老子降生时,九龙吐水,以浴圣姿。图腾柱高6m左右,分别以陈抟卧迹、紫气东来、孔子问礼、老子传道、九龙迎驾、遗桥敬履、急流勇退为主题,以此体现涡阳历史文化内涵。

6.4.4.2　以"人"为本,巧于设计

广场设计全方位考虑"人"的要求,没有多变的梯形台阶,几处无障碍通道将几个空间有机联合,满足残障人士的需求。在功能方面又设"观"、"游"、"憩"、"交通"等多种功能空间,疏散人流,使公共绿地能够被充分享用。广场除特别设置坐凳外,花坛绿地砌边也建造成适合人休息的高度和宽度,外贴花岗岩,使广场的可坐率达到70%以上。

图 6.49 老子文化广场效果图

图 6.50 九龙柱

6.4.4.3 塑造丰富的空间与地形

广场设计力求创造多功能、多景观、高品位的空间环境,有外围圆形的休憩空间,又有内围的健身空间,以及林荫下的休息空间。几个大的空间又可以方便市民集会活动,林荫下蜿蜒的小路上设置了散石,可起到移步换景的作用。南端的自然生态区以莲花形模纹作为铺装图案,使人既可驻足观摩又可欣赏下沉空间的喷泉水景(图 6.51)。

图 6.51 老子文化广场

广场地形变化丰富,在四周林荫地以微地形进行处理,利于排水,适合植物生长。中部空间采取下沉式,使喷泉水流叠落流下,既有视觉效果,又有听觉效果。

6.4.4.4　提供多流线的交通系统

广场设有四类道路,可观光漫步、健身活动、集合演出和休憩。四者之间彼此兼容又转换恰当。广场设计特别强调了流线的灵活性和趣味性,空间、交通路线相结合,创造出多维空间。

6.4.5　绿化及相关设计

广场设计既要考虑绿化形式,又要与当地文化特色相和谐,营造出舒适宜人的绿色空间。四周绿化以乔灌草相结合的生态林作为屏障,可以避尘、防噪、防风。广场内部以草坪造景为主,构造简洁、流畅,视线通透,以修剪整齐的绿篱,烘托广场的氛围,在常绿草坪为基调的基础上,注重植物色彩的搭配,选用色叶植物和红枫,用红叶李、洒金柏等创造出真正丰富多彩的植物景观。

广场照明设施齐全,有高杆庭园灯、泛光灯、草坪灯等。灯具形式简洁、大方,既有时代感,又与城市文化相协调。广场喷灌设计采用全自动喷灌,喷水时又可成为广场的一个新景观。

总之,老子文化广场设计无不以城市自身特点为出发点,注重历史文化氛围的营造。

思考题

1. 开展一次广场使用情况调查。
2. 如何将广场设计原则应用到广场设计之中?
3. 根据环境特点完成一套广场设计或广场改造方案。

7 城市附属绿地规划设计

【学习重点】

　　附属绿地的分类及各自的规划设计特点,掌握对于不同绿地中植物树种的选择与种植。

　　附属绿地(G4)在2002年《城市绿地分类标准》中属于第四类绿地,是城市建设用地分类绿地(G)之外的各类用地中的附属绿化用地。附属绿地包括居住绿地(G41)、公共设施绿地(G42)、工业绿地(G43)、仓储绿地(G44)、对外交通绿地(G45)、道路绿地(G46)、市政设施绿地(G47)、特殊绿地(G48)。由于各附属绿地因所附属的用地性质不同,而在功能用途、规划设计与建设管理上有较大差异,应分别符合相关规定和城市规划的要求。例如"道路绿地"应参照我国现行标准《城市道路绿化规划与设计规范》CJJ75的规定执行。

　　根据相同范围内以及相邻的城市绿地应该统一规划与设计的原则,附属绿地中的道路绿地、对外交通绿地与沿城墙、滨水的绿地形状类似或相近,因此统一作为带状绿地在教材的第4章中进行分析与讲解。附属绿地的居住绿地与社区公园绿地同属于居住区绿地范围,在第5章居住区绿地规划设计中介绍。本章分别介绍公共设施绿地、大专院校绿地、工矿企业绿地及医疗机构绿地的规划设计。

　　附属绿地在城市用地中一般占15%～30%。发达国家城市附属绿地占城市总面积的40%以上,对增加城市的绿地率具有重要的作用。附属绿地的绿化规划和建设是由单位自行负责,城市人民政府绿化行政主管部门监督检查,并给予技术指导。根据我国规定:附属绿地面积占单位总面积比率应大于30%,其中学校、医院、机关团体、公共文化设施、休(疗)养院所、部队等单位的绿地率应大于35%,工业企业、仓储、商业中心、交通枢纽等绿地率应大于20%。各个单位都应按标准进行附属绿地建设,这不仅是单位环境建设所必需的,同时也为城市的绿化做出贡献。

　　根据《城市绿地分类标准》的规定,公共设施绿地包括行政机关、文化、教育、学校、商业金融、卫生、体育以及科研设计等机构和设施的用地内的绿地。公共设施绿地隶属于各个单位,不对外开放,相比较其他绿地类型具有环境复杂、生境局限和功能多样等特点。同时使用者的职业相同,使用时间也基本相同,这也是公共事业庭院绿地设计和管理与其他类型绿地的不同之处。公共设施绿地遍布城市的各个角落,是城市绿地系统的子系统,它的规划与设计对整个城市绿地系统的绿量增加、环境改善等有着十分重要的意义。

7.1　公共设施用地内绿地规划设计的特点及原则

7.1.1　景观重点突出

机关单位绿地的规划设计应结合其单位特点设置视线焦点和重点,绿化种植方面应常绿与落叶结合,乔木与灌木结合,在适当地点种植攀援植物和花卉,尽量做到三季有花、四季常青。一般来说,行政、经济、文化、教育、卫生、体育以及科研设计等机构和设施内的绿地规划设计重点应放在出入口处,如可设置花坛、喷水池、雕塑、影壁等,形成视线焦点,并在其周围布置陪衬性植被。

7.1.2　主体建筑前的绿地应根据建筑的特性要求来布置

绿地设置要与广场、道路、周围建筑及相关设施相协调一致,一般多采用规则式为主或混合式布置。特别是办公区的绿化布置不要遮挡建筑主要一面,应与建筑相协调,并衬托和美化建筑。要注意交通方便,并且与城市绿化融为一体,考虑景观标志性和引导性,突出单位的特点和形象。

7.1.3　景观障景的运用

绿化时注意对不美观的地方进行遮挡。单位物资堆放处主要是食堂、锅炉房附近,可用常绿乔木与高的绿篱、灌木相结合,组成较密的植物带,高度超过一般人视高150cm,具有视线阻挡作用。

7.2　公共设施用地内绿地规划设计

7.2.1　出入口环境景观规划设计

属于公共设施的单位绿地大小不同、风格各异但都有与城市主干道或街道直接相连的出入口,内外一般都留有较大的广场空间。其有一定造型的建筑大门是主要的景观,绿地景观也引人注目,作为公共庭园前庭区的首要地段,具有"窗口"作用,其绿地景观效果直接影响到单位的形象,因此应重点规划和建设。绿地景观规划设计应全面考虑景观色彩和形态的视觉效果,在满足交通组织和安全管理功能的同时,取得最佳的景观视觉效果。其环境绿化美化,既要创造单位庭园绿化的特色,又要与街道景观相协调,以适应人员及各种车辆出入停留所需的场地与活动空间。外广场通常与大门结合设置花坛、四季盆花组摆等,广场外缘设花台、花境等抽象式植物布置,多配植花灌木和草本花卉,以观赏植物群体色彩美为主,创造热烈的氛围和活泼的精神面貌,给人以较强的视觉冲击力。门内广场多与通向建筑的出入口相结合,其间在建筑周围布置带状绿地,在视觉焦点设置花坛、水池、喷泉、雕塑、花台、花境、草坪、树坛或小型游憩绿地等。规划设计的形式与大门主体建筑相一致,多采用规则式绿地组织空间,装饰观赏性的绿化,整齐美观,庄重大方。

出入口临街绿地要考虑卫生防护功能,必要时需设置卫生隔离绿带,以阻滞灰尘,减低街道噪音对庭园大门环境的影响。

7.2.2 行政办公环境景观规划设计

行政办公区是公共事业单位庭园的一个重要环境,不仅是行政管理人员的工作场所,也是单位管理和社会活动集中之处,并成为对外交流与服务的一个重要窗口。因此,行政办公区环境绿地景观直接关系到各公共事业单位在社会上的形象。行政办公区的主体建筑一般为行政办公楼或综合楼等,其环境绿地规划设计要与主体建筑艺术一致。若主体建筑为对称式,则其环境绿地也宜采用规则对称式布局,以创造整洁而有理性的空间环境,使工作人员在工作中达到心灵与环境的和谐,有利于培养他们严谨的工作作风和科学态度,并感受到一定的约束性。

行政办公区环境绿地在空间组织上多采用开朗空间,创造具有丰富景观内容和层次的大庭园空间,给人以明朗、舒畅的景观感受。可设置喷泉水池、雕塑或草坪广场等景观,水池、草坪宜为规则几何形状,其面积根据主体建筑的体量大小和形式以及周围环境空间的具体尺度而定,并考虑一定面积的广场路面,以方便人流和车辆集散。

植物种植设计除要衬托主体建筑、丰富环境景观和发挥生态功能以外,还应注重艺术造景效果,多设置盛花花坛、模纹花坛、花台、观赏草坪、花境、对植树、树列、植篱或树木造型景观等。办公楼东西两侧宜种植高大阔叶乔木,以遮挡夏季烈日照射。也可采用垂直绿化方式,在近建筑墙基处种植地锦、凌霄、薜荔等攀缘植物,进行墙面垂直绿化,同样具有较好的环境绿化美化效果和生态功能。

7.2.3 边界绿地的规划设计

边界绿地包括两部分,一是与街道相邻的绿地,二是有围墙或建筑为背景的绿地。由于属于公共设施的单位其位置一般在城市的主要区域,与街道相邻的边界绿地不仅要有为内部提供景观和防护、隔离外部"污染"的作用,而且对城市的面貌具有重要美化的作用。20 世纪 90年代一些城市为了美化环境,启动了"破墙透绿"工程,将沿街花园的实体围墙拆除,改造成镂空的景墙,使墙内的绿化透露出来。围墙边应尽量种植乔灌木和攀援植物,与外界隔离,起防护的作用,并美化墙体。

7.2.4 停车场地的规划设计

面积较小的机关单位,停车场地经常与大门环境、步行交通及建筑联为一体,不独立设置区域。机关单位一般为一栋高层建筑,停车场大部分在地下,部分地上停车场地应该与建筑周围环境景观以及铺装相联系。为了减少硬地铺装面积而又满足功能要求,可设置植草砖停车场,亦可种植高大乔木,以利夏日遮阳,并能增加庭园绿化覆盖面积。面积较大单位的停车场地可在用地范围内设置多个场地,有与主要建筑外环境结合的,也有独立的停车场。

7.3　大专院校绿地规划设计

　　大专院校是培养具德、智、体全面发展的高科技人才的园地,通常都有很大的面积,环境安静清幽,空间丰富活泼。当代大学生又具有明显的特点:他们正处于青年时代,其人生观、世界观正处在树立和形成期,各方面正逐步走向成熟,他们朝气蓬勃,思想活跃,精力旺盛,可塑性强,又有着个人独立的见解,并掌握一定的科学知识,具有较高的文化修养,思维和判断力都很强,因此校园绿地规划设计在满足基本的使用功能时,更应注重构思和表现主题的文化性;同时,还应特别注重学校本身所具备的特有文化氛围和特点,并贯穿到绿地设计中去,从而创造出不同特色的校园环境。良好的校园环境可以给学生们提供必要的物质条件,校园绿地规划设计的作用是不言而喻的。

7.3.1　大专院校校园绿地规划设计的原则

7.3.1.1　园林植物种类丰富

　　以种类丰富的园林植物为主,充分利用园林植物的特点创造校园绿色空间,在绿中求美,保护和改善校园环境。如果校园绿地面积较大,可以考虑选用一些知识型、观赏型的花木,设计一些知识型、趣味型的小块绿地,或者建造一些专类花园。在设计中要注意做到适地适树和对乡土树种的使用,提高绿化的成功率。还要考虑乔灌草相结合,一般以乔木为主,灌木为辅,常绿与落叶相结合,通过不同品种花木的配置形成层次鲜明的校园景观,达到夏季郁郁葱葱,冬季又有景色可观的目的。

7.3.1.2　环境实用性

　　注意环境的实用性、可容性、围合性,争取能够创造具有依托感的氛围。凡是能形成一定围合、隐蔽、依托的环境,都会使人渴望停留其中,使师生在充满温馨而又实用的校园环境中感到轻松,得到休息。设计一些适合小集体活动的场所,为学生提供相互沟通和交流的平台。

7.3.1.3　完整统一性

　　注意点、线、面相结合,形成一个有机整体。点是景点,线是校园道路,面就是校园绿地,应考虑三者之间的相互补充和依托,使校园内景色和谐完美,形成一个统一的有机整体。

7.3.1.4　空间丰富

　　设计层次丰富的校园空间供学生、教师学习、交往、休息、娱乐、运动、赏景和居住。通过环境的塑造,体现校园的文化气息和思想内涵。建造适当的校园园林小品,使环境更具有实用性,并通过小品使校园内充满教育意义和人情味、亲切感以及鲜明的时代特征。

7.3.2　校园各个分区绿地规划设计

大专院校都有明显的分区,一般可以分为校前区、教学区、行政及科研生产区、文体区、生活区。设计前,要了解用地周围的环境和校园总体规划对该区的定位。校园内不同的功能区对环境要求有所不同,如行政区和教学区讲究严整的秩序性,而生活区则比较强调活泼生动。掌握上述特征,就可以使设计方案有章可循,紧扣主题。同时,要因地制宜,传承学校风貌。校园休闲绿地设计应充分利用原有自然条件形成自身特色,在满足功能的同时又使学校环境个性非常鲜明。各个分区绿地规划设计应各有特色,又要与整个校园风格保持一致。

7.3.2.1　校前区

校前区是学校的门户和标志,它应该具有校园明显的特征。校前区在功能布局上往往与行政办公楼共同组成,该区绿地以装饰性为主,布局多采用规则而开朗的手法,以突出校园宁静、美丽、庄重、大方的气氛。

7.3.2.2　教学区

教学区是校园的一个重要功能区,是学校师生教学活动的主要场所。教学区绿地规划设计一般包括教学楼、实验楼、图书馆周围绿地。这里应该强调安静、卫生、优美,能满足师生课前课后与课间休息活动的需要,观赏优美的植物景观,呼吸新鲜空气,调剂大脑,消除疲劳。

教学区以教学楼为主体建筑,其绿地规划布局和种植设计形式要与大楼建筑艺术景观相协调。现在多采用整齐式的布局为主。为了满足学生课间休息的需要,教学楼前可留出一定面积的活动和集散场地。水景常以规则式静水景为主,铺装地结合集散场地的形状划分空间,植物以几何式花坛和抽象式模纹图案为主,在建筑周围则是规则与自然种植相结合。教学楼北面选择具有一定耐阴性的常绿树木,近楼而植,既能使背阴的环境得到绿化美化,又可在冬季欣赏到生机勃勃的绿色景观,同时还可减弱寒冷的北风吹袭。乔木种植距离墙面5m以上,灌木距墙2m以上,最内侧的树木不要对窗而植,一般种植于两窗之间的墙段并适当点缀花灌木和宿根花卉。在不妨碍楼内采光和通风的情况下,可多种植常绿与落叶大乔木和花灌木,以隔绝外界的噪声。

实验楼周围的绿地应根据不同性质的实验室对于绿化的特殊要求进行规划设计。重点注意防火、防尘、减噪、采光、通风等方面的要求,选择适合的树种,合理地进行绿化配置。如在有防火要求的实验室外不种植含油质高及冬季有宿存果、叶的树木;在精密仪器实验室周围不种植有飞絮及花粉多的树种;在产生强烈噪声的实验室周围,多种植枝叶粗糙、枝多叶茂的树种等。

图书馆周围的绿地应以装饰性为主,并应有利于人流集散。可用绿篱、常绿植物、色叶植物、开花灌木、花卉、草坪等进行合理配置,以衬托图书馆的建筑形象。周围还可以规划一些与校园有关的景观,如雕塑、景墙等,创造多种适合学生户外学习、活动的场地。

7.3.2.3　行政及科研生产区

行政区是校园里的一个重要环境场所,不仅是行政管理人员、教师和科研人员工作的场所,也是学生集中活动之处,并成为对外交流和服务的一个重要窗口。因此行政办公区绿地的规划直接关系到学校在社会上的形象。行政区一般主体建筑是行政办公楼或综合楼等,其绿地规划设计要与主体建筑艺术相一致,一般多采用规则式,以创造整洁而有理性的空间环境,使师生在工作和学习当中达到心灵与环境的和谐。植物种植设计除了依托主体建筑、丰富环境景观和发挥生态功能以外,还要注重艺术效果,在空间组织上多开朗空间,创造具有丰富景观内容和层次的"大庭院"空间,给人以明朗、舒畅的景观感受。在靠近建筑墙体的地方种植一些攀缘植物,进行墙面垂直绿化,同样也能产生较好的环境绿化美化效果和生态功能。

7.3.2.4 文体区

文体区在学校占有十分重要的地位,是学生主要的休闲、活动、娱乐、学习和交流的场所。文体区绿地规划设计主要包含校园活动中心环境规划设计和体育活动中心环境规划设计。

校园活动中心一般多设在校园绿化景区的中心位置,其绿地规划设计主要是结合周围大环境考虑,以交通方便、环境优美、有亲切宜人的气氛为宜,并注意与学生居住区和教学区的联系。校园活动中心的环境设计要设置一些校园景观小品,提高师生的学习、交流的氛围。由于这里是师生室外活动的主要场所,在植物配置方面,应当选用相对易于管理的树木和草坪品种,树木以体形高大、树冠丰满、具有美丽色彩的乔木为主。校园休闲绿地设计方案非常注重构思立意,好的方案往往以形表意,将积极、进取的思想融入方案中,实现寓教于环境的目的。从平面构图开始,方案设计就应注重紧扣主题。其次,小品运用和景点设置也要为主题服务,如常采用名人雕塑、刻名言警句、营造带有启迪和教育意义的景点等。

体育活动中心的环境规划设计相对于其他区域较为简单。首先,体育活动中心要远离教学区,靠近学生生活区;其次,要注意周围的隔离带规划设计和各个场地的隔离设计。这样有利于学生就近进行体育活动,另一方面可避免体育活动对其他功能区的影响。体育活动中心周围的植物配置应以高大乔木为主,提高遮阴和防噪效果。网球场、排球场周围常设有金属围网,可以种植一些攀缘植物,进行垂直绿化,进一步美化球场环境。草坪通常以耐阴、耐践踏品种为主,如狗牙根、结缕草等。体育馆周围的绿地规划设计应该布置得精细一些。在主要入口两侧可设置花台或花坛,种植树木和一二年生花草,以色彩鲜艳的花卉衬托体育运动的热烈气氛。体育活动场地周围的散步和休息区域,主要栽植高大挺拔、树冠整齐、分枝点高的落叶大乔木,以利夏季遮阳,创造林荫下的休息空间,不宜种植带有刺激性气味、易落花落果或种毛飞扬的树种。树木的种植距离以成年树冠不伸入球场上空为准,树下铺设草坪,草种要求能耐阴、耐踩踏。树下可设置低矮的坐凳,供运动员或观众休息、观看使用。

7.3.2.5 生活区

生活区包括教职工生活区和学生宿舍区。教职工生活区一般与居住区环境绿化要求相似,宅旁绿地以花灌木、草坪和多年生草花及地被植物为主,楼间距较大时,又适当点缀乔木。住宅楼东西两侧可结合道路绿化种植枝叶繁茂的高大乔木作行道树,既为道路遮阳,又防止炎夏房屋东晒和西晒。教职工生活区宅前常设有围墙、栅栏等庭园建筑设施,所以还可以充分利用攀缘植物进行垂直绿化和美化。教工生活区内常需要规划设置小游园或小花园等游憩绿地,供教职工业余社交、休息和健身活动需要。绿地注意多功能要求,景观内容丰富多彩,多采用混合式布局形式,园内可设置花台、花坛、水池、花架、凉亭、坐凳等园林小品,并具有一定面积的铺装场地和儿童游戏场地。

大专院校宿舍区的环境规划设计应该充分考虑学生以学习、休息为主,要求空气清新,环境优美、舒适,花草树木品种丰富。注意选用一些树形优美的常绿乔木、开花灌木,使宿舍周围四季均有景可观,为学生提供一定的室外学习和休息的场地。因此在楼周围的基础绿带内,以封闭式的种植为主,其余绿地内可适当设置铺装场地,安放桌椅、坐凳或棚架、花台及树池。在场地上方或边缘种植大乔木,既可为场地遮阴,又不影响场地的使用,保证绿化的效果。生活区环境规划设计多采用自然绿化的手法,利用装饰性强的花木布置环境。还可以考虑在生活区开辟一些林间空地,设置小花坛,留一定的活动场地等。校园生活区内通常还有超市、邮局、报亭等,要充分考虑其环境规划设计的明显标识性,以及与生活区绿地特色相协调。

7.3.2.6 内庭院绿地规划设计

校园建筑空间组合丰富,面积较大,为了增加采光,建筑内部会设置天井式的庭院。庭院的绿地设计需要考虑建筑的功能和主题以及室外活动方式。硬质铺装的边界常常以建筑的墙体为边界,增加空间的尺度感,注意利用花坛植物与建筑窗户的分隔。开花植物在庭院中效果较差,常种植耐阴观叶和地被植物。

例如,某艺术学院的艺术教学楼内庭院采用规则和抽象的设计形式,强调鸟瞰的平面构图效果(图7.1)。左庭院以方形空间为主,空间划分成不同的大小,不同的铺装又可以丰富空间。右庭院的景观布置采用艺术化的形式,形成七彩活动铺装,利用亮丽的颜色划分空间。

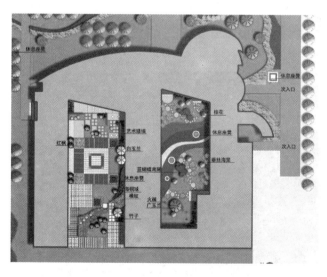

图7.1 教学楼内庭院景观平面图

7.3.3 大专院校绿地规划设计要点

大专院校绿地规划设计应注意一下几点:景观绿地空间应丰富、集中、方便使用,空间设置具有连续性、完整性。创造多种适于室外学习、活动的场所与设施；教学区周围绿地景观要与建筑主体相协调，提供一个安静、优美、适宜学习和具有特色的景观空间；校园主楼前的广场绿地要突出学校历史、文化特色，结合教学要求进行布置；生活区绿地要结合学生的户外休憩需要而设置相应的设施；运动场和校园其他建筑之间要注意林带分隔；校园应设置具有一定主题的雕塑，可对学生起到知识传播和教育作用；绿地景观与文化寓意相结合。

7.3.4　实训案例——郑州华信学院绿地规划设计

7.3.4.1　背景分析

郑州华信学院是国家教育部批准设立的民办本科院校，新校区位于新郑市城北开发区，北临核心商务区，南临黄帝文化和休闲娱乐中心，东靠京珠高速、京广铁路和新郑国际机场，西临 107 国道，交通便利。这里是中华人文始祖黄帝出生、建都之地，如今是全球华人寻根拜祖的圣地，历史悠久，文化底蕴深厚。新校区占地 88.97 万 m²，集中绿化用地 29.0 万 m²。现状为整齐的农田、成排的白杨林地以及自然形成的沟渠。整体地形是西北部高、东南部低。

7.3.4.2　规划理念

结合郑州华信学院校园总体规划和对地域文化的挖掘，将景观设计主题定为：华信中原风，校园景如画。华信学院新校区所在地河南省被认为是中华文明的发源地、天下的中心。"中原"这一主题的提出，要求校园绿地景观应体现民族和地域文化。风：校园长期形成的学风、文风、办学理念，以及与之相辉映的校园人文景观等。景：人们视觉所达、内心所思的风景。因此，规划理念的主要含义为：华信学院代表中原风，其新校区绿地景观应美丽如画（图7.2、图7.3）。

图 7.2　总平面图

图 7.3 鸟瞰图

7.3.4.3 规划结构

根据华信学院新校区规划现状,将校园绿地景观规划为一心、二环、四轴线、五区(图 7.4,图 7.5)。

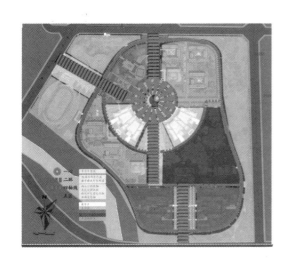

图 7.4 功能分区图

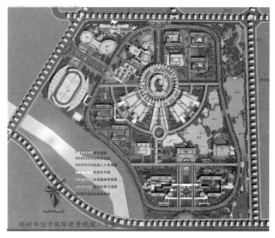

图 7.5 道路分析图

1) 一心

中原风,历史文化的体现。以图书馆为景观背景,以"文风"为特色,以黄帝文化、中原历史为景观内涵。

2) 二环

传统民族文化的体现:一是校园内环形车行路,沟通校园景区,路旁种植不畏严寒的雪松;二是环绕教学区的限时景观车行路,沿路两侧有梅香、竹韵、松翠、兰清等表现文化传统的景观。

3) 四轴线

科技轴线:南入口区至行政楼,展示华信学院发展特色;北入口轴线:学院中原有有水的场地特征保留与阐释;西入口轴线:学院原有林的场地特征保留与阐释;文化轴线:展示郑韩文化。

4) 五区

教学区:教学楼以及楼前后的绿地,设置户外学习的设施,形成树林下交流、求道、授业、解惑的绿地景观特色;生活区:营建家的感觉与氛围;名人湿地湖景区:校园之肾,创造校园具有名人文化气息的湖面景观;科研区:展示书山有路勤为径的内涵;生态防护区:在校园四周营建与城市隔离的生态防护林,形成良好的校园小环境。

7.3.4.4　景点规划

1) 科技·智慧

"科技·智慧"景点位于校园的南入口,利用基地的高差,在教研楼的两侧设置了人行景观台地,两边为银杏林。入口设置石碑,点题"华信学院"。华信学院的校训"笃诚勤奋,自强不息"利用植物绿篱表现。由此向北依次为隐形九宫格喷泉广场、跌水广场、行政楼前半圆形喷泉水池和升旗广场。银杏是植物界的活化石,在学院南入口两边种植银杏作为行道树,寓意学校的发展源远流长(图7.6、图7.7)。

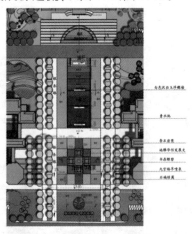

图 7.6　南入口平面图　　　　　　　　　图 7.7　南入口效果图

2) 滴水恩·涌泉报

这是以"水"为景观要素、以"源"为主题的北入口轴线景观,其构思来源于场地中的自然水渠以及水是万物生存所依赖的观念。水乃生命之源泉,利用椭圆的水体,大大小小分散在景观道中。景观石与滴水的结合给学生以"滴水可以穿石"的启示,激励学生要有"绳锯木断,水滴石穿"的学习恒心。点滴之水,汇成海洋,最终汇集在喷泉与涌泉交相辉映的标志广场。点点滴水又使学生懂得受滴水之恩,当以涌泉相报的感恩之情,用一份尊重和感激去回报老师的教导之恩,用一颗真诚的心去回报朋友的关心,用一颗无私的心去回报社会(图7.8)。

3) 指点江山

"指点江山"景区为学院西入口轴线景观,以"林"为景观要素,以"指点江山"为主题,构思来源于校园场地中的树林,是对原场地特征的保留与阐释。路中与路旁成荫的树木,勾勒出通向智慧和勤勉的通道。林间偶尔点缀山石,红字点题,构成激扬文字、指点江山的神韵(图7.9、图7.10)。

4）黄帝文化

轩辕黄帝文化发源于中原的新郑市，即校园的所在地，这里的先民们已开创了比较先进的农耕文明。因此将"黄帝文化"景点设置在教学楼与校园环路联系的道路两侧，以"土"为景观要素、"田"为主题。景点用"田"字形式的花坛，花坛上覆五种颜色的土壤：东方为青色、南方为红色、西方为白色、北方为黑色、中央为黄色。花坛绿化采用与五种颜色土壤相适合的植物，加强"田"字的构思立意。

5）大地艺术

新校区的艺术中心周围绿地景观与入口轴线的"滴水恩·涌泉报"相呼应，大小、高低不同的椭圆形地表犹如水滴，适应了艺术中心的氛围，同时也与地势相符合。

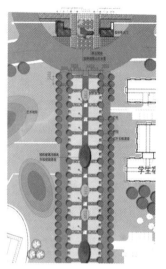

图 7.8　北入口平面图

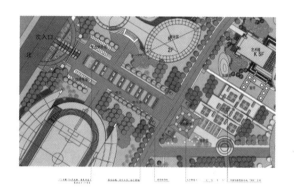

图 7.9　西入口平面图

图 7.10　西入口效果图

6）名人湿地湖

校园人工湖面水系以湿地的标准进行处理，是校园生态系统的重要组成部分。人工湖从西部向东部漫坡跌水而下，曲桥、跌水汀步穿插于湖面，三三两两的观景平台与木亭设置于水畔、水生植物中或是林荫草地上。

7）华信中原风

"华信中原风"景点位于图书馆与教学楼之间的环形中心区域，展现华信学院的特色与中原文化。4 个不同方位的喷泉水体分别代表春、夏、秋、冬四季的不断更替,寓意华信学院的不断发展,并像当地文化一样闻名全国。

　　8) 春华秋实

以新郑地方民歌"郑风"为主题,利用新郑市的历史文化与当今名人要事形成春华秋实的底蕴。从北到南、由低到高的雕塑墙反映郑风,深入到世界地图水池,寓意承载着新郑地域特色的华信学院必将走向国际。

7.3.4.5　文化寓意绿地

在教学楼外围的步行路种植榉树,利用榉与"举"谐音,表达莘莘学子的求学心。路侧带状绿地利用植物的文化寓意传达意境,有"竹韵"景点,主要种植竹与梅,形成"疏影横斜水清浅,暗香浮动月黄昏"的诗句进行造景,寓意学习要虚心、正直;"松翠"景点种植雪松为主的长青植物,形成 "大雪压青松,青松挺且直"意境,寓意坚韧、挺拔的性格;梅香;"梅香"景点大量种植不同品种的梅,形成"梅花香自苦寒来"的意境,寓意学生应该有耐心和深远的思想。

7.4　工矿企业绿地规划设计

工业用地是城市用地的重要组成部分,一般要占城市总用地面积的 15%～30%。国外有的城市工业用地占城市总用地面积的 40%以上,尤其是工业城市,所占的比例更大。我国《森林法》规定:"有条件的城市和工矿区,按照平均每人不少于 5m² 的绿地面积的要求,营造园林和环境保护林。"工业企业类型很多,性质也各不相同,因此对绿地率的要求也有差异。为了保证工矿企业实现文明生产,必须有一定的绿地面积,国家现行标准要求工业企业绿地率不低于20%;重工业的工矿企业绿地面积占厂区总面积的 20%,化工业 20%～25%,轻工业、纺织工业 40%～45%,精密仪表工业 50%,其他工业 25%;产生有害气体及污染的工矿企业绿地率不低于30%,并根据国家标准设立不少于 50m 的防护林带。在这类用地上建设绿地,对于改善职工工作环境、提高工作效率、美化城市、改善城市生态环境具有重要意义。

本节工矿企业绿地的主要对象是"污染企业";其次是对环境有特殊要求的工矿企业,如精密仪器厂、自来水厂、制药厂等。

7.4.1　工矿企业绿地的特点

7.4.1.1　立地复杂,绿化困难

工矿企业的空气、水体、土壤受到不同程度的污染,高温、有毒气体、大量尘埃等特殊的生态环境不利于植物生长。此外,工矿企业所处的自然生态系统大都较为薄弱,绿地比例较小,加之基本建设和生产过程中材料的堆放、废弃物的排出,使得工矿企业土壤的结构、化学性能、肥力变差,对植物的生长发育极为不利。因此,工矿企业绿地规划设计中,植物选择至关重要,选择适宜的花草树木是工矿企业绿地建设成败的关键。

7.4.1.2 用地紧凑,可供绿化的用地少

工矿企业以经济效益为主要目标,工业建筑和各项设施的布置都非常紧凑,建筑密度大,特别是中小型工矿企业,可供绿化的用地往往很少。尤其是遇到生产规模扩大、生产工艺更新、设备增加的情况,绿地就更加紧张。实际情况是大多数工矿企业绿地不足,达不到国家的标准,因此工矿企业绿地在规划建绿的前提下,还要"见缝插绿、找缝插绿",发展垂直绿化和屋顶绿化,寸土必争,灵活运用各种绿化布置手法,栽种各类花草树木,增加绿地面积。

7.4.1.3 要保证生产安全

工矿企业的中心任务是发展生产,制造出量多质高的产品。因此工矿企业绿地布置首先应考虑生产的安全,原料和产品的正常运输,地上地下管道、线路的通畅,有利于生产的正常运行和产品质量的提高。工矿企业环境复杂,地上地下的杆线和管线以及各种性质用途的建筑物、构筑物、铁路、道路纵横交错,因此要详细调查工矿企业各种构筑物和地下管线的性质、走向、位置、断面尺寸以及管线上部土层厚度等,作为设计和植物栽植时的依据。

7.4.1.4 服务对象固定

工矿企业绿地的使用对象比较固定,主要是本厂职工,工作环境、工作性质接近,人员相对稳定,且持续时间较短,这不同于其他绿地中的使用者。如何营造环境景观,使人们在有限的绿地、短时间的休憩中调剂身心、恢复精力,是工矿企业绿地设计中应重点考虑的问题。

7.4.1.5 充分发挥植物功效

工业生产制造出大量的废气。在环境遭受污染的最初阶段或者污染程度较轻时,人很难察觉到,而植物对环境的变化十分敏感并发出相应的信号,人们根据植物发出的"信号"来鉴别环境污染的状况。绿色植物能够吸收有毒气体,并且释放出氧气,达到净化空气的作用。另外,绿色植物还有净化水体、降低噪音和降温隔热等作用,因此工矿企业的绿地规划设计应充分发挥植物的特定功效。

7.4.2 工矿企业绿地规划设计的基本原则

7.4.2.1 满足生产和环保要求

工矿企业企业绿地规划设计中非常重要的一点是环境保护,通过绿化手段减少污染。在进行厂区绿化前,必须要弄清该厂生产特点及排放的主要污染物种类,合理规划工矿企业绿地。在科学规划、合理设计的基础上,有针对性地选择吸收能力强,抗毒、抗尘、抗烟性较强的植物,并做到从地面到屋面,从室外到室内,见缝插绿。所谓的"花园工矿企业"不是要到处鲜花,首先应是绿地率达标、保证树木郁郁葱葱,其次才是美化环境。现代化的工矿企业应不再是烟雾沉沉,而是整洁、景色宜人、使人心情舒畅场所。

7.4.2.2 配合工业建筑,体现各企业特色

工矿企业绿地是以工业建筑为主体的环境净化和美化,要体现本厂绿化的特点与风格,充

分发挥绿化的整体效果。企业环境不同于城市里的花园、公园,可以根据设计者的构思立意组织景观、选择树种,较少受限制;工矿企业因生产工艺流程的要求,以及防火、防爆、通风、采光等要求,形成其特有的建(构)筑物的外形及色彩,厂房建筑与各种构筑物的联系,形成工矿企业特有的空间和别具一格的工业景观。如热电厂有着优美造型的双曲线冷却塔,纺织厂锯齿形天窗的车间;炼油厂的纵横交错、色彩丰富的管道;化工矿企业高耸的露天装置等。工矿企业绿地就是在这样独特的环境中,以花草树木的形态、轮廓、色彩为工矿企业环境营造特有的、更丰富的艺术面貌。

7.4.2.3　尽可能增加绿地面积,提高绿地率

工矿企业绿地面积的大小,直接影响绿化的功能和企业景观,因此要想方设法,多种途径、多种形式地增加绿地面积,以提高绿地率、绿视率。由于工矿企业的性质、规模、所在地的自然条件以及对绿化不同的要求,绿地面积大小差异悬殊。工业用地一般偏紧,充分利用攀缘植物,如凌霄、地锦、紫藤、蔓蔷薇、常春藤等作重要绿化布置是一个很好的途径。

7.4.2.4　因地制宜

为减少对城市生活环境的不利影响,厂矿企业多设在郊区,其绿地规划设计应与所依托的自然环境条件密切结合、充分利用,在科学规划、合理设计的基础上,突出以人为本,以绿为主,以生态、保健、景观为导向,达到绿化、美化和净化的效果。

7.4.3　工矿企业绿地的分类与设计

工矿企业由于其性质、规模、类型和位置的不同,类型多种多样。即使是同一类型的工矿企业,由于规模大小不同,其平面布局也有所差异。但是,形形色色的工矿企业在绿地的组成上,一般包括以下内容:入口区绿地、办公区绿地、生产区绿地、休闲区绿地、道路绿地(图7.11)。

图 7.11　皖北煤矿集团恒泰公司石膏矿规划图

7.4.3.1 入口区绿地

入口区绿地主要包括出入口及主办公楼前绿地,体现单位风貌的重要绿地,也是单位内人流量最多的场所。入口区联系厂区与城市,常临城市的干道,其绿地景观的好坏直接关系到城市面貌,体现工矿企业形象和精神面貌。入口区绿地包括厂门与配套建筑的基础绿地、厂门到综合办公大楼间的道路、广场及其周边绿地。出入口区的绿地经常以道路景观的形式与厂前区相连。

7.4.3.2 厂前区

厂前区是全厂的行政中心、技术科研中心,既是连接城市和生产区的枢纽,也是连接职工居住区与厂区的纽带,一般位于工矿企业范围的上风位置。职工的生活福利设施也通常设在厂前区,因此厂前区是职工流通、活动的重要场所,它在工矿企业绿化规划中处于主要地位。厂前区一般由主要出入口、门卫、行政办公楼、科学技术综合楼(中心实验楼、科研中心)、职工生活福利设施(食堂、托幼、医疗所等)等组成。这里的环境体现工矿企业形象,反映工矿企业特点,整体设计应以简洁大方,能体现企业形象(图 7.12、图 7.13)。厂前区绿地设置要与广场、道路、周围建筑及有关设施相协调,一般多采用规则或混合式布置。其绿化布置应注意交通方便,并与城市绿化融为一体,考虑景观的标志性和引导性,突出企业的特点。近年来,一些工矿企业将厂前区的各类建筑结为一体,设计成优美大气的综合大楼,留出开阔的绿地、广场,使建筑、广场、绿地与街景融为一体。

图 7.12 皖北煤矿集团恒泰公司石膏矿绿地平面图

7.4.3.3 游憩绿地

游憩绿地是工矿企业绿地的重要组成部分,宜设在远离污染源并与运输车道有一定距离的地方。为使职工使用方便,设置地点还应考虑易于到达或人员比较集中的地区,如与厂前区绿地相结合。游憩绿地的设计形式可根据绿地的大小和条件确定。主题景观应该与工矿企业

图 7.13　皖北煤矿集团恒泰公司石膏矿鸟瞰图

的性质与特色相符合,绿地内可种植多种花木,布置散步和活动场地、点缀花坛、水池、喷泉、山石、安置坐椅。规模较大的绿地还可适当挖池筑山、设休息性建筑等。由于工人的劳动性质和工作环境的不同,所产成的精神疲劳程度也就不同。因此,对于在强光照射和经久不息的机器声中工作的工人,绿化美化要采取较为简洁,不过于繁琐的形式,满足他们渴望安静环境的心理;对于长时间连续单调的工作或光线暗淡的工作条件,多运用色艳丽、丰富多彩的植物和形体变化较为丰富的构图。

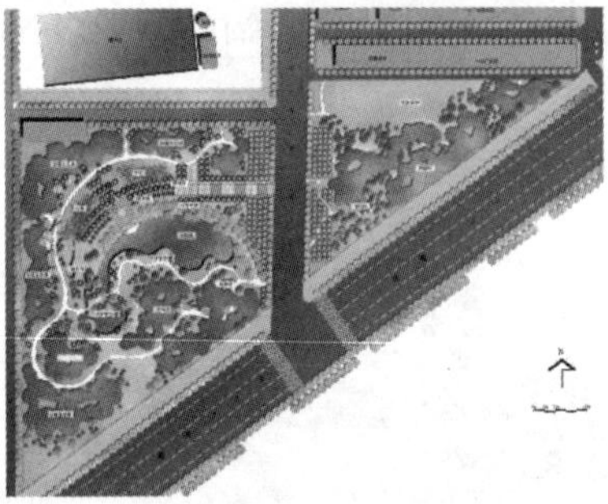

山东太阳纸业在厂区利用大面积的绿地设计生态公园(图 7.14、图 7.15),为职工提供休闲观赏的场所。游憩绿地公园分为太阳文化体验区、密林生态观赏区、湿地岩石游赏区和湿地岩石游赏区。太阳文化体验区位于生态园的中心区域,是全园的构图中心,着力营造以太阳文化为主题,以造纸用植物展示为题材的文化体验区。密林生态观赏区位于太阳文化体验区的西面,临近银河路,考虑到减少外界环境的干扰,在此区堆成高低起伏地形

图 7.14　山东太阳纸业生态园平面图

和种植高大抗污染乔木,形成环境幽静、空气清新、具有"野郊森林、森林广场"的景观,同时为中心区提供良好的自然生态背景。湿地岩石游赏区位于太阳文化体验区的南面,由弯曲的岩石小溪、生态小岛和大面积的生态湿地组成,着力营造湿地岛景观和湿地生态群落景观,创造自然、生态、安静的氛围。疏林生态观赏区位于生态园的南部,着力营造疏林草地生态景观,为国道上观赏生态园留下视线廊道。

图 7.15　山东太阳纸业生态园效果图

7.4.3.4 生产区绿地

生产区周围的绿地主要是创造一定的绿色环境,供职工恢复体力、调剂生理和心理上的疲倦。绿地设计应根据不同车间的生产特点,按不同的要求进行布置。一般来说,生产区绿地规划设计应考虑以下要求:

(1) 职工劳动特点不同,对植物及绿地布局形式的喜好也不相同。如车间工作环境为强光、强音时,则休息环境应安静柔和、色彩淡雅,没有刺激性;如生产操作是单独的、安静的,则休息的环境应该是热闹的,色彩宜鲜艳丰富。

(2) 车间出入口是车间周围绿地设计的重点,应作重点美化,以供职工工间暂时休息;其余地区的绿化宜简洁、大方,从卫生防护着眼,要注意车间的通风和采光。

(3) 有严重污染的车间周围绿地,应注意树种的选择及配置方式,这是工矿企业绿化成败的关键。

(4) 在有污染的车间周围只考虑工人在车间外的短时逗留,一般不设置休憩绿地。绿化应以卫生防护功能为主,根据车间生产特点和污染物的情况,有针对性地选择抗性强、吸收能力强、生长快的树木花草。在车间周围绿化用地面积不大的情况下,考虑种植攀缘植物。

7.4.3.5 防护林带

《工矿企业企业设计卫生标准》规定:凡生产有害因素的工业企业与生活区之间应设置一定的卫生防护距离,并在此距离内进行绿化。工矿企业应设置防护林带以防风、防火或减少有害气体污染,净化空气。防护林带因其性质、作用的不同,一般可分为透风式、半透风式、封闭式三种。透风式一般多由乔木组成,不配置灌木,主要是减弱风速、阻挡污染物质,在距离污染源较近处使用。半透风式也是以乔木为主,在林带两侧配置一些灌木,主要适于防风或者是远离污染源的地方。封闭式林带由大乔木、小乔木、灌木多种树木组合而成,防护效果好,有利于有害气体的扩散和稀释。

一般在工矿企业下风和上风方向设置防护林带。上风方向设置 2 条林带,防止风沙吹袭和邻近企业排出有害物的危害;下风方向的防护林带设置在污物密集降落处。按国家规定,防护林带的宽度定为 5 级:1 000m、500m、300m、100m、50m。

1) 卫生防护林带

有卫生防护要求的单位,卫生防护林带建在生产区的下风方向,与方向垂直的林带必须有10m 以上的宽度,有时会设不止一条林带。林带以枝叶繁茂的乔木和灌木混栽,要求植物抗污染力强,如侧柏、桧柏、女贞、枫杨、构树、朴树、泡桐、海棠、紫穗槐等。每 100m² 的绿地乔木数量达到 20 株以上会有效阻止烟尘和有害气体的效果。

2) 防风林带

防风林带的通透率为 48%时,防风效能最高。防风林带的设置方向与位置根据主导风向而定,一般与采用主导风向呈 90°的三角形种植形式,或者与主导风向不低于 45°时的矩形种植形式(图 7.16)。林带宽度一般为 20～30m。

3) 防火林带

在石油、冶炼等易燃易爆的生产区应设防火林带。防火林带宽 3m 以上,并与隔离沟、障

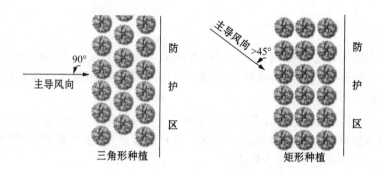

图 7.16   防风林带种植示意图

碍物一起阻隔火源。常见的防火植物有乌桕、珊瑚树、海桐、油茶、刺槐、柳树、栓皮栎、悬铃木等。防护林带的范围内不宜布置可供散步休息的小道和广场、坐凳,如果重点美化的需要,可在穿过防护林带的车行和人行道口旁的林缘用种植灌木、花卉或绿篱。

7.4.3.6   交通运输设施旁的绿地

工矿企业企业运输频繁。根据运输设施的不同,其旁绿地设计的要求也不同。

1)道路旁绿地

沿车道栽植植物要有助于保证交通运输的畅通,必须严格遵照厂房和路口交叉、道路转弯处规定的大约20m的安全视距,留出足够宽度的车行道和人行道,这样既能保证交通不受妨碍,又可避免植物被擦伤损坏。在道路转弯处车行视线内不能种植高于1m的灌木或设置其他有碍视线的东西。企业内道路两旁常有密集的工程管线,给绿化造成很大困难,因此绿化时要采用较灵活的方式。另外,生产区道路绿化还要考虑道路与车间之间的距离。如绿带宽5m左右可强调道路遮阴,种植一排行道树;绿带宽7.5m左右,在乔木下可增植花灌木和绿篱;绿带宽10m左右,可增植一排矮灌木丛;绿带宽12.5m左右,可再增植常绿树。

2)铁路周围绿地

厂区内有铁道的地带,应在附近布置隔离林带,防止职工随意穿越铁路而发生事故,同时还可巩固路基、降低噪声的传播。铁道的交叉口种植的树木不能遮挡视线,弯道内侧200m内不能种植高1m以上的植物。

3)传送带地段的绿地

在传送带支架两边或下面空地处可种植不影响传送带工作的植物,如灌木、花卉、地被等。

7.4.3.7   周边绿地

周边绿地为工矿企业红线边界的内侧绿地,一般沿围墙设置一定的植物种植带,起到防护、遮挡和美化的作用。

7.4.4   工矿企业绿地植物树种选择

工矿企业绿地要注意选用适应性强的乡土树种。外来树种要进行引种驯化,试验成功方可大量采用。选择抗逆性强树种,耐酸碱、旱、涝、多砂石、土壤板结、烟尘、废水、废渣及有害气体等;从生态学角度选择树种,运用植物群落关系创造适宜生存环境。

工矿企业常用抗烟尘、滞尘能力强、防火、抗乙烯、抗氟化氢气体、抗氯气、抗二氧化硫气的树种如下:

抗烟尘的树种有香榧、粗榧、樟树、黄杨、女贞、青冈栎、楠木、冬青、珊瑚树、广玉兰、石楠、构骨、桂花、大叶黄杨、夹竹桃、栀子花、国槐、厚皮香、银杏、刺楸、榆树、朴树、木槿、重阳木、刺槐、苦楝、臭椿、构树、三角枫、桑树、紫薇、悬铃木、泡桐、五角枫、乌桕、皂荚、榉树、青桐、麻栎、樱花、蜡梅。

滞尘能力强的树种有臭椿、国槐、栎树、皂荚、刺槐、白榆、杨树、柳树、悬铃木、樟树、榕树、凤凰木、海桐、黄杨、女贞、冬青、广玉兰、珊瑚树、石楠、夹竹桃、厚皮香、枸骨、榉树、朴树、银杏。

防火树种有山茶、油茶、海桐、冬青、蚊母、八角金盘、女贞、杨梅、厚皮香、白榄、珊瑚树、枸骨、罗汉松、银杏、槲栎、栓皮栎、榉树。

抗乙烯的树种有夹竹桃、棕榈、悬铃木。

抗氟化氢气体的树种(铝电解厂、磷肥厂、炼钢厂、砖瓦厂等)有黄杨、海桐、蚊母、山茶、凤尾兰、龙柏、构树、朴树、石榴、桑树、香椿、丝棉木、青冈栎、侧柏、皂荚、国槐、柽柳、木麻黄、白榆、沙枣、夹竹桃、棕榈、红茴香、杜仲、红花油茶、厚皮香。

抗氯气的树种有龙柏、侧柏、大叶黄杨、海桐、蚊母、山茶、女贞、夹竹桃、棕榈、构树、木槿、紫藤、无花果、樱花、枸骨、臭椿、榕树、九里香、小叶女贞、广玉兰、柽柳、合欢、皂荚、国槐、杨、白榆、丝棉木、沙枣、香椿、苦楝、白腊、杜仲、厚皮香、桑树、柳树、枸杞。

抗二氧化硫气体树种(钢铁厂、大量燃煤的电厂等)有黄杨、海桐 蚊母、山茶、女贞、棕榈、夹竹桃、枇杷、金橘、构树、无花果、枸杞、青冈栎、白蜡、木麻黄、相思树、榕树、十大功劳、九里香、侧柏、银杏、广玉兰、鹅掌楸、柽柳、悬铃木、重阳木、合欢、皂荚、刺槐、国槐、紫穗槐。

7.4.5　实训案例——钱营兹矿绿地规划设计

7.4.5.1　设计原则

1)人性化原则

绿地规划设计要满足职工的需求和多样化的审美情趣,体现可融入性和可参与性,发挥绿地蔽荫、给人欢愉、陶冶性情、慰藉心灵的作用。

2)协调性原则

绿地与周围的自然环境相互协调,充分利用设计手段,在用地范围内精心合理地布置和组合办公楼、车间、宿舍、道路、绿绿地,创造有序流动的空间。

3)师法自然,营造湿地景观

利用基地内有利条件,塑造滨水、亲水、湿地景观,形成具有自然情趣的生态水体及湿地,既体现结合地域特征的自然生态理念,又能提高观赏性与娱乐功能。水位随外部环境变化而变化,一年四季分别显现不同特色的景观特点,情趣盎然。

7.4.5.2　分区景观规划设计

1) 入口景观（图 7.17）

在保留现有路面结构的前提下，增加绿化隔离带和雕塑。在联系餐饮服务中心和会议室的道路交叉口设计交通岛，增加两侧绿地中的人行道，让职工在林中行走。人行道与车行道通过林荫路连接。种植长青、挺拔的广玉兰作为行道树，规格为胸径 20cm。在道路的中间设置特色雕塑和植物分隔带，在路边陈列不同的煤样，如精煤、洗选煤、筛选煤、混煤、末煤、粉煤、原煤、低质煤、煤泥、水采煤泥等，用玻璃罩放置，增强煤矿的氛围，突出煤矿的特色。

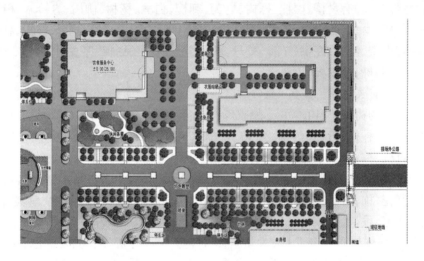

图 7.17　入口景观设计平面图

2) 办公区景观规划设计（图 7.18）

办公楼前景观以大气、简洁为目的，采用对称的手法。中间设置喷泉，两侧为景观灯柱和草坪，突出水景和灯柱。在水景的前面设置景观墙，画面以煤的分子结构为主，体现煤矿的主题。建筑两侧设置生态停车场，停车场种植大树，既解决停车问题，又增加场地的绿化效果。

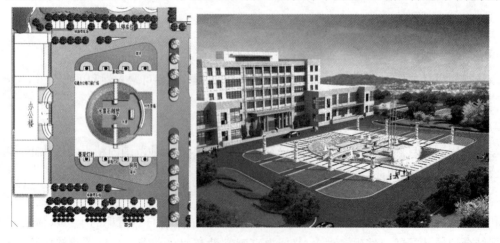

图 7.18　办公区景观设计平面图与效果图

3) 会议中心景观规划设计(图 7.19)

会议中心场地的现状是地形低洼,雨天积水,因此在设计时采用突显山水的手法,以增强会议中心周边景观为目的,形成山脉、水系、绿岛的格局,展现山环水绕的景观效果。

建筑周围规则式布置铺装场地和休息设施,绿地中的水体开合对比,丰富了景观。利用曲桥联系不同功能的建筑。

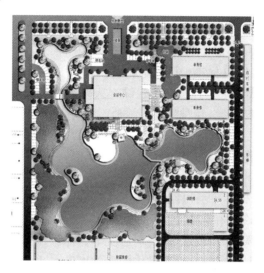

图 7.19　会议中心景观规划设计平面图

4) 生产区景观(图 7.20)

在绿地面积较大的地方设计简单的游园,并以植物种植为主。设计特色以种植林的形式为主。其他绿地重要是行道树的绿化和特色装饰性种植植物。

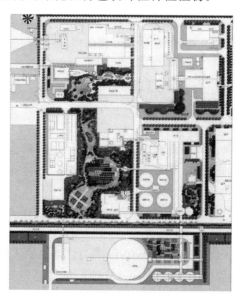

图 7.20　生产区景观规划设计平面图

7.5 医疗机构绿地规划设计

医院、疗养院、保健所等医疗卫生单位是进行医疗、预防、保健、康复等综合性卫生服务的环境场所。随着经济的快速增长,物质生活的极大丰富,人们对健康越来越关注,对医疗环境的要求也日益严格,医院环境设计越来越凸现出其必要性、重要性并向专业化方向发展。

医疗机构绿地规划设计要注重卫生防护隔离,减弱噪音,阻滞烟尘,创造安静幽雅、整洁卫生、有益健康、有利于患者身心健康的环境,以利于人们防病治病,尽快恢复身体健康。我国1996年颁布的《综合医院建筑标准》中明确规定:"新建(迁建)综合医院的建筑密度宜为25%～30%,绿地率不应低于35%;改建、扩建综合医院的建筑密度不宜超过35%,绿地率不应低于35%。"疗养院、结核病院、精神病院等绿地面积可大些。

7.5.1 医疗机构的类型

医疗机构包括综合型医院,专科医院,休、疗养院,小型卫生所等。综合型医院一般设施比较齐全,包括内、外科的门诊部和住院部。专科医院主要是指某个专科或几个相关医科的医院,例如口腔医院、儿童医院、妇产医院、传染病医院等。休、疗养院是指专门针对一些特殊情况患者的医疗机构,供他们休养身心、疗养身体的专类医院。小型卫生所主要是指一些社区、农村的小型医疗机构,医疗设施相对较为简单。

7.5.2 医疗机构绿地规划设计原则

7.5.2.1 安全性原则

医院人流量大和服务对象为病人,要求其绿地规划设计具有安全性。植物要注意选择无毒性的,植物群落外围尽量避免带刺植物;在危重病房周围尽量不要种植气味刺鼻浓重的灌木及地被植物,以免引起患者的变态反应性疾病,增加患者出现意外的几率,影响治疗。步行道路应平坦,便于通行,避免用凹凸不平的材料作硬质铺装,铺装上应作防滑处理。

7.5.2.2 功能性原则

医院的人流量有大、急、复杂的特点,交通拥挤,应用直接、标示明确的方式进行组织引导。根据不同功能,确定不同的道路宽度,配合高度、种类、种植方式各异的绿地和树木以及各种景观设计要素,做到道路、绿地和功能相一致。

7.5.2.3 人性化原则

医院外部环境是以治疗和服务为主的环境,应竭力体现对病人的关怀和尊重,既要满足患者需求的层次性,包括生理、心理、社会需求,又要他们的注意差异性,给不同年龄、背景、身体状况的患者提供身心愉快的环境感受,建立良好的医院形象。

7.5.2.4 绿地园艺医疗原则

近年来日本、欧美国家相继兴起一种"园艺疗法",体现了景观医疗原则。运用植物的生态性,通过植物及与植物相关的诸活动促进患者生理、心理和精神的恢复,它是生态、艺术和心理治疗相结合的一种治疗方式。丰富的植物品种可以刺激人的视觉、听觉、触觉、嗅觉等感官,特定植物释放的气体或营造的氛围可以调节人的情绪。目前,园艺疗法在在我国尚处于起步阶段。

7.5.3 医疗机构绿地的组成及规划设计

7.5.3.1 主入口区

主入口区是医院环境景观设计的重点,是人们对医院的第一印象和视觉集中的焦点。为了满足人、车的出入,主出入口应该有较大的空间。有的医院会在入口处设置喷泉,利用水的声音隔断外界的噪音,起到平静心态的作用。主入口区的植物种植应简洁明快,体现医院的风格风貌。

7.5.3.2 门诊部和急诊部

门诊部和急诊部一般与医院的主入口相对或相邻,空间开阔,其景观规划设计应与入口统一。如果门诊部和急诊部在医院的其他位置,需要设置集散场地。其周围的绿化应与主体建筑以及医院大门风格相协调,不能遮挡建筑的正立面的主要部分。一般以植物种植的绿地为主,乔灌草相结合。医疗建筑周围的植物种植在离建筑物 3m 以外,避开建筑南向窗户的位置。门诊部和急诊部入口空间一般是规则布局为主,并辅助自然小路和空间。在强调功能的前提下注重已经主题的表达。另外设置较大面积的缓冲绿地以及硬质休憩广场。前庭绿地设计以环境美化装饰为主,并疏植一些高大落叶乔木,其下可设坐凳供人休息。广场周边可设置草坪、花坛、花台、植篱等景观。

7.5.3.3 住院部或疗养区

住院部或疗养区在医院中属综合功能强的区域,通常设置于地势较高的安静区域。住院部或疗养区视野开阔,四周环境优美,有景可观,能同时满足病人治疗、生活及休闲等需求。因此应根据其具体的功能要求来进行绿地设计。住院部周围的绿地在布局上一般充分利用原有地形、山坡、水池等,采用绿地中心部分规则式、周边自然式的手法,绿地内布置花坛、水池、喷泉等作为中心景观,并设置座椅、亭、架等休息设施,适应患者及其家属的室外活动和等候的需要。这种绿地也可兼做日光浴场。绿地周边道路自然流畅地穿行其中,道路要求较为平缓,不宜起伏太大,也不设台阶踏步,以便轮椅通行。局部道路可扩大成不同的休憩空间,设置景观和休憩坐凳。植物布置方面,选择保健型植物群落,种类丰富,常绿树和落叶树、乔木和灌木比例得当,充分体现植物的季节变化,使久住医院的患者能感受到四季的变化及清新、活泼、开朗的自然气息,有助提高疗效。

7.5.3.4　医院其他区域

医院其他区域包括辅助医疗设施、行政管理区以及周围的边界绿地。医疗设施、行政管理区应有绿化隔离，特别是晒衣场、厨房、锅炉房、太平间、解剖室等应独立设置，周围密植常绿乔灌木，形成完整的隔离绿带。手术室、化验室、放射科等建筑不宜采用垂直绿化，以免影响室内卫生，还避免种植有绒毛和花絮的植物，保证自然通风和采光。医院周围通常设置 10～15m 宽的乔灌木防护林带，防烟尘和噪音污染。

7.5.4　医疗机构绿地植物的设计原则

7.5.4.1　突出特色

医疗机构绿地的植物设计要注意突出主题特色，如用白玉兰象征洁白，桃、李、梨、葡萄、枇杷象征收获的喜悦等，林下灌、花、草、藤、果相结合，常绿、落叶植物搭配，既可绿化、美化环境，又能体现独特的特色。例如，江苏省第一人民医院就在住院部前的游园中栽植枣树，让患者和家属能够体会收获季节的美好。

7.5.4.2　运用植物的特殊作用

植物的特殊功效可起到辅助治疗的作用，例如熏衣草的淡雅、薄荷的清凉能够刺激人的嗅觉，其芳香的气味令人身心得到放松。另外，医院更应该运用多种能吸收有害气体和净化空气的植物品种，充分发挥有些植物杀菌性挥发物质的特殊作用。例如樟树、紫荆、云杉、冷杉、桧柏、侧柏、龙柏、黑松、杜松等有较强的天然杀菌作用。这些树种能分泌出大量杀菌素，能杀死白喉、肺结核、霍乱和痢疾等病原菌，并且能吸收大量二氧化硫，排出氧气。患者在庭院绿荫下散步，既能吸收大量的新鲜空气，又能观赏五颜六色、千姿百态的花卉或中草药等，对早日康复起到了促进作用。

7.5.4.3　适地适树

必须根据植物对环境条件的适应性来选择树种。乡土树种、粗生粗长树种适应性强、成活率高、生长强壮，能达到良好的绿化效果。为了创造洁净、清新、安全的环境，应该选择无毒无污染、滞尘能力强、常绿树种，不宜种植飞絮飞毛、落叶较多和有毒的树种。

7.5.5　专科医院的绿地规划设计

7.5.5.1　儿童医院

儿童医院以 14 岁以下儿童为诊疗保健对象的专科医院。儿童医院的环境景观设计应该以儿童使用为目标，户外环境从大的景观到小的细节，都以患儿的生理、心理和需求为基本出发点，创造舒适、和谐、温馨的儿童就医环境。儿童医院户外环境设计着重考虑以下因素：

1）安全性

儿童在医院院内的人身安全应最大限度得到保证。安全性包括很多方面，例如空间场地的划分、地面防护材料、游戏器械等。儿童的游憩活动空间与应外界分隔,形成相对独立的空间,不仅可以保证玩耍中儿童的安全,也可以减少场地内外的互相干扰。要尽量避免栽植种子飞扬、有异味、有毒、有刺的植物以及易引起过敏反应的植物。

2）心理需求

要注意安排儿童活动的场地和活动设施,其外形、色彩、尺度均要符合儿童的心理需求。可适当设置一些装饰小品、动物小雕塑等景观小品。植物可以设计成一些图案式的装饰。良好的绿化环境和优美的布置,可以减轻儿童对疾病和医院的心理压力。

3）艺术环境的营造

国外的医院,是按照花园或者艺术场地的形式营建,医院到处花团锦簇,艺术气息扑面而来。艺术疗法在实践中表现出无可比拟的优越性。特别是对儿童的治疗中,效果更明显。

7.5.5.2　传染病医院

传染病医院主要是接收有急性传染病、呼吸道系统疾病的患者。此类医院周围的防护绿带特别重要,防护绿带宽应在 30m 以上,并考虑冬季的防护效果,要保证常绿树木的树量。传染病医院的绿地面积应增大,不同病区之间也要用树丛或植篱进行隔离,防止交叉感染。设置室外活动的场地和设施,为患者户外活动提供良好条件。通过植物种植,充分发挥植物的各种功能,创造生态与艺术完美融合的医疗环境。

7.5.6　实训案例——皖北矿务总局医院环境景观设计

图 7.21 为皖北矿务总局医院平面图。

图 7.21　皖北矿务总局医院平面图

7.5.6.1 主入口

医院主入口采用规则对称布局形式。主入口分车绿带中间条布置形喷泉水池和两端模纹图案绿地,方形水池可以阻隔城市道路的喧嚣,让人听到水声起到心理平静的作用。

7.5.6.2 庭院主景区

庭院主景区是主入口水景的延伸。主广场方形铺地,用白色大理石铺装成十字形式,十字形旱喷泉与四角水池组合。两侧景亭是室外休憩场所,与半圆形的静水池相邻,水中浮雕墙上雕刻治病救人的场景,艺术雕塑墙与水中倒影相映衬,作为医院庭院的标志景观和入口视觉焦点。

庭院两边行列式种植白玉兰,白玉兰在 2~3 月见满树白花,寓意着医生责任的神圣。与广场集中铺地相邻的两侧南北向的园林道路联系医院入口和住院部。铺地北部为缓缓的草地,草地尽端东西向的道路一侧为矮景墙并具有休息坐凳的功能。中心草坪设置矮景墙作为景观的缓冲。丰富的植物种植作为入口广场的绿化背景。

主广场左侧为林荫休息空间,采用几何式设计,设置休息的坐凳。

7.5.6.3 疗养区

疗养区右侧为自然式游园,游园内有自然的水体,与水体相结合的散步道连接广场空间和垂直的园林道路。疗养区在景观设计上注意治疗作用:配置全年有色彩感的植物,创造丰富的环境色彩,具有视觉刺激作用;喷泉、壁泉、跌水、小溪、池塘等水景引入自然声响效果,能刺激听觉;种植花香、果香或叶香的植物,刺激嗅觉以影响人的精神和情绪,改善人的生理和心理反应。

7.5.6.4 急诊休憩区

急诊休憩区为带状绿地,正对综合楼的急诊和门诊出入口,采用以建筑的出入口为中轴对称、局部规则的形式,设立等候、观赏的空间,自然式游步道方便主入口与急诊入口的连接。

7.5.6.5 停车场

由于皖北矿务局总医院是改造工程,为尽量避免影响医院整体景观,其地上停车场的位置设在入口景观的后部,紧邻住院部。停车场与主要景观有一定的隔离绿带。另外,为方便患者就医,医院建筑的周围也设置停车位。

思考题

1. 公共设施绿地规划设计的应该注意哪些特点和原则?
2. 工矿企业企业在景观规划方面有哪些特殊性?
3. 医院不同功能区的景观规划特点有哪些?

8　城市公园绿地规划设计

【学习重点】

　　理解城市公园绿地规划设计时的相关知识。重点要求掌握城市公园的定义,综合公园规划设计的程序、方法与内容;熟悉专类公园如植物园、动物园、体育公园、儿童公园等规划设计方法;了解国内外城市公园的起源与发展以及城市公园的分类系统;通过课堂学习和案例研读,具备基本的公园规划设计能力。

　　城市公园是供公众游览、观赏、休憩,开展户外科普、文体及健身等活动,向全社会开放,有较完善的设施及良好生态环境的绿地。城市公园是塑造城市形象、美化城市环境的重要景观,是城市文明程度和开放程度的体现。城市公园作为城市园林绿地具有防风固沙、涵养水分、调节气候、净化空气等多方面的生态意义,是平衡城市生态环境、促进城市可持续发展的"绿洲"。城市公园是展示城市文化、当地社会生活和精神风貌的橱窗,代表城市文化品位,体现国家和地区的园林建设水平和艺术水平。

8.1　城市公园的起源与发展

　　城市公园是工业发展和城市迅速发展的产物。这些发展变化与社会的经济发展、社会进步、人民生活水平的提高分不开。城市公园是城市中最重要和最具代表性的绿地,它是随着社会生活的需求而产生、发展和逐步成熟起来。

8.1.1　国内外城市公园的起源与发展

8.1.1.1　国外城市公园的起源与发展

　　公元前9世纪～前5世纪,古希腊人便在体育场周围建设美丽的园地并向公众开放。这些向公众开放的、园林化的体育场已具备了现代公园的一些雏形。

　　资本主义社会初期,欧洲国家一些原专属于皇家贵族的城市新园和宫苑逐渐定期向公众开放,如英国伦敦的海德公园。在意大利还出现了专门的动物园、植物园、废墟园、雕塑园等。17世纪,随着资产阶级革命的胜利,在"自由、平等、博爱"的旗帜下,新兴的资产阶级统治者没收封建领主及皇室的财产,把大大小小的宫苑和新园向公众开放,并统称为"公园"。

　　城市公园的产生源于资产阶级自由、平等思想。随着城市公民社会地位的提高,他们的精神需要也逐渐受到重视。面向大众、解除封建统治对人性的压抑是城市公园产生的思想前提。从市民的角度讲,人性的逐渐解放使得他们敢于提出娱乐、享受、游憩的要求。人们认为不仅要有家可居,还要有园可游,这才是真正从生存状态过渡到生活状态。此时大部分皇家猎园已成为公园,由于城市扩大,原有的城墙失去作用,许多城垣遗迹也被改建为公园。19 世纪 30 年代开始,首先在英国,其后在欧洲各国的城市出现了一股造园热潮,各城市都大量建造新公园。1843 年,英国利物浦市动用税收建造了公众可以免费使用的伯肯海德公园。

　　真正意义上设计和营造的近代城市公园始于美国的纽约中央公园,是由美国著名的风景园林师奥姆斯特德和沃克规划设计的(图 8.1、图 8.2)。美国第一个近代园林学家唐宁(Andrew Jackson Dowing)在中央公园建造之前就讲过:"公园属于人民。"纽约中央公园用树木、草坪、花卉、人工湖泊等景观,营造出与周围高层水泥建筑截然不同的自然区域。奥姆斯特德认为,城市公园应该成为社会的进步力量,利用城市公园提供给每个人平等享受的利益可以缓解底层市民受压抑的心理。这充分体现了"人人平等"的社会理想。纽约中央公园规划从立意到设计构思再到园林布局,对世界其他各国的现代城市公园都产生了深远影响。在社会活动方面,它作为城市居住区合理半径范围内人员聚合的场所。在聚落形态方面,它作为相关社区群落开放空间的中心构成。在生活环境方面,它作为街区建筑群间充满阳光、空气、绿色的"城市天窗"。这种成就受到了社会的关注和赞赏。19 世纪下半叶,欧洲、北美掀起了城市公园建设的第一次高潮,称之为"公园运动",真正实现了城市公园为大众服务的设计理念,对促进人们投身于不断高涨的重返大自然的怀抱的潮流有着极其深远的意义。城市公园这种 19 世纪的新生事物迎合了人们物质生活丰富后的精神需求。

图 8.1　美国纽约中央公园鸟瞰

　　公园运动的发展赶不上城市人口的剧增,城市居民需要更多的公园和更大的开敞空间以及用于健身的体育运动场。近代商业城市芝加哥,用很短的时间就建造了 24 个运动公园,使居民从市内任何一座建筑出发只需要几分钟时间就可以到达这些公园。为满足现代工业城市中人们对自然的需求,设立更大规模的自然游憩地——国家公园(National Park)。1872 年,美国总统格兰特签字同意在怀俄明州开辟黄石国家公园。于是美国第一个，也是世界上第一个由政府主持开辟的国家公园诞生了。1892年，奥姆斯特德与他的合作伙伴查尔斯·埃里奥特设计的波士顿公园体系，突破了美国城市方格网格局的限制，在波士顿中心地区形成景观优美、环境宜人的公园体系（Park system）。在公园运动时期，各国普遍认同城市公园具有五方面的价值：保障公众健康、滋养道德精神、体现浪漫主义、提高劳动者工作效率、促进城市地价增值。

图8.2　纽约中央公园总平面图

　　二战以后，欧、亚各国在废墟上开始重建城市家园。城市绿地建设迈入了"公园运动"之后的第二次高潮。1967年，位于纽约53号街的帕雷公园（Parley Park，1965-1968）开园，袖珍公园（Vest-pocket park）这一新形式的城市公共空间正式问世。帕雷公园由泽恩和布林（Zion&Breen）事务所设计，面积只有42ft×100ft（即15.2m×30.4m＝462.08m²），泽恩称这个小公园为"有墙、地板和天花板的房间"（图8.3、图8.4）。它位于市中心的两栋建筑之间，两侧建筑的山墙上爬满了细小的攀缘植物，是"垂直的草地"。公园尽端布置了一个水墙，潺潺的水声掩盖和混淆了街道上的噪音，让人们忘却闹市的喧嚣。垂直草地和水墙是房间的墙壁，而广场上种植的刺槐是它的屋顶，高高的树冠限定了空间的高度，星星点点的阳光从树叶的间隙洒下来，充满了诗情画意。树下的轻便桌椅和小商亭则满足了人们对餐饮的需要。对于市中心的购物者和公司职员来说，这是一个安静愉悦的休息空间。帕雷公园被一些设计师称赞为20世纪最有人情味的空间设计之一。

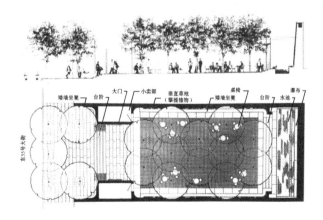

图8.3　帕雷公园平、立面图

　　与此同时，在欧洲大陆上也出现了许多新的综合性大型公园。这些公园大多是在对衰退的工业区进行城市改造时建设的，肩负着城市旧区复兴的重任。它们不仅仅是优美的景观环境，也不仅仅是有丰富游憩设施的露天场所体系，而是被定位成新的综合文化设施，一种城市设计和文化革新的有机结合。例如伯纳德·屈米设计的法国巴黎的拉维莱特公园（Lavillette Park，图8.5、图8.6），它不但是要振兴被弃置的工业区，还把复兴巴黎、表达法国新世纪文化形象作为目标，被称为"献给世纪的公园"。屈米自己解释设计时的想法："解构意味着对设计任务的根本思想进行挑战，也意味着对建筑旧俗习惯的否定。"

图 8.4　帕雷公园实景

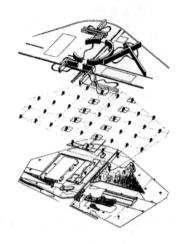

图 8.5　拉维莱特公园的点、线、面三层要素鸟瞰

图 8.6　拉维莱特公园鸟瞰图

　　从西方城市公园的发展过程中可以看出,城市公园从最初单纯的田园风景到一些基本功能设施的加入,再到游憩观念的贯彻和露天场所体系的形成,直至今天形成集休闲、娱乐、运动、文化和科技于一身的大型综合性公园,城市公园的功能和内涵越来越丰富,形式也越来越多样化。

8.1.1.2　国内城市公园的起源与发展

　　1868 年在上海建造的"公园"(黄浦公园)是我国最早的一个城市公园。1908 年"法国公园"即复兴公园建立,1919 年"极斯尔公园"即中山公园建立。它们都只不过是为殖民者开放的公园。1906 年在无锡、金医两县,乡绅俞伸等筹建的"锡金公花园"是我国自己建造的、对国人开放的近代公园。辛亥革命以后,我国也相继出现了以广州越秀公园、中央公园、汉口市政府公园、昆明翠湖公园等为代表的城市公园运动。这些公园基本是在原有风景区、古典园林或新址上参照欧洲公园特点建造的,其造园手法直接来自于欧洲的造园实践。

　　中华人民共和国成立后,我国城市公园主要是学习前苏联的园林绿地规划模式,产生于前苏联城市休闲生活系统的文化游憩公园建设实践。

1979年改革开放以后,随着经济的发展,我国造园运动再度兴起,出现一些新的公园形式,公园的规划设计开始多元化,造园手法不拘一格。

1990～1995年是我国公园建设大发展的时期,旅游业的发展直接促进城市公园的建设发展,使城市公园的数量激增。如北京石景山的雕塑公园、无锡的三国城、欧洲城、深圳的世界之窗、锦绣中华的相继建成。城市公园的范围也扩大到小城镇。

与此同时,我国城市化进程加快,人口激增、交通混乱、环境恶化,城市公园空间匮乏、景观不佳等问题更加突出。以此为背景,国内设计界、建筑界、园林界开始共同对我国城市公园的设计和发展进行积极的探索,在理论上表现为对中国传统园林与西方现代园林思想进行比较研究,探索有中国特色的城市公园的设计方法,注重城市公园中环境与行为科学的研究等。

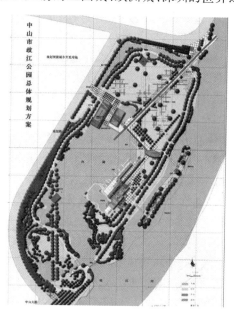

1999年第20届UIA大会在京召开,吴良镛先生在《北京宪章》中阐述了"建筑—景观—规划"三位一体的观点,并且创造性地提出"大地景观"的宏伟构想。这有力地推动了国内重新对"景观"概念进行全面、深刻的认识,并进一步促进了城市公园的发展。在实践上,具有现代景观意识和时代气息的城市公园相继出现,如俞孔坚主持设计的中山岐

图8.7 中山岐江公园总平面图

江公园,结合旧船厂的景观改造,形成具有现代景观特色的城市公园(图8.7、图8.8)。该作品荣获美国景观设计师协会(ASLA)2002年度荣誉设计奖。

图8.8 中山岐江公园鸟瞰

随着经济的发展,现代城市公园增添了多种游乐设施,使之成为市民甚至外地游客的理想去处。我国的城市公园建设已不再单纯追求规模的扩大、数量的增多,而是正在迈上一个处处为市民着想,讲究品位、质量的新台阶,体现了以人为本的休闲观念,更加强调普通大众享受休

闲的平等权利,更加重视生态以及文化特色。

8.1.2 城市公园的定义

《公园设计规范》解释:公园是供公众游览、观赏、休憩、开展科学文化及锻炼身体等活动,有较完善的设施和良好的绿化环境的公共绿地。

《中国大百科全书·建筑园林城市规划卷》(1988)中提到:城市公园是一种为城市居民提供的、有一定使用功能的自然化的游憩生活境域,是城市的绿色基础设施,它作为城市主要的公共开放空间,不仅是城市居民的主要休闲游憩活动场所,也是市民文化的传播场所。

行业标准《园林基本术语标准》(CJJ/T91-2002)中第三条定义:"公园是供公众游览、观赏、休憩,开展户外科普、文体及健身等活动,向全社会开放,有较完善的设施及良好生态环境的城市绿地。"在该条文的说明中对此定义又做解释:"是公园绿地的一种类型,也是城市绿地系统的重要组成部分。狭义的公园指面积较大、绿化用地比例较高、设施较为完善、服务半径合理、通常有围墙环绕、设有公园一级管理机构的绿地;广义的公园除了上述的公园之处,还包括设施较为简单、具有公园性质的敞开式绿地。发达国家的公园一般是向公众免费开放的。"

《现代汉语词典》对城市公园的释义是:"城市中供公众游览休息的园林。"

孟刚、李岚等人在《城市公园设计》一书中明确对城市公园进行定义:"城市公园是一种为城市居民提供的、有一定使用功能的自然化的游憩生活境域,是城市的基础设施,它作为城市主要的公共开放空间,不仅是城市居民的主要休闲游憩活动场所,也是市民文化的传播场所。"

以上是不同标准对公园的定义。很明显,城市公园即在城市行政范围里的公园,区别于城市以外的其他公园。

通过对城市公园的界定,可以看出城市公园具备以下几点特性:第一,公共性——城市公园是服务于城市市民,向公众开放,与市民的生活密切相关,不独属于任何阶层;第二,游憩性——提供休闲娱乐的场所是城市公园的主要目的,有相当比例的绿地,并有为市民服务的游憩设施和服务设施;第三,价值性——城市公园对于城市的价值是各方面的,既有生态价值、环境价值,还有历史文化价值和社会经济价值。

近年来国外城市公园除不断涌现的各类主题公园外,还有农业公园、垃圾公园、桥下公园等新型公园,按照生态学的规律建设的城市湿地公园也大量出现。这些公共园林是对城市公园完整内涵的有力补充,满足了现代社会发展的需要。不同学科的专家学者也纷纷从不同的角度划分城市公园类型,如城市森林公园、城市地质公园、城市湿地公园等。城市公园的各种类型构成了城市公园绿地系统景观的不同侧面。

8.1.3 城市公园分类体系

8.1.3.1 国外城市公园分类体系

目前世界各国对城市公园还没有形成统一的分类系统,许多国家根据本国国情确定了自己的分类系统。

1)美国城市公园分类体系

美国将城市公园分为儿童公园、近邻娱乐公园、运动公园(包括田径场、运动场、高尔夫球场、海滨游泳场、营地等）、教育公园、广场公园、市区小公园、风景公园、水滨公园、综合公园、林荫大道与公园道路、保留地。

2）德国城市公园分类体系

德国将城市公园分为郊外森林公园、国民公园、运动场及游戏场、各种广场、花园路、郊外绿地、蔬菜园、运动公园。

3）日本城市公园分类体系

日本将城市公园分为儿童公园、邻里公园、地区公园、综合公园、运动公园、风景公园、动植物园、历史公园、区域公园、游憩观光公园、中央公园。

4）前苏联城市公园分类体系

前苏联将城市公园分为文化休息公园（及苏联各加盟共和国及其他大城市里的中心公园）、风景疗养城市的公园、小城市的公园城镇和区中心公园、体育公园、水上公园、娱乐公园、城市休息公园、展览公园、植物园（动物公园）、森林公园、国家和自然历史公园、民族民俗公园、自然地质公园、人文公园、纪念公园、儿童公园、群众休息区和自然保护区等。

8.1.3.2 国内城市公园分类体系

学习城市公园体系首先必须了解城市绿地分类体系，因为不同的城市绿地分类会产生不同的城市公园体系。我国城市绿地的分类在各个时期随着绿地建设及规划思想的发展有所不同。

(1) 1961 年的《城乡规划》将城市绿地分为城市公共绿地、小区及街坊绿地、专用绿地和风景游览、休疗养区四大类。

(2) 1963 年中华人民共和国建筑工程部的《关于城市园林绿化工作的若干规定》将城市绿地分为公共绿地、专用绿地、园林绿化生产绿地、特殊用途用地和风景区绿地等五大类。

(3) 1975 年国家建委城建局的《城市建设指标计算方法（试行本）》将城市绿地分为公园、公共绿地、专用绿地、郊区绿地四类。公园指全市性和区域性的大小公园、植物园及以园林为主的文化宫、展览馆、陵园等；公用绿地包括街道绿地、广场绿地、滨河绿地、防护绿地、苗圃、花圃。

(4) 1979 年国家城建总局的《关于加强城市园林绿化工作的建议》将城市绿地分为公共绿地、专用绿地、园林绿化生产用地、风景区和森林公园四类。

(5) 1982 年城乡建设环境保护部颁发的《城市园林绿化管理暂行条例》将城市绿地分为公共绿地、专用绿地、生产绿地、防护绿地、城市郊区风景名胜区五大类。其中公共绿地包括市区级综合公园、儿童公园、动物园、植物园、体育公园、纪念性园林、名胜古迹园林、游憩林荫带。

(6) 1991 年施行的国家标准《城市用地分类与规划建设用地指标》(GBJ137—90)将城市绿地分为公共绿地和生产防护绿地两类，而将居住区绿地、单位附属绿地、交通绿地、风景区绿地等各归入生活居住用地、工业仓库用地、对外交通用地、郊区用地等，简称二类法。

(7) 1992 年国务院颁发的《城市绿化条例》将城市绿地分为公共绿地、居住区绿地、单位附属绿地、防护林绿地、生产绿地及风景林地、干道绿化等，简称七类法。

（8）1993 年建设部文件《城市绿化规划建设指标的规定》将城市绿地分为公共绿地、居住区绿地、单位附属绿地、防护绿地、生产绿地和风景林地六类。公共绿地是指市级、区级、居住区级公园和动物园、植物园、陵园、小游园及街道广场绿地等。

（9）中华人民共和国建设部于 2002 年 9 月 1 日起实施《城市绿地分类标准》，将城市绿地分为五个大类（公园绿地、生产绿地、防护绿地、附属绿地、其他绿地）、13 个中类、11 个小类，其中将公园绿地按其主要功能和内容分为综合公园、社区公园、专类公园、带状公园和街旁绿地五个种类及 11 个小类。本书的公园绿地分类以该标准为准。

8.2　城市综合公园规划设计

8.2.1　综合公园概述

根据建设部 2002 年颁布的《城市绿地分类标准》，综合公园的定义为：内容丰富，有相应设施，适合于公众开展各类户外活动的规模较大的绿地。全市性公园主要是为全市居民服务，活动内容丰富、设施完善的绿地。公园面积一般在 10hm² 以上，其服务半径约为 2～3km，步行 30～50min 可达到；区域性公园则是为市区内一定区域的居民服务，具有较丰富的活动内容和设施完善的绿地。公园面积按照该区居民人数而定，服务半径约为 1～1.5km，步行约 15～25min 可达到。综合公园的活动内容、分区规划与公园规模有一定联系。

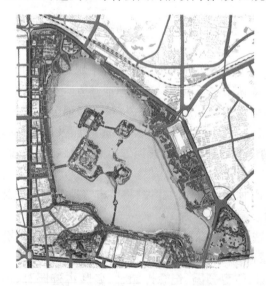

图 8.9　南京玄武湖公园平面图

综合公园是城市绿地系统的重要组成部分，它不仅为城市提供了大面积的绿地，且具有丰富的户外游憩内容，适合各种年龄和职业的居民进行一日或半日以上的游赏活动。它是群众性的文化教育、娱乐、休息场所，并对城市面貌、环境保护、社会生活起到重要的作用。综合公园一般面积较大，内容丰富，服务项目多，是城市居民文化生活不可缺少的重要元素，如美国纽约中央公园、俄罗斯莫斯科高尔基中央文化休息公园和我国北京紫竹院公园、南京玄武湖公园、广州越秀公园等。

南京玄武湖公园（图 8.9）位于钟山脚下，巍峨的明城墙、秀美的九华山、古色古香的鸡鸣寺环抱其右，占地面积 472hm²，其中水面 368hm²、陆地 104hm²，是古都南京名胜古迹的荟萃之地，也是南京市最大的综合性文化娱乐休息公园。玄武湖曾有"五洲公园"之称，其湖面分作五洲，环洲、樱洲、菱洲、梁洲、翠洲，洲洲堤桥相通，浑然一体，有环洲烟柳、樱洲花海、菱洲山岚、梁洲秋菊、翠洲云树等景点。

8.2.2　综合公园规划

8.2.2.1　综合公园规划程序和重点

1)综合公园规划程序

在综合公园设计开始,首先要对设计对象有大致的了解,包括公园用地在城市规划中的地位、性质、与其他用地的关系;公园用地历史、现状及自然资料;公园用地内外的景观情况等。根据所掌握的情况进行分析研究,并根据设计任务书的要求考虑各种影响因素,拟定公园内应设置的项目内容与设施,并确定其规模大小。然后进行公园规划,确定全园的总体布局。待方案批准后进行各项详细设计。这样的一个流程需要多个专业的协同合作,才能顺利的完成任务。

2)综合公园规划重点

综合公园规划设计在不同流程的不同阶段,其规划深度、专业分工配合有所差别。设计人员应注意以下几点:

(1)设计图比例:公园总体规划图采取1:1000或1:2000的比例;详细规划图采取1:500或1:1000的比例;植物种植设计图采用1:500或1:200的比例;施工图采用1:100或1:50、1:20的比例。

(2)面积及服务要求。全市性综合公园至少应能容纳全市10%的人同时游园;一般综合公园面积不小于10hm²,游人在公园中的活动面积平均为每人10~50m²。

(3)根据城市绿地系统规划要求,满足功能需要,符合国家政策。

(4)充分了解现状相关情况。

(5)确定公园特色和园林形式。

(6)公园内部和四周环境的分析和处理。

(7)确定公园活动内容,需要设置的项目和设施规模、建筑面积和设备要求,使设计和建设、管理相结合,适应现状经济形式。

(8)确定出入口位置,包括主要出入口、次要出入口、专用出入口以及停车场等。

8.2.2.2　综合公园规划内容

1)现状分析

现状调查与分析是公园规划设计的起点。应重点对公园在城市中的位置,附近公共建筑情况,停车场,交通状况,游人人流方向,公园的现有道路、广场情况,多年的气候资料,历史沿革和使用情况,规划界限,现有植物情况,园内外地下管线的种类、走向、管径等情况进行调查和分析,并绘制相关的分析图纸。

2)总体规划的意义与原则

综合公园总体规划的意义在于明确该公园在城市绿地系统中的地位、作用和服务范围;确定公园内保护对象和保护措施;测定环境容量和游人容量;通过全面考虑和总体协调,使公园各个组成部分之间得到合理安排,综合平衡;使各部分之间构成有机的联系,能妥善处理好公园与全市绿地系统之间局部与整体的关系；满足环境保护、文化娱乐、休闲游览、园林艺术等各方面的要求；合理安排近期与远期的关系，以便保证公园的建设工作按计划顺利进行。

总体规划应遵循以下原则：遵守国家有关的法律、法规；保护公园的人文环境（历史古迹、古树名木、地域特征等）；体现当地的地域环境特征，因地制宜地创造出具有时代特点和地域特色的空间环境，避免景观的重复；符合城市公园开放式要求，设置人们喜欢的各种活动，提供游览活动必需的各类设施；保护现存的良好的生态环境，改善原有不良的生态环境，提倡将先进的生态技术运用到环境景观的塑造中去，利于人类的可持续发展；规划设计要切合实际，便于分期建设，合理安排近期与远期建设。

3）规划定位及立意

综合公园的定位是指公园的性质，即其在城市中的基本角色问题，也就是公园在城市中发挥的作用。综合公园的定位一般根据城市整体层面的公园布局并结合公园内容进行。公园所处的地理位置、规模大小、服务对象等都与其定位有密切关系。

公园的立意也可以称作公园的设计理念，它是一个公园的主题和灵魂，一个拥有合适立意的城市开放式公园可以创造一个核心、一个家园、一种文化、一个地标、一种情感。确定公园的立意可以从以下三个方面入手：

（1）尊重和保护公园所在的城市的历史文脉，挖掘城市自身的文化内涵：历史文脉是一个城市形成、变化和演进的轨迹和痕迹，是一个城市历史悠久、文化底蕴和生生不息的象征，它具有一定的独特性和唯一性。正因为历史文脉对一个城市的魅力如此重要，所以文化和自然遗产保护先进的国家总是在城市规划中千方百计地去保护那些构成历史文脉的重要历史坐标点，让历史标点在未来的城市建设中彰显，哪怕是一处断墙残壁或是一砖一瓦。作为一个城市公园，它处在城市之中，而且是一个大众集体活动的平台，不仅仅是一个游乐场所，应该有责任挖掘城市的历史文化内涵，并以一种大众化的艺术形式展示和宣传出来，并达到一种延续。同时由于现代人的生活形态的更新速度加快，更加要求回归自然生活，所以为现代人创造一些城市精神文化内涵丰富、地域景观特色鲜明的生活环境，显得格外重要。

寻找失落的情趣空间，寻找失落的城市文脉，寻找一种既能继承和延续城市历史人文精神，又能满足社会经济发展和文明进步的城市环境是大势所趋。例如北京皇城根遗址公园通过恢复小段的皇城墙，挖掘部分地下墙基遗存等手段，再现了北京皇城的历史遗迹，使老北京的历史文脉得以充分展示。它像一条绿色纽带将古老的紫禁城和现代化的王府井有机连接起来，为人们品味历史、旅游休闲提供了一个好去处。洛阳新区中心公园的规划尊重和保护所在场地——历史名城洛阳的地域文化，从洛阳的人文、自然元素中提炼规划设计灵感，对场地内现有的植被、地形、地貌及文化底蕴予以逐一详析（图8.10）。

（2）尊重场所精神的延续：这是一种以原场地和人为出发点，注重并探寻人与环境有机共存的深层结构的手法。从场所文脉的角度讲，城市环境是由空间场所构成的。TEAM 10的成员凡·艾克认为，场所感是由场所和场合构成，在人的意象中，空间环境是场所而人就是场合，人必须融合到时间和空间意义中去，因此这种城市场所感必须在城市环境改造过程中得到重新认识和利用。例如中山岐江公园充分反应设计师关注环境场所对人的精神感受，体现了对场所现状和历史环境的尊重。在设计过程中，设计师尊重原有的空间格局，并通过对相当一部分的工业设备与构筑物的保留与再塑造，让现代城市中的游人能在公园休闲散步时，体验到

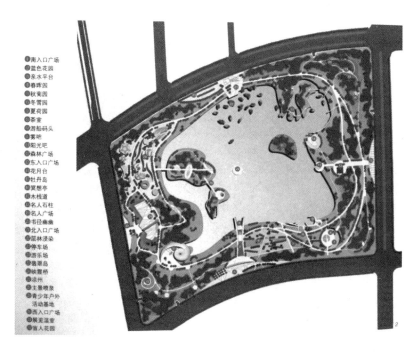

①南入口广场
②蓝色花园
③亲水平台
④春晖园
⑤秋菊园
⑥冬雪园
⑦夏荷园
⑧茶室
⑨游船码头
⑩雾吧
⑪阳光吧
⑫森林广场
⑬东入口广场
⑭花月台
⑮牡丹岛
⑯冥想亭
⑰木栈道
⑱名人石柱
⑲名人广场
⑳书径幽廊
㉑北入口广场
㉒层林浸染
㉓停车场
㉔游乐场
㉕翡翠岛
㉖峡翼桥
㉗凉州
㉘主景喷泉
㉙青少年户外
活动基地
㉚西入口广场
㉛展览温室
㉜盲人花园

图 8.10 洛阳新区中心公园规划总平面图

环境场所历史文脉的延续,体验到时空的变迁。连云港猴嘴山公园(图 8.11)的规划设计有效地把握对现有场地的特征,注意结合场地的地形条件,依山势合理地进行景观要素的布局。

图 8.11 连云港猴嘴山公园规划总平面图

(3) 以人文本,满足人的需求:园林从它出现的那天起,就改变了自然山林的属性,具备了社会功能。无论是远古的苗圃还是现实的公园绿地,都是为社会服务,为人服务的。所以公园的立意也应该以人民大众的愿望为重,满足人们对公园某种功能的需求。如浙江省温岭锦屏公园的总体规划针对不同的人群合理进行功能分区,为都市青年、老人和儿童安排满足各自需要的功能空间(图 8.12)。

图 8.12　浙江省温岭锦屏公园规划总平面图

4）功能分区规划

为了合理地组织游人开展各项活动，避免相互干扰，并便于管理，在公园划分出一定的区域，把各种性质相似的活动组织到一起，形成具有一定使用功能和特色的区域，我们称之为功能分区。

分区规划的目的是为了满足不同年龄、不同爱好游人的游憩和娱乐要求，合理、有序地组织游人在公园内开展各项游乐活动。所以，根据公园所在地的自然条件，尽可能"因地、因时、因物"而"制宜"，结合各功能分区本身的特殊要求，以及各区之间的相互关系、公园与周围环境之间的关系来进行分区规划。公园开放之后，分区显得极为重要。一方面，功能分区直接确定了游人的运动方向，从而影响公园交通系统的规划；另一方面，不同功能与入口之间的距离也会影响到不同使用人群的穿行距离，从而对不同道路的交通压力起到一定的控制作用。南京白马公园根据地形利用道路进行合理分区，不同分区安排不同的休闲活动（图 8.13、图 8.14、图 8.15、图 8.16、图 8.17）。

图 8.13　南京白马公园规划总平面图

图 8.14　中部石刻园区

图 8.15　南京白马公园东部自然林区

图 8.16　南京白马公园西部广场区

图 8.17　南京白马公园北部娱乐区

综合公园主要设置科普及文化娱乐区、观赏游览区、安静休息区、儿童活动区、老人活动区、体育活动区、公园管理区等。

（1）科普及文化娱乐区：科普及文化娱乐区是公园的闹区，主要设施有文化娱乐广场、露天剧场、展览厅、游艺室、画廊、棋牌室、阅览室、演讲厅等。科普及文化娱乐区由于人流集散时间集中，所以要妥善组织交通，尽可能接近公园的出入口，或单独设专用出入口，以便快速集散游人。园内的主要园林建筑在此区是布局的重点，因此常位于公园的中部。科普及文化娱乐区的规划设计应尽可能地巧妙利用地形特点，创造出景观优美、环境舒适、投资少、效果好的景点和活动区域，如利用较大水面安排水上活动，利用坡地设置露天剧场。

（2）观赏游览区：公园中的观赏游览区往往选择山水景观优美地域，结合历史文物、名胜古迹，建造盆景园、展览温室，或布置观赏树木、花卉专类园，或略成小筑，配置假山、石品，点以摩崖石刻、匾额、对联，创造出情趣浓郁、典雅清幽的景区。

（3）安静休息区：安静休息区一般选择具有一定起伏地形（山地、谷地）或溪旁、河边、湖泊、河流、深潭、瀑布等环境最为理想，最好是原有树木茂盛、绿草如茵的地方。安静休息区主要开展垂钓、散步、气功、太极拳、博弈、品茶、阅读、划船、书法绘画等活动。该区的建筑设置宜散落不宜聚集，宜素雅不宜华丽，结合自然风景，设立亭、榭、花架、曲廊，或茶室、阅览室等园林建筑。安静休息区可选择距主要入口较远处，并与文娱活动区、体育区、儿童活动区有一定距离，但可以靠近老人活动区，必要时老人活动区可以建在安静休息区内。

（4）儿童活动区：据统计，公园中儿童占游人量的 15%～30%。上述统计数据与公园所处的位置、周围环境、居民区的状况有直接关系，也跟公园内儿童活动内容、设施、服务条件等有关。在儿童活动区规划时，要分开考虑不同年龄的少年儿童。一般考虑开辟学龄前儿童和学龄儿童的游戏娱乐活动，内容主要有少年宫、迷宫、障碍游戏、小型趣味动物角、植物观赏角、少年体育运动场、少年阅览室、少年阅览室、科普园地等。近年来，儿童活动内容增加了许多电动设备，如森林小火车、单轨高空电车、电瓶车等。

儿童活动区的规划要点：一般靠近公园主入口，便于儿童进园后能尽快到达园地，开展自己喜爱的活动。儿童活动区的建筑、设施宜造型新颖、色彩鲜艳，以引起儿童对活动内容的兴趣，同时也符合儿童天真烂漫、好动活泼的特点。种植无毒、无刺、无异味的树木、花草。儿童活动区不宜用铁丝网或其他具有伤害性的物品，以保证区内儿童的安全。应考虑设置成人休息场所，有条件的公园，在儿童区内设小卖部、厕所等服务设施。儿童活动区场地周围应考虑遮阴树林，并提供缓坡林地、小溪流和宽阔的草坪，以便开展集体活动及夏季的遮阴。

（5）老人活动区：随着社会发展，中国老年人的比例不断增加，大多数退休老人身体健康、精力充沛，因此在公园中规划老人活动区是十分必要的。老人活动区在公园规划中应设置在安静休息区内，或安静休息区附近，同时要求环境优雅、风景宜人。老人活动区可规划老人活动中心，开办书画班、盆景班、花鸟鱼虫班等活动；组织老人交际舞队、老人门球队、舞蹈队等团体。

（6）体育活动区：体育活动区应根据公园周围环境、公用设施的状况而定。如果公园周围已有大型的体育场、体育馆，就不必在公园内开辟体育活动区。体育活动区应满足广大群众在公园开展体育活动的安排，如夏日游泳，北方冬天滑冰，或提供旱冰场等。条件好的体育活动区设有体育馆、游泳馆、足球场、篮排球场、乒乓球室、羽毛球馆、网球场、武术和太极拳场地等，可举行专业体育竞赛。

（7）公园管理区：公园管理工作主要包括办公、生活服务、生产组织等内容，该区一般设置在既便于公园管理，又便于与城市联系的地方。由于管理区属公园内部专用地区，其规划设计考虑适当隐蔽，不宜过于突出，影响风景游览。公园管理区内可设置办公楼、车库、食堂、宿舍、仓库、浴室等办公、服务建筑。该区视规模大小可安排花圃、苗圃、生产温室、冷窖、荫棚等生产性建筑与构筑物；为维持公园内的社会治安，保证游人安全，公园管理还包括治安保卫、派出所等机构。

5）种植设计

首先，公园的植物配置首先要根据场地生态环境的不同，因地制宜地选择适当的植物种类，使植物本身的生态习性与栽培地点的环境条件基本一致。

其次，尽量以乡土树种为主。乡土植物是在本地长期生存并保留下来的植物，他们在长期的生长进化过程中已经对周围环境有了高度的适应性,因此乡土植物对当地来说是最适宜生长的,也是体现当地特色的元素,它们理所当然成为公园植物景观树种的主要来源。落叶树是好的选择,它在夏天可以提供遮阴,冬天则可以透过阳光,显示季节的变化。在座椅边和草坪上种树,从而形成有遮阴的休息空间。遮阴树木的位置要根据时间精心规划。

公园的植物培植要充分发挥植物的生态效应。植物除了具有观赏价值外,还具有吸音除尘、降解毒物、调节温湿度及防灾等生态效应。因此,应从景观生态学的角度综合景观规划,对设计区的景观特征进行综合分析。

8.2.3　综合公园设计

8.2.3.1　公园与城市的垂直界面

从城市空间系统看城市与周边城市环境的关系,可以分为城市公园与城市其他公共空间相结合和城市公园未与其他空间相结合两种。现在一般的城市公园都是用围栏与城市空间划分开来,属于后者。

随着社会的不断发展,城市公园在完全免费开放之后是否还要沿用这种分割的方式来处理公园和城市空间的交接地带呢?城市公园应开敞开胸怀,让所有的城市居民都能平等享受到绿色空间。因为封闭的公园会让游人在心理上产生一定的距离感,与公园所提倡的平等享受绿色空间的理念相违背;从边缘效应上来看,一个空间与另一个空间相交接的地带往往是最活跃的地带,如果硬是将这种关系分隔,对于城市公共空间的利用率来说无疑是个损失。

但这并非意味开放式城市公园与城市的垂直界面应该毫无保留地去掉。如公园边缘处的欣赏价值极低,影响游人游赏心情,就必须用围栏和栏杆进行遮拦。

8.2.3.2　入口

公园的入口是其给游人的第一印象,往往是公园内在文化的集中表现;公园的入口也是划分公园内外、转换空间的过渡地带,一般通过道路等级的降低、路面材质的改变、与自然地形地貌的不同等,形成内外空间限定的要素。

城市公园根据不同的地位和位置,一般分为主要入口、次要入口和管理入口三种。主要入口一般朝向市内主要干道和广场,通常选择人流量较大的地方,以方便游人进入公园。次要入口对主要入口起辅助作用,是供附近街区的游人用的,便于附近游人进入,一般设在游人量较少但靠近街坊的地方。管理入口是为了方便园务管理上的运输和工作人员的出入,一般设在比较偏僻之处,但靠近公园管理处并与公园内杂物运输的管理道相连。

中国古典园林入口空间的处理,传承了中国哲学思想的精髓,具有独特的艺术魅力,通常运用"欲扬先抑"的手法,将入口处理成曲折、狭长的封闭空间,使之同园林的主要庭院空间形成鲜明的对比,借对比来获得庭院空间的扩大感,更好地突出院内主要空间和景点。

但综合公园的入口应该尽量开敞,要有一定的入口规模,以保证足够的空间让游人通过。同时,公园的入口也不仅有满足人们行动通道的功能,它还集娱乐、休憩、观赏等功能于一身,成为人们休闲活动的重要场所。所以,在公园这种人流活动活动量较大的场所,特别是公园完全开放后,运用古典院落式空间的手法显然是不合适的,而应采用国外公共空间常用的手法——设置开阔的广场空间,对人流起引导和疏散作用。

入口处的广场根据与入口的位置关系,可分为前广场和后广场。城市公园应根据入口的地位和位置选择与之相应的广场形式。

1）主入口

在现代开放式公园的主入口设计上,尽量弱化入口的概念,以免人流过多地聚集于此,产生滞留拥堵现象。在空间处理上采用前后广场相结合的入口空间形式,让入口空间适当向园内移动,以留出足够空间作为公园前广场。前广场的设计应运用城市休闲广场的设计手法,同时结合公园的特色文化,作为城市空间到公园内部空间的过渡,同时也成为城市广场的有益补充。这样就将公园的主要聚散地转移到主入口外的前广场上了,还可以有效分流一部分只想在公园内聊天、看书、等人等静态活动的游人,并为他们提供了一个极好的场所,缓解园内游人量的压力。还可以将公园内的大型商业场地移到此处合理安排,减少公园内部商业氛围,使公园内部环境更清净、自然。公园内广场应比外广场面积小,使其能融入公园中去,主要发挥引导和分散作用。

2）次入口

加强次入口的"入口"概念,以充分发挥其功能,缓解主入口人流量的压力。同时,为方便附近居民进入公园,应适当增加次入口的数量,减少部分游人在公园内闲逛、逗留的时间,加速人流动的速度,减缓园内人流的压力。在空间处理上,要根据各个次入口所处的位置、人流量的多少而采用前后广场相结合的入口空间形式,主要起到集散、分流的作用。在设计中还应注意不同入口具有不同的特色,不要过于雷同。

3）管理入口

专用入口要加强隐蔽性,最好独立于其他入口,减少对公园整体性的破坏。在人流量较多时可关闭;当人流量增大时,也可作为临时疏散通道。

4）停车场

在入口设计时还应考虑到停车场的设置。为方便停车,停车场应设置在主入口附近,但又与其保持一定的距离,以免产生混乱,无法保证游人的安全。同时,停车场还应与园内的主要功能园区有一定的距离,以免对园内的活动产生干扰。

8.2.3.3　公众参与

公众参与(Public Participation)是一种让群众参与决策过程的设计。公众参与的倡导者主张设计者首先询问人们是如何生活的,了解他们的需要和解决他们的需要。唐宁谈到"公园应该属于人民;因而每一个常去公园的男人、女人和孩子都能说:这是我的公园,我有权在这儿。"

在综合城市公园的方案设计时可考虑:设计前期开展深入广泛的公众需求调查;通过设计图纸和模型的展示吸纳公众建议;在方案的选择和决定阶段通过投票的方式赋予公众一定决策权利。公众参与的渠道有多种多样,如问卷、采访、展示、座谈、意见箱、网络等,应调动公众参与的积极性。

8.2.3.4　公众自助

人类对自然的本能的依赖来自其本身的动物本性；人类对小农经济热情的回归，它往往体现在其闲暇时对花草虫鱼的侍弄以及从中获得的乐趣和身心的休憩。传统意义上的景观忽略了人的这些本性，而仅仅停留在环境保护和艺术审美的层次之间，人们往往只是被动地接受而无法主动地参与创造。在这个本性回归的时代公众自助形式的景观在现代城市内应运而生。它的形式不拘一格，主要利用空闲废弃地块，由公众参与进行自由和灵活的设计、种植、建造，不需要统一管理和投资。在美国的很多城市中，这种被称为"社区花园"形式的绿色景观方兴未艾。人们在花园中划分出很多块土地，亲自种植，使它们形成符合居民意愿的绿色空间，并从中享受种植和收获的乐趣。在很多城市中出现的"认领绿地"、"认领树木"的活动也是在肯定市民参与绿地建设的积极作用。

城市公园应大力发展应这一新型的公众参与的活动形式，它一方面可以使参与的游人互相交流，共同合作，并使人们在劳动中获得乐趣，培养爱护花草树木的意识；另一方面，它还能解决经济和管理的问题。

8.2.3.5　标识系统

综合城市公园由于游人数量较大，管理人员相对较少，所以标识系统对游人的指示意义是非常重要的。标识系统可分为指示牌和标识牌。指示牌主要起引导、控制或提醒的作用；标识牌主要起到加深游客对公园内某一景点或景物的文化内涵的理解，并使他们能够更好的游览公园的作用。

公园的标识系统应统一设计，形成与公园和谐一体的有个性的风格和色彩系列。同时，要增加求助信息的标示，如求助电话、求助地点方位等信息，提高游人的安全意识。城市公园还具有防护和避难的功能。

8.2.3.6　配套设施

公园的配套设施不仅体现了公园的水平和质量，同时也是以人为本的具体实施。配套设施主要集中在两个方面，一个是数量上的保证，一个是服务质量上的保证。

开放公园由于自身的特殊性，对配套服务设施的要求较高，例如为了缓解平时和高峰时段游人量不同而对设施要求的矛盾，公园设计中应该多考虑一些临时的、可移动的、可拆卸的设施作为两者的调和。在已有的管理用房设计中增加游客服务中心，其主要的功能是为游人提供更为全面的服务。游客中心内设有广播中心，主要负责公园内的宣传和教育工作，同时也可以处理一些寻人、求助等紧急情况；设备出租中心，可以租用轮船、轮椅、坐凳、雨伞等一些便民设施；医疗救护中心，提供一些紧急常用的药品或处理一些紧急救护情况；意见投诉中心，主要是收集与整理游人对公园反映的问题，增加公园的自我完善意识。

8.2.3.7　无障碍设计

无障碍性指园林环境中应无障碍物和危险性。随着社会的进步，公共设施的无障碍性问题已成为世界范围内越来越受关注的问题。无障碍设计的重视体现社会关心和爱护残障人士和老年人的意识。城市公园无障碍设计应注意易达性、易识别性和可交往性。易达性指园林游赏过程中的便捷性和舒适性。易识别性指园林环境的标识和提示装置。可交往性指园林环境中应重视交往空间营造及配套设施的设置。无障碍设计还表现在园路设计、坡道与台阶设计、园林小品设计等方面。园路路面要防滑,且尽可能做到平坦无高差、无凹凸。坡道对于轮椅使用者尤为重要,最好与台阶并设,以供人们选择。厕所、座椅、小桌、垃圾箱等园林小品设置要尽可能让老年人和残障人土容易接近并便于使用。

8.2.3.8　安全与维护

公园的"安全点"就是既能让人观看他人的活动,又能与他人保持一定的距离的地方,从而使观看者感到舒适泰然。如果观看者的位置位于被他人观看区域,观者一定会感到心神不宁。

8.3　专类公园规划设计

8.3.1　动物园规划

动物园是城市公园中的专类公园,包括城市动物园和野生动物园等,是指在人工饲养、放养条件下,保护动物,供观赏、普及科学知识、进行科学研究和动物繁育,并具有良好设施的绿地。现代动物园主要有保护、科研、教育和娱乐四大功能。

8.3.1.1　动物园发展历史

1)动物园的起源与发展

(1)国外动物园的起源与发展:早在公元前 2 500 年的埃及就已有动物园的存在,埃及皇后为了收藏她珍贵的长颈鹿、猴类、豹及野生鸟类而建造了一座宫室。但真正意义上的动物园是于 1751 年在维也纳建立的布鲁动物园。由于动物园的设立深受王公贵族的喜爱,欧洲各国的首都也纷纷兴建动物园。

19 世纪初,在伦敦的摄政公园设立了人类历史上第一家现代动物园——摄政动物园(图 8.18)。

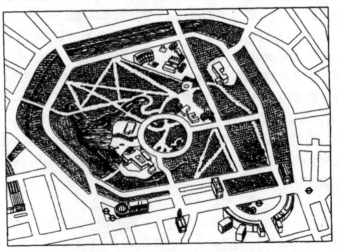

图 8.18　伦敦摄政动物园

当时设立该动物园的宗旨是：在人工饲养条件下研究这些动物以便更好地了解它们在野外的相关物种。伦敦摄政动物园成为那些随后在英国其他地方、欧洲以及美国建立的动物园的典范，开创了动物园史上的新纪元。

1907年，德国人卡尔·哈根贝克（Carl Hagenbecks）在德国建立了一所自己的动物园，他主张"不是把动物限制在狭小的笼子里，透过栏杆去看它们，而是让它们在尽可能大的空间里漫步，没有栏杆、没有其他视觉障碍，让人们忘记这里是动物园"。新的展览方式极大地改变了人们对动物园的印象，多数的动物园开始接受这种形式并迅速改造他们的笼舍建筑。

20世纪60年代的动物园开始经历了一场革命，人们开始更多考虑自然保护，重新认识动物园的作用以及如何对待动物，认为必须从生理、心理和社会学角度满足动物在动物园小空间环境下的各种需求，这是动物园李的动物最基本的福利要求。

20世纪70年代，风景园林设计师乔恩·柯和格兰特·琼斯以及丹尼斯·鲍尔森和大卫·翰考柯斯在设计西雅图的"Wood land Park200"的大猩猩馆时提出了"沉浸式景观"展区的新概念。这种展览把动物放到一个到处是植物、山石，有时还有其他动物的完全自然化的环境中。它把参观者带进了实地环境，沉浸式景观使观众感觉到自己也是野生动物生境中的一部分。这种自然生态的展览方式不但增加了参观者的兴趣，使人们对动物生长地及其生态习性有了直观的了解，促进和丰富了动物的科普教育，同时动物生活于其中很容易适应这种人工营造的生态环境，为野生动物的饲养、驯化和繁殖提供了良好的环境条件。"华盛顿国家动物园模式"被视为现代动物园发展的典范——华盛顿城区有一个面向公众的免费城市动物园，在远郊有一座大规模的动物保护、研究基地，两者互动发展，资源整合，充分地体现了动物园应具备的功能。

20世纪90年代，世界各地的动物园开始积极参与野生动物及其生境的保护工作，以利于保护动物赖以生存的生态环境，减缓动物物种灭绝的速度。世界动物园园长联盟（1UDZG）和圈养繁殖专家小组（CBSG）共同制定了面向21世纪的"动物园发展战略"，提出动物园和水族馆的自然保护目标：濒危物种及其生态系统的自然保护工作；为有利于自然保护的科学研究提供技术支持；增强公众的自然保护意识。在发展战略的指导下，动物保护工作将不再局限于一个园区或一个国家之内，而是在广阔的生态环境中去保护动物和植物的物种多样性。

（2）我国动物园的起源与发展：中国古代园林中常饲养一些奇禽异兽作为园林的点缀，如古书曾记载周文王有"灵囿"，方圆七十里，其中养有鹿、兔、鸟等奇物。汉武帝建上林苑，其中豢养的动物种类繁多，除了一般的鹿獐外，还有从域外收罗来的巨象、狮子、熊、大宛马、鸳鸯等，并还为这些动物建造专门的兽舍，如观象观、白鹿观、鹊观、大台宫等。

我国真正的动物园是在1908年慈禧太后建造的万牲园（图8.19），即北京动物园的前身。此后，在沿海少数大城市的公园一角开辟了动物园，但面积很小，严格地说只能称为动物角，养着一些动物供人看看热闹。

中华人民共和国成立后，我国动物园建设也进入新的历史时期。

图 8.19　万牲园

2）动物园的类型

根据动物园的位置、规模、展出的形式一般将动物园分为四种类型。

（1）城市动物园：城市动物园位于大城市的近郊区，用地面积大于 $20hm^2$，展出的动物种类丰富，常常有几百种至上千种，展出形式比较集中，以人工笼舍建筑结合动物室外运动场为主。如我国的北京动物园、上海动物园、南宁动物园（图 8.20）、广州动物园（图 8.21），美国纽约动物园，日本东京上野动物园（图 8.22）等。根据其服务区域大小又可分为全国性动物园、地区性动物园、特色性动物园和小型动物展区（动物角）。

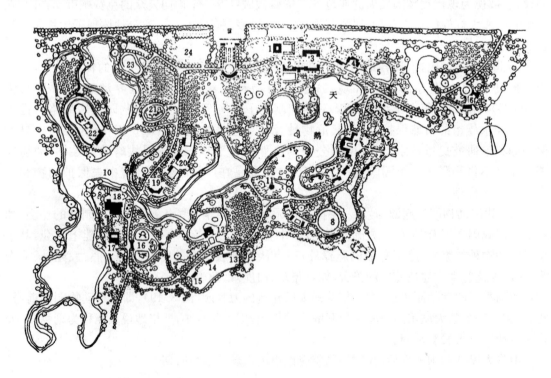

图 8.20　南宁动物园平面图

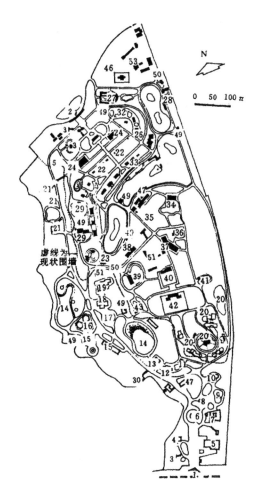

图 8.21 广州动物园平面图

（2）专类动物园：专类动物园多数位于城市的近郊，用地面积较小，一般 5～20hm² 之间，多数以展出具有地方或类型特点的动物为主。如泰国的鳄鱼公园、蝴蝶公园，北京的百鸟苑均属于此类。

（3）野生动物园：野生动物园多数位于城市的远郊区，用地面积较大，一般在上百公顷。该类动物园展出的动物种类不多，通常为几十个种类，一般模拟动物在自然界的生存环境群养或散养，富有自然情趣和真实感，游人参观路线可以分为步行系统和车行系统。此类动物园在世界上呈发展趋势，如深圳野生动物园、大连森林动物园、上海野生动物园。

（4）自然动物园：自然动物园多数位于自然环境优美、野生动物资源丰富的森林、风景区、自然保护区，用地面积大，动物以自然状态生存。游人可以在自然状态下观赏野生动物，富有野趣。例如，我国都江堰国家森林公园就是以观赏大熊猫、小熊猫、金丝猴、扭角羚、獐、天鹅的森林野生动物园。其他还有巴黎附近塔乌里地区"非洲自然保护区"、著名的伦敦威甫南特天然动物园。另外，非洲、美洲、欧洲许多国家公园均是以观赏野生动物为主要为景观。

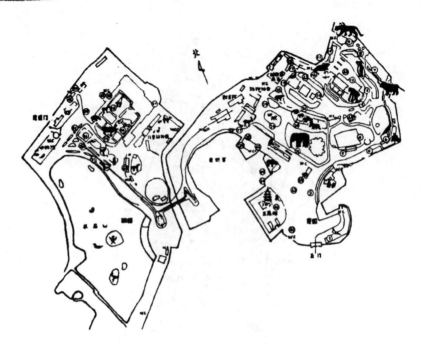

图 8.22　日本东京上野动物园平面图

8.3.1.2　动物园规划设计

动物园规划设计应该遵循《公园设计规范》(国家标准编号 CJJ48-92)与有关部门相关的技术规范要求。

1) 动物园的选址

动物园选址必须符合城市总体规划与绿地系统规划的要求,根据城市园林绿地系统规划确定的位置为原则,考虑城市近远期规划建设的实际情况,设置在城市的近郊,并与市区有方便的交通联系。动物园应设置在城市的下游及下风方向的地区。从卫生角度出发,动物园要与居民区有适当的距离。为了不影响动物的生长,该地带内不应有污染工厂、垃圾场、屠宰场、畜牧场等,周围要有卫生防护地带。场地应地貌丰富、水源充足。

新建设的大型野生动物园可以考虑与原有的森林公园、风景名胜区、自然保护区等相结合,有较好的发展空间。为能够为动物、植物提供良好的生存条件,尽量选择在地形地貌较为丰富、具有不同小气候的地方,为不同地域的动物提供有利的生态环境。

动物园游人量大且集中,货物运输量也较大,因此需要有较方便的交通联系。同时,有良好的水电条件以及较好的地基条件,便于笼舍建筑的建设和开挖隔离沟及水池。

2) 规划内容

动物园规划设计应当包括下列内容:

(1) 全园总体布局规划:动物园总体布局是动物园规划、设计的一部分,主要是进行动物园各个要素的空间安排,合理配置动物园中的空间资源。包括动物园山水骨架的形成,不同功能用地的划分、动物园主景的位置、出入口、动物园建筑、园路和基础设施布置等。动物园总体布局很大程度上决定着动物园的艺术风格。

（2）饲养动物种类、数量,展览分区方案,分期引进计划。

（3）展览方式、路线规划,笼舍建筑和展馆设计,游览区及设施规划设计。

（4）动物医疗、隔离和动物园管理设施。

（5）绿化规划设计:绿地和水面面积应不低于国家规定的标准。

（6）基础设施规划设计。

（7）商业、服务设施规划设计。

（8）人员配制规划,建设资金概算及建设进度计划等。

（9）建成后维护管理资金估算。

3）规划布局形式

（1）自然式布局:利用动物园用地范围内的地形、地势,模仿动物各种生存的自然环境,在其中布置各类动物的笼舍,是较为理想的方式。如杭州动物园利用地形、地势布置动物笼舍,创造出模拟各种自然景观的意境。

（2）建筑式布局:在用地范围内,用一系列的笼舍建筑组成动物展览区,自然绿化面积少。一般在小城市、动物品种数量不多情况下采用这种布局形式

（3）混合式布局:根据动物园不同地段的情况,分别采用自然式或建筑式布局形式,如北京动物园。

4）动物品种数量的规划

野生动物是国家十大环境资源之一,是自然生态系统的重要组成部分。生境中可供动物使用的资源是有限的,动物园里的草食区一定要控制动物的数量,在有限的区域里不能搞大种群。大规模的动物园中,水族馆面积占约 $3\,000\,m^2$,爬虫馆面积约 $4\,000\,m^2$,鸟类馆面积约占全园的 1/4～1/3,兽类占全园面积的一半以上。

动物的品种规划要结合动物园的特点、条件,突出地方特点。可以考虑以下一些因素:

（1）动物的展出潜力:是否有观赏性,能否吸引观众。

（2）难度:是否由于其特殊食性而难以饲养,自然死亡率是否很高。

（3）教育价值:是否具有能介绍给公众的一些生物学特征。

（4）繁殖潜力:动物在动物园能否繁殖,以前别的动物园有无繁殖记录。

（5）可获得性:是否可以合法地从野外、其他动物园、动物商等地方获得。

（6）其他动物园的投资计划:其他动物园是否已有该物种,是否计划饲养该物种。

5）分区规划

大、中型动物园,一般可分为以下四个区:

（1）科普馆区:科普馆区是动物园科普科研活动的中心,主要由动物科普馆、科学研究所等组成,一般布置于交通方便的地段,有足够的游人活动场地。馆内可设标本室、解剖室、化验室、宣传室、阅览室、录像放映厅等。如南京红山森林动物园两栖爬行馆以普及科普知识为主,展厅内既有仿实景展示的动物,又有大型的解说式展板。

（2）动物展区:动物展区是动物园的主要组成部分,用地面积也最大,由各种动物展馆（包括其内、外环境规划）、配套设施等组成,主要供游人参观游赏。自然生境展馆更加能体现动物的特性,展馆中生境因素的加入对动物的展出非常必要,也是从根本上提高观赏效果的最好方式。建立自然生境展馆是首选办法,但没有条件的动物园也尽量扩大动物活动面积、增加行为

丰富化设施、增设植物景观元素或辅以生境图片和讲解，以更好地进行动物和生境保护教育。

（3）服务休息区：服务休息区是动物园的重要组成部分，包括科普宣传廊、小卖部、茶室、餐厅、摄影部等各种设施，可以分开或集中布置。上海动物园将休息服务置于园内中部地段，并配置大片草地、树林和水面，不仅方便了游人，也为游人提供了大面积的景色优美的休息绿地，这种布置方法比零星分布的布局要好。也可采取集中布置服务中心与分布服务点相结合的方式，将各种服务休息设施均匀分散于全园，便于游人使用。

（4）办公管理生产区：办公管理生产区包括饲料站、兽疗所、检疫站、行政办公室等，其位置一般设在园内隐蔽偏僻处，并要有绿化隔离，但要与动物展区、动物科普馆等有方便的联系。此区应设计专用出入口，以便运输与对外联系。有的动物园将兽医站、检疫站设在园外。

6）动物的展览程序规划

动物展区是动物园用地面积最大的区域。不论是笼养式动物园还是放养式动物园，展览顺序的安排是体现动物园规划设计主题的关键，主要方法有：

（1）按动物的进化顺序：我国大多数动物园都以突出动物的进化顺序为主，即由低等动物到高等动物，按无脊椎动物→鱼类→两栖类→爬行类→鸟类、哺乳类的顺利。这种展览顺序可结合动物的生态习性、地理分布、游人爱好、地方珍贵动物、建筑艺术等进行局部调整。

（2）按动物的地理分布：即按动物生活的地区，如欧洲、亚洲、非洲、美洲、大洋洲等进行展览。一些规模较大的动物园可根据动物的地理分布及生活环境安排展览顺序，即按动物不同的生活地区，如亚洲、欧洲、美洲、非洲、大洋洲等进行分区，结合各区的条件创造出湖泊、高山、疏林、草原、沙漠、冰山等不同的生活环境和景观特点，给游人以明确的动物分布概念，让游人身临其境地感受其生态环境及生态习性，取得更好的观赏效果。如加拿大多伦多动物园仿照世界各个动植物地理分布区域布置了8个展厅，即非洲、大洋洲、欧亚大陆、印度—马来西亚及南北美洲。但这种展览顺序投资大，管理水平要求较高。

（3）按动物生态环境：即按动物生活环境，如水生、高山、疏林、草原、沙漠、冰山等进行展览。这种布置对动物生长有利，园容也生动自然。

（4）按参观的形式：大型的动物园可以按游人参观的形式分为车行区和步行区。如重庆野生动物世界由长林山、熊猫山、白虎山、凤凰山四山相抱，园区以放养式观赏野生动物的方式为主。步行区游览占地187hm²，分为五大区：灵长动物区、大型食草动物区、涉禽区、猛兽动物区、鹦鹉长廊和表演区。该园游览区是目前国内最大且符合野生动物生活的放养式展示观赏区。

（5）按动物珍贵程度、游人爱好等：如我国珍稀动物大熊猫是四川的特产，成都动物园为突出熊猫馆，将其安排在入口附近的主要位置。一般游人喜爱的猴、猩猩、狮、虎等展区多布置在主要位置上。其他还有按分类系统、按经济用途、按动物志等设计的展览顺序。这些方法不一定单独应用，可以综合考虑，在必要时，可以根据建筑物的艺术造型与当地自然条件相结合来考虑改变展览次序。

7）道路规划设计

动物园的道路规划设计基本上与一般的公园相同。主要出入口应设计在城市人流主要来向，有一定面积的广场，以便群众集散，附近要有行车处、停车场。除了主要出入口以外还可有次要出入口，并需要足够的便门，以防万一出危险（如猛兽逃出、火灾）可以尽快地疏散游人。

8) 种植规划设计

动物园的种植规划设计总体上以创造适合动物生活的环境为主要目的,仿造各种动物的自然生活环境,解决异地动物生态环境的创造与模拟。如可在狮虎山园内多植松树,熊猫展区多栽竹子等。动物园的动物展览区绿化设计应符合以下规定:

(1) 创造适合动物生活的绿色环境和植物景观:适合动物生活的环境包括遮阴、防风沙、隔离不同动物间的视线等;创造动物野生环境的植物景观,以增加展出的真实感和科学性。如北京动物园采用代用树种的方法,用适应北京地区生长的合欢,代替我国南方的凤凰木,用青桐代替产于热带的梧桐科苹婆属植物。

(2) 不能造成动物逃逸:如在攀援能力较强的动物活动场地内植树,要防止动物沿树木攀登逃逸。

(3) 有利于卫生防护隔离:隔离一些动物发出的噪音和异味,避免相互影响和影响外部环境。

(4) 植物品种的选择应有利于展现、模拟动物原产区的自然景观。

(5) 动物运动范围内应种植无毒、无刺、生长力强、少病虫害的慢生树种。尽管野生动物本能地具有识别有毒植物的能力,但也要注意植物的配置。北京动物园就曾发生过熊猫误食国槐种子而引起腹泻的事故。

(6) 在动物笼舍、动物运动场地内应考虑设置保护植物的措施。

8.3.2 植物园规划

植物园这个术语源于欧洲,是随着欧洲植物学的发展而产生的。不同国家、不同时期,植物园的功能会发生改变,它的定义也不尽相同。国际植物园保护组织 BGCI 对植物园的定义是当前国际上普遍认同的科学定义:"拥有活体植物收集区,并对收集区内植物进行记录管理,使之可用于科学研究、保护、展示和教育的机构。"我国对植物园的定义可参考《中国大百科全书·建筑、园林、城市规划卷》(1988 年版)的注释:"从事植物物种资源的收集、比较、保育等科学研究的园地,还作为传播植物学知识,并以种类丰富的植物构成美好的园景供观赏游憩之用。"

8.3.2.1 植物园概述

1) 植物园的起源与发展

植物园的产生是源于人类对千变万化的植物的利用和欣赏。植物园从产生之日起,就着眼于植物多样性的利用。

(1) 国外植物园的起源与发展:现在公认的西方植物园起源于 5～8 世纪,当时一些修道院的僧侣们建起了菜园、药草园,其中的药草园除种有药用植物以外,还有观赏植物,可供识别、观赏。这是西方植物园的雏形。

14 世纪,意大利开始进行植物的搜集、引种工作,出现以植物科学研究为主要内容的机构,并逐步发展而形成植物园。1543 年在意大利建立意大利比萨(Pisa)植物园和 1545 年在意大利的帕多瓦(Pdawa)城建立的帕多瓦药用植物园成为欧洲历史上最古老的科学意义上的植物园。

自帕多瓦药用植物园诞生后,在欧洲大陆上开始掀起植物园的建设热潮。1550年在意大利建立起佛罗伦萨植物园,1587年在北欧芬兰的莱顿建立了植物园,1635年法国巴黎植物园建成,1638年荷兰首都阿姆斯特丹建成植物园,1670年英国爱丁堡建成植物园。规模宏大的英国皇家植物园——邱园于1759年初建,后经1841年扩建后才有如今的园貌。邱园成为欧洲首屈一指的植物园,也是世界著名的植物园。据统计,从16世纪初的药用植物园转为17、18世纪的普通植物园,300年间欧洲共建立35处。这一阶段可以说是植物园的萌芽时期。

1733年,植物分类学创始人林奈发表了植物分类系统,从此分类区开始在植物园的规划和建设中成为重点。

到了19世纪,世界各国兴建的植物园有96处,达到前300年的3.5倍,呈现出突飞猛进的态势,是植物园的发展时期。其中较著名的有俄罗斯莫斯科总植物园、美国阿诺德树木园、加拿大蒙特利尔植物园、澳大利亚墨尔本植物园、新加坡植物园等。

"二战"以后植物园的建设仍旧十分迅猛。据不完全统计,20世纪60年代共有植物园544处;至70年代猛增到652处,其中美国植物园173处,前苏联115处根据在瑞士的国际自然保护协会的调查报告,至1987年,全世界共有1400处植物园,其中欧洲456处、美国237处、前苏联150处、亚洲122处,非洲和其他地区数量较少。到20世纪90年代初,全世界植物园总数增至1536个,有30个植物园以上的国家共有14个。进入21世纪,植物园总数已经超过1800处,可以说进入植物园发展的辉煌时期。比较有代表性的是卡洛斯·菲拉特和其团队规划的"充满植物和分形气息"的巴塞罗那植物园。植物园位于西班牙芒特牛斯山的山坡上,占地约15hm^2,于1999年4月对外开放。植物园的设计在考虑基址的地形状况及当地的气候影响的基础上,致力于展现地中海地域特有的植被特色。规划师根据地势安排了植物的布局,又根据地中海区域五大植被特色和植物自身的生态亲和力对植物进行分组,使植物园里的植被尽量呈现最自然的状态。植物园在空间组织上运用了分形几何构图法将全园划分成若干个三角形的区域,植物即种植在这些划分好的特定区域中。巴塞罗那植物园集地中海景观、分形几何式构图和经过精心选择色彩的植物材料于一体,成为地中海景观的缩影,也成为地中海农耕景观的一种回忆。植物园建成之后,还成为能够俯瞰加泰隆尼亚首府宏伟景象的一处露天剧场(图8.23、图8.24)。

(2)我国植物园的起源与发展:在我国植物园有着悠久的历史。约公元前138年,汉武帝初修上林苑时,从远方进贡的名果木、奇花卉达2000余种之多。晋代葛洪撰写的《西京杂记》中具体地记载了上林苑中的98种树木花草的名称。当时不仅皇家建有"植物园",富民也可以建私人"植物园"。据《西京杂记》载:汉中茂陵地区的袁广汉在北邙山下修建一座"植物园",此园东西长四里,南北宽五里,以"流水注其中,构石为山,高十余丈,连延数里"养有"白鹦鹉、紫鸳鸯"等珍禽异兽,"奇树异草,靡不培植"。这两个园林都展示了众多的植物种类,说明中国在汉代已具备植物园的雏形。

我国按近代植物园的科学定义、在植物学原理和方法下建立起来的植物园始于20世纪初,但发展缓慢。到中华人民共和国成立之前,全国仅建成8处植物园,它们是台湾省的恒春热带植物园(1906)、辽宁省的熊岳树木园(1915)、台湾省的台北植物园(1921)、浙江农业大学植物园(1927)、南京中山陵园纪念植物园(1929)、武汉大学植物园(1933)、庐山植物园(1934)、四川药用植物园(1947)。

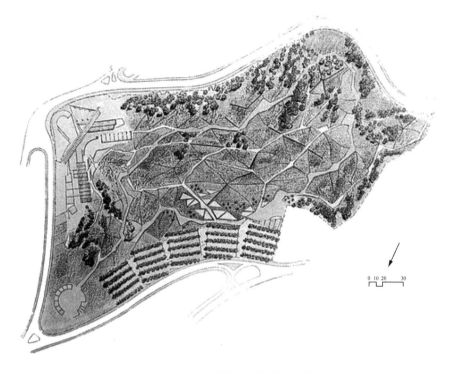

图 8.23　巴塞罗那植物园平面图

图 8.24　巴塞罗那植物园实景

1949 年以后,我国植物园的建设业真正步入植物蓬勃发展的坦途。我国植物园的发展建设主要集中于两个时期:

1954~1965 年,由于中国科学院的成立,推动了植物园的发展,恢复并新建植物园 36 处。20 世纪 50 年代先后成立或改造的植物园有南京中山植物园、昆明植物园、武汉植物园、华南植物园、云南西双版纳植物园等,都是隶属于科学院的。各大城市园林局为该城市园林绿化的需要,各大专院校为教学的需要,也都纷纷设立植物园,如杭州植物园、北京市植物园、沈阳市植物园、南京林业大学树木园等。其他还有不少为专业研究的需要而设立的药用、森林、沙生、竹类、耐盐植物等比较专门的植物园等。

1976 年以后,出于国家建设和改革开放的需求,伴随着经济发展、植物资源利用的需要和对保护生物多样性的重要性和迫切性认识提高,我国植物园的建设蓬勃发展,植物园如雨后春笋般出现,它们分别隶属于科研、教育、林业、医药、园林和城建等部门,并大多数对外开放。例如青岛植物园、济南植物园、西宁植物园、成都植物园、重庆市植物园等。

目前,我国植物园的总数已达 160 多所,除西藏等少数省市之外,各省及直辖市(含省级市)都建立起植物园。

2) 植物园的类型

植物园的分类主要从看植物园发展过程中出现的各种形式,以及它们各自的发展途径、目标和规律出发,不论中外植物园大体分为以下几类:

(1) 多功能综合性植物园:多功能综合性植物园指一些大型的,功能较全面、独立的植物园。这部分植物园是植物园队伍中的主体和领头羊,有较强大的科研实力,功能齐全,面积较大,物种丰富,植物景观优雅。这些大型植物园的情况也不完全一样,有一部分本来就是一个综合性很强的植物学研究机构,其实是把一个或一群研究机构安置在一个十分优雅、精致而又具有科学内涵的园林环境中,既有艺术的外貌,同时又有特别强大的科研实力。典型的例子就是英国邱园,它有庞大而又多学科的研究机构,又以世界第一流的植物园公众开放。

(2) 大学或科研机构内的植物园:在欧美,大学植物园的数量是很可观的,而且这类植物园收集植物的数量也很多,有些还是历史上很重要的植物园,如意大利帕多瓦植物园、比萨植物园等。一般来说,大学植物园的规模不太大,主要功能是教学实习和提供研究用材料,同样它们也会每年接待数以万计的游客。

(3) 专业性植物园:专业性植物园在建立时,就有其特定的目的,或为保护植物,或为展示植物,或为收集研究某些植物类群。专业性植物园包含的类型多,跨度大,规模有大有小,但都在一定的科学领域内有其特色,以此区别于那些主要供游览和欣赏的植物园。在国际植物园保护议程中,观赏植物园、历史植物园、保护性植物园、高山或山地植物园、主题植物园等都属此类。

(4) 其他类型植物园:这类植物园多数是私人植物园并以展出、游览为主。因为都有爱好植物的原因,因此会从事一定的植物引种、保护、交流等活动。这类植物园在欧美也为数不少。

8.3.2.2　植物园规划

1) 植物园选址与规模

植物园的选址是十分重要的工作。理想的选址,对于植物园的规划、建设将起到决定性的作用。

(1) 植物园的选址:较理想的植物园选址应与城市的长远发展规划综合考虑。植物园要求尽可能有良好的自然环境,以保持周围有新鲜的空气、清洁的水源、无噪音污染,所以应与繁华、嘈杂的市区保持一定的距离,但又要求与城市有方便的交通联系。所以,植物园从区位和周围环境的要求应考虑以下几方面的具体条件:

①植物园用地应位于城市活水的上流和城市主要风向的上风向,避免有污染的水体和污染的大气影响植物正常生长。

②要远离工业区。由于工业生产必然产生废气、废弃物,这些物质将影响甚至危害植物健康生长。所以,植物园尽可能远离工业区,尤其有污染性的厂矿企业。

③交通要方便。植物园必须与城市有方便的交通联系,一般位于城市近郊较理想。

④市政工程设施满足植物园的要求。首先要有充分的能源,完善的供电系统、给排水系统,保证植物园能开展各项科研、生产活动,满足游览、生活的需要。

⑤充分利用周边地区风景资源。有时植物园要充分利用周边的风景资源,形成一个优美的风景区,从而能吸引更多的游客前往参观、游玩。

但这些选址要求也不是绝对的,有些植物园就是为改善周边不良的环境状况和生态绿化而建设的。侧重科学研究的植物园的规划设计,其着眼点不能局限于一个园。因为植物园的作用和功能与一般的公园绿地不同,而与某个国家或地区的地理条件、植物区系特点等紧密联系。为了全面、完善地做好植物科学的研究,植物园的建设有一个国家和地区的整体网络布局的问题。对于一个国家来讲,应该从不同的气候带、不同的地貌区域、经济用途等角度,规划全国范围内植物园体系网络,植物园在完成其物种保护和利用的任务时离不开整体网络系统的协调作用。这一点应首先体现在植物园规划设计的选址工作中。

(2)植物园的规模:植物园的用地规模大小取决于下列因素:城市的自身条件与需求、植物园的规划的目的、城市自然条件、城市周围环境、城市经济条件等。大多数植物园的总面积与真正对游客开放的面积不同,对游客开放的面积远远小于总面积,余下的部分多为科研管理区和立地条件上的风景区。一般情况下,面积达 $65 \sim 130 hm^2$ 的植物园已使游人筋疲力尽,再大的话一天就参观不完了。所以植物园的规模要从游人的体力出发,避免面积过大反而效果不佳的情况出现。就植物来说,植物生境、生态群落的营造都需要一定的年限,因此从整个植物园未来长期的发展以及与其自身的特殊要求出发,同样也不需要盲目求大或过分压缩,其规划布局要针对植物园的具体情况以及当地的具体需求来考虑。

2)植物园分区规划

植物园根据其科研、科普教育等特殊的使命以及与一般公园应该具备的共同功能一般可以分为:植物展示区、植物科学体验区、植物科学试验研究区、园务管理区、游客综合服务区等。分区的主要目的是使针对植物园自身的科研、生产等功能与针对游客的科普、观赏、游憩等功能不相互冲突,同时又能把两者有机地结合起来。

例如,郑州植物园总体规划中既按植物用途划分药用植物圃、纤维植物圃、鞣料植物圃、芳香植物圃、油料植物圃等各区,又按具有代表性的植物划分了樟树园、松柏园、樱花园、海棠园、蜡梅园、牡丹园、石榴园等各区(图8.25)。

植物展示区主要目的在于把科普和游憩功能结合起来,使游客在游览的同时能通过活体植物以及非活体植物的展示学到各种关于植物特性、生态多样性等方面的科普知识,从而达到寓教于乐的目的。活体植物展示的模式主要根据植物自身的进化、形态特征、人们对其的应用以及三者综合的方式进行。非活体植物展示区主要展示植物的标本、样品、图片等,可以利用声、光、电等现代科技手段和设备为观众提供更多的知识和资料。

植物科学体验区主要根据植物园自身特点及具体的植物安排各种游客能切身参与的活动项目。这样可以为游客的观赏过程增添娱乐性,同时也能用生动形象的模式让游客从各种角度去体验植物的独特魅力。

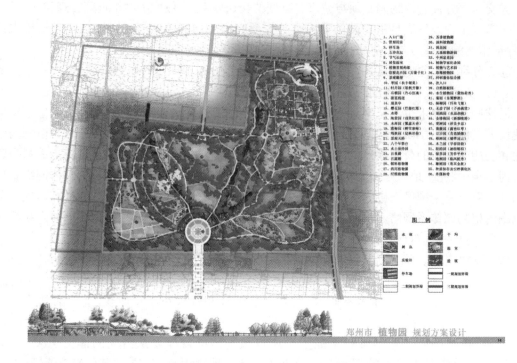

图 8.25　郑州植物园规划总平面图

植物科学研究区一般为植物园的科研基地,一般不对大众游客开放,仅供植物园内部研究人员或者专业人士进行研究和学术交流之用。研究区的规划要充分考虑科学研究的需要、规模的大小以及工作人员进行科研究工作时各方面的条件。

园务管理区是为植物园经营管理需要而设置的内部专用地区,这也是一般公园都具备的分区。此区域一般设置管理办公室、仓库工场、生活服务等。这些区域可以根据需要集中或分散布置。为了方便执行管理工作,这个区域要与城市联系方便但与游人隔离,最好不要暴露在游览的主要视线上。

游客综合服务区也如其他公园一样面向广大游客,提供一切方便游客游览的服务,包括售票处、餐厅、厕所、纪念品专卖店、科教电影放映厅、儿童中心等。同样,这些服务可以集中提供,也可以分散在园内。

3) 植物园配套设施规划

(1) 科学研究与养护管理规划:植物园与一般公园的最主要的不同之处就在于其具备科研功能,所以在配套设施时需针对植物园的科学研究以及养护管理方面作专门规划。现在一般的植物园都设置有自身的科研管理小组,负责对各课题组进行统筹安排、协调、督促、经费管理、对外联系、上下沟通、成果鉴定推广等。

(2) 基础设施规划:植物园的基础设施规划和其他公园基本一样,主要包括园路的规划以及市政管线的规划。

园路规划主要从园路的种类级别、园路的选线以及与周边城市结合等方面进行。植物园道路系统的布局与公园有许多相似之处，一般可分为三级：

①主路：宽4～6m，是园中的主要交通路线，应便于交通运输，引导游人进入各主要展览区及主要建筑物，并可作为整个展览区与苗圃试验区，或几个主要展览区之间的分界线和联系纽带。

②次路：宽2～4m，是各展览区内的主要道路，一般不通大型汽车，必要时可通行小型车辆。它将植物园中的小区或专类园联系起来，多数又是小区或专类园的界线。

③小路：宽1.5～2m，是深入各展览小区内的游览路线，一般不通行车辆，以步行为主，为方便游人近距离观赏植物及日常养护管理工作的需要而设，有时也起分界线的作用。

目前，我国大型综合性植物园的主路多采用林荫道，形成绿荫夹道的气氛；其他道路多采用自然式的布置。主路对坡度有一定限制，其他两级道路都应充分利用原有地形，形成婉转曲折的游览路线。道路的铺装图案设计应与环境相协调，纵横坡度一般要求不严，但应保证平整舒适和不积水。同时要注意道路系统对植物园各区的联系、分隔、引导及园林构图中的作用。道路布置应成环状，避免游人走回头路。

市政管线规划主要包括园内与园外之间的电力规划、给水规划、排水规划、排污规划、通讯规划等，对现有地上地下管线的种类、走向、管径、埋设深度的布置等。

（3）商业及服务设施规划设计：植物园的商业及服务设施应根据游览线路进行分布，不仅要考虑游客的需求，更要注重植物园的特点，结合具体功能上的需要。植物园的商业及服务设施一般包括向导信息中心、游客服务中心、餐饮休憩场所、纪念品专卖店、厕所、垃圾环保点等。商业及服务设施不仅要兼顾普通公园的功能，而且要增加植物园所特有的教育功能。一般可以在向导信息中心设置科普教育的展板和宣传册，在游客服务中可以播放专门的科普短片，纪念品专卖店出售与植物、植物园相关的用品和书籍，从而充分把科普功能和服务设施有机地结合起来。

上海辰山植物园在2005年向国际征集设计方案，德国、荷兰、日本和中国本地等8家规划设计团队参与投标。这些团队按各自对场所精神和植物园特色的理解进行创意规划，其方案各有特色。北京北林地景规划设计院的规划以场地中的水为述事主题，创意主题为植物的本源——细胞，用江南之水来表达空间和景观文化，强调海派文化的多元融合，按植物的分类进行总体布局（图8.26）。深圳北林苑规划设计院的规划方案从植物区的划分和植物的命名体现中国传统文化，并与场地的地形地貌结合自然（图8.27）。荷兰专家的规划大胆而有创意，结构布局采用"仿植物"的构思，以植物叶片的自然构成为象征进行功能分区，并对基地自身基础条件进行分层整理，以植物的根、茎、叶、花为概念，有机地结合水系、道路、植物展示、山体（图8.28）。中标方案是德国的克里斯多夫·瓦伦丁（Christoph Valentien）教授与其设计团队的设计方案（图8.29）。该方案因地制宜，将全园布局成中国传统篆书中的"园"字，既反映上海自然人文景观，又符合时代潮流。

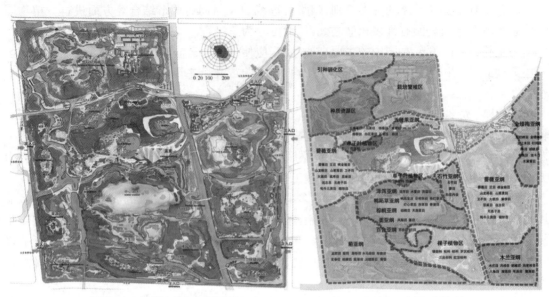

图 8.26　北林地景规划设计院辰山植物园规划方案总平面图和植物分类图

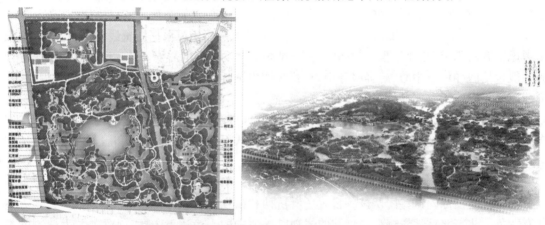

图 8.27　深圳北林苑规划设计院辰山植物园规划方案总平面图和鸟瞰图

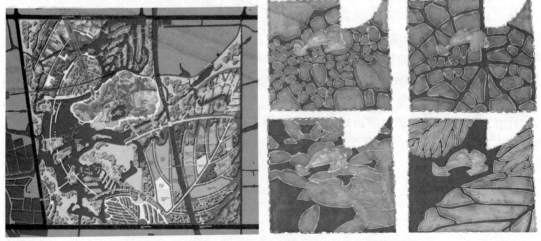

图 8.28　荷兰专家辰山植物园规划方案总平面图和创意图

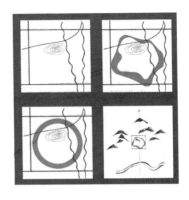

图 8.29　德国瓦伦丁辰山植物园规划方案总平面图和创意图

8.3.3　儿童公园规划

儿童公园是为幼儿和学龄儿童创造以户外活动为主的良好环境,供其进行游戏、娱乐、体育活动,并从中得到文化科普知识的城市专类公园。建设儿童公园目的是让儿童在活动中接触大自然,熟悉大自然,接触科学、热爱科学,从而锻炼身体,增长知识,培养优良的道德风尚。儿童公园能够培养儿童未来所需要具备各种能力的自然游乐场地,如自主能动性、创造性、想象性、冒险性、自治性、合作性、良好的人际交往能力、运动能力等,使儿童素质能够得到全面熏陶和培养。

8.3.3.1　儿童公园概述

1) 儿童公园的发展

儿童公园是由儿童游戏场发展而来的,而儿童游戏场的产生与发展是随城市居住区的建设而不断演变的。最早的儿童游戏场可以追溯到 18 世纪中叶,后来随着城市公园的建设发展,儿童游戏场常常作为附属项目出现在大型公园中。直到 20 世纪才出现了专门的儿童公园。现在许多发达国家的城市规划中,儿童游戏场和儿童公园的系统规划已经比较完善。

我国自中华人民共和国成立以来,一些城市公园中开始开辟儿童游乐场、儿童公园。20世纪 50、60 年代陆续建造了一些儿童公园,很多都是在原有其他性质公园的基础上改建的,比如绍兴儿童公园原来是清代富商赵悼建的私家花园,哈尔滨儿童公园原来是南岗公园等。20世纪 70、80 年代陆续建造了儿童公园,如太原的儿童公园是于 1982 年更名的,大庆儿童公园建于 1981 年(图 8.30)。1980 年北京把儿童游戏场的建设纳入居住区规划内容,人们慢慢意识到儿童游乐场地的景观设计对于儿童的重要性。

近几年,我国对 8~10 岁学龄儿童的调查结果显示,儿童在户外活动实践受建筑类型的影响,住高层的儿童在户外活动时间少于低层和多层的儿童,尤其是女孩子。住在高层建筑的女孩子每天户外活动时间为 0.5~0.66 小时(约为儿童户外活动时间平均数的 50%),有的甚至为 0 小时。而且住在高层的女孩较住在其他建筑类型的儿童意志力差。而男孩子在入学后易

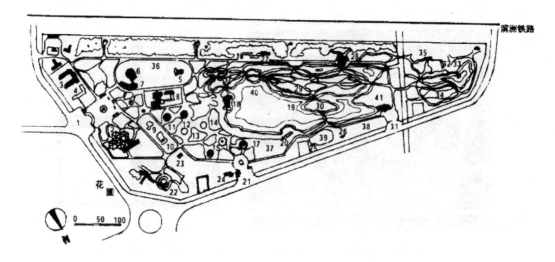

图 8.30 大庆儿童公园

受电子游艺机和电脑游戏的吸引,被侵占了本已不多的室外活动时间和机会。在户外活动场地中,儿童最喜爱的是儿童游戏场和儿童公园,因为这是专门为儿童建设的场所,所以应加强儿童公园的规划建设。

2)儿童公园的类型

(1)综合性儿童公园。综合性儿童公园是供全市或地区范围儿童休息、游戏娱乐、体育活动及进行文化科学活动的专业性公园,一般选择在风景优美的地区,面积可达 5hm² 左右。这类公园内容比较全面,为满足孩子身心发展的需要,可以设置各种球场、游戏场、小游泳池、戏水池、障碍活动场、露天剧场、航模池、阅览室、小卖部等(图 8.31、图 8.32)。

图 8.31 杭州儿童公园

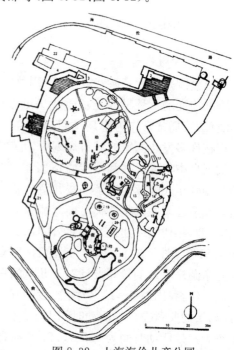

图 8.32 上海海伦儿童公园

（2）特色性儿童公园。特色性儿童公园以突出某一活动内容为特色，并有较为完整的系统。如1953年建设、1956年命名的哈尔滨公园，总面积17hm²，布置了2km长的儿童小火车，绕公园运行一周。小火车建成后深受儿童喜爱，可使儿童了解城市交通设施及规则，培养儿童的组织管理能力，并寓教于乐，使儿童在游戏中学到知识。同样，交通性儿童公园也可达到上述目的。

（3）小型儿童乐园。小型儿童公园通常设在城市综合性公园内，作用与儿童公园相似，特点是占地较少、设施简单、规模较小，如北京紫竹公园中的儿童乐园。

8.3.3.2　儿童公园规划设计

1）儿童公园场地设计原则

（1）选择适合儿童的场所。儿童这个群体的特殊使儿童公园场地需要具备一定的条件。儿童公园的选址首先应考虑不受城市水体、气体污染和城市噪音干扰的地段，且场地应具有良好的日照、通风和排水条件，以保证儿童公园有良好的环境基础。

作为儿童游戏的场地应尽量邻近居住区布置，让儿童能便捷到达。不同年龄段的儿童，活动范围也可相应扩大。国外在儿童公园布局等方面的研究起步较早，如德国城市规划规定，在新建的居住区中，独立的住宅用地每4户就要设置1个儿童游戏场地，学龄儿童适合的距离为300～400m；12岁以上的儿童，由于能骑自行车，距离可延伸至1km；婴幼儿的活动范围则限定在父母住宅周围。美国芝加哥市针对不同游戏空间的面积定额、服务半径、人数及对象对城市儿童活动场地制定了规范条文。

（2）创造属于儿童的空间。儿童理应有属于他们的室外活动空间。适合儿童的尺度和功能关系是儿童室外空间的基本条件。另外，一个对儿童具有吸引力的空间必然是一个具有潜在刺激的场所。儿童公园的规划设计应该抓住"儿童视角"这一关键点，切实地考虑儿童的需求，不仅仅是让儿童在其中单一地游戏玩耍，而是从儿童这个特殊群体的角度出发，重视儿童天马行空的想象力和好奇心，创造能够激发儿童无尽的创造力和冒险精神的空间。

儿童的特征就是精力旺盛、活动量大、持久性差，往往对同一种事物的关注时间较短。不同年龄段的儿童又有不同的需求，这就要求有与之相适应的空间和元素。因此，儿童公园需要营造各种各样的空间，既有供多人或单独游戏的空间、安静或热闹的空间、主动或被动的活动空间，又要提供充满想象力、角色扮演、挑战和冒险的空间。如澳大利亚的墨尔本皇家植物园中专门为儿童创造了一个乐园，孩子们可以在这个儿童乐园区内挖土、造房子、创作、捉迷藏和探险，这里也成为孩子们理解和认识自我和世界的一个窗口，让他们走出房子，走进自然的怀抱。这个儿童乐园入口处是一片充满趣味的螺旋形的铺装广场。螺旋中心是以一块大石头作为一个古老的树桩，树桩上刻上公园全景的一些元素并可以看到孩子们将手交织在一起排列成的植物形状，代表着这棵古树的年轮。进入乐园后，多条道路给孩子们提供不同的游玩路线，沿途布置一系列不同主题的小空间。主题空间包括海洋花园、积雪的橡胶峡谷、秘密废墟和雨淋、湿地、竹林和茶树组成的隧道等。这样的设计是为了给孩子们创造一个亲密尺度的场所，以此使孩子们有更深刻的感受和更自在的体验。

（3）选择适合儿童的植物：由于儿童这个群体比其他群体更容易受伤，因此儿童公园中的植物设计十分关键。儿童公园绿化覆盖率应占到全园的70%以上。在对植物材料的选择上，一要考虑尺度的问题,二要考虑安全问题。植物需更加突出季节性,有更多的季相变化,增加更多的开花树种;可增设一些展示空间,作为儿童进行展览、雕刻和积木游戏的场所。特别注意避免有毒、带刺和多病虫害的植物。树形、花色、叶色、习性要满足儿童的需求,向儿童展示一个色彩斑斓、健康舒适的植物世界,增加儿童体验、感受和认识自然的机会。墨尔本皇家植物园儿童乐园的植物选择给可以走位很好的范例。设计师以维多利亚有毒性植物表为指导,排除表中所有有毒植物,也尽量避免种植浆果和带危险性刺的植物。另外,该儿童乐园中还特别设计了2个新颖的植物廊道,兼具游乐和教育展示功能,让孩子们在探索中学习,在学习中游戏。

(4) 营造适合儿童的水景。亲水是人类的特性,儿童更是如此。而在各种环境元素中,水景环境无疑是最能引起他们的注意力的。因此,儿童公园应该在条件允许的情况下多考虑水景环境的设计。最典型的例子就是迪斯尼主题公园的水滑梯,它充分把握了儿童亲水的特点。孩子们从高高的旋转楼梯滑到水里,飞溅的水花映出了他们快乐的心情。墨尔本皇家植物园的儿童乐园在水景设计上有着独到之处。人行道上喷泉间隔不一地喷放,使得孩子们惊奇不已,欢呼雀跃。但如何保证水质也是需要重视的问题,如果水质不够干净,反而会危害儿童的身体健康。墨尔本皇家公园用自动化的施氯系统代替传统净水系统,使水中的氯量能保持在一个适宜的标准,从而解决了水质问题。

2) 儿童公园的功能分区

儿童公园针对儿童在不同年龄阶段所表现的不同的生理、心理特点,活动要求,活动能力和兴趣爱好,为保证儿童活动的安全性,应对儿童公园进行功能分区。一般儿童公园可分为:

(1) 幼儿活动区。幼儿活动区属学龄前儿童活动的场地。这个区域有供幼儿游戏使用的小房子、休息亭廊、凉亭及供室外活动的草坪、沙坑、铺装场地和游戏用的玩具、学步用的栏杆、攀登用的梯架、跳跃用的跳台等。这些活动设施的尺寸要符合这个年龄段的儿童使用。

(2) 学龄儿童活动区。这是学龄儿童游戏活动的场地,设有供集体活动的场地及水上活动的设施及嬉水池、障碍活动场地、大型攀登架等,同时也可设有室内活动的少年之家、科普游戏室、电动游艺室、图书阅览室等。有条件的地方可设小型动物角、植物角(区)等。

(3) 体育活动区。是进行体育活动的场地,可设有障碍活动区。

(4) 娱乐及少年科学活动区。设有各种娱乐活动项目和科普教育设施等,如小型表演厅、电影厅等。

(5) 管理办公区。设有管理办公用房,与各活动区之间应有一定的隔离设施。

3) 儿童公园的设施

儿童公园应有为家长和儿童服务的场地及设施,主要有:为丰富景观和照顾儿童的家长设置的休息亭廊、坐椅等园林建筑和小品;满足儿童跑、跳、转、爬、滑、摇、荡、钻、飞等动作的要求的设施;满足儿童戏水、堆沙、捉迷藏需要的戏水池、沙坑、迷宫等和相应的管理服务设施。

4) 儿童公园的绿化

儿童公园一般位于城市生活区内,为了创造良好的自然环境,周围需栽培浓密的乔灌木作为屏障。园内各区也应有绿化适当分隔,尤其幼儿活动区要保证安全,少种占用儿童活动空间的花灌木。注意园内夏季遮阴和冬季阳光的需要,种植落叶乔木作为行道和庭荫树。儿童游戏器械场地,要种植高大落叶乔木进行遮阴和不影响游戏器械的正常使用。儿童公园绿化种植忌用以下植物：

(1) 有毒植物。花、果、叶等有毒植物均不宜选用，如凌霄、夹竹桃等。

(2) 有刺植物。易刺伤儿童皮肤和刺破儿童衣服，如枸骨、刺槐、蔷薇等。

(3) 易生病虫害及结浆果的植物。如柿树、桑树等。

(4) 有刺激性和奇臭的植物及会引起儿童过敏反应的植物，如漆树等。

目前，我国儿童公园面积都不大，平均面积为 41hm²，最大的 23hm²，最小的 0.2hm²。

8.3.4　体育公园规划

8.3.4.1　体育公园概述

体育公园是在大面积园林绿地中设置体育场馆，以及文教、服务建筑供市民进行体育锻炼、游览休憩或进行体育竞技比赛活动的专类公园。体育公园一般包括体育竞技、体育休闲、和体育医疗三部分内容。体育公园已成为我国城市公园绿地建设的新热点。从本质上来说，体育公园也是一种主题公园，它将运动场所与绿地有机地融为一体，不仅为人们提供自然、舒适、优美的运动环境，而且对增加城市绿地面积、促进城市体育设施建设、提高人均体育设施指标、改善城市生态环境、完善城市绿地系统建设有积极的作用。

1) 体育公园的起源与发展

纵观体育公园的发展，与社会经济发展水平、思想意识等有极大的关系。体育公园随着社会的进步和人们的需要而不断发展变化的。

(1) 国外体育公园的起源与发展。公元前 15 世纪左右，古希腊出现了原始的体育场。体育场四周建筑群追求同自然环境的协调，不求平整对称，巧妙利用各种复杂地形，构成以体育为中心布局的活泼多变的建筑景观。古希腊的体育场是多功能的，不仅是体育比赛的中心，而且也是整个区域的活动中心，其社会功能得到很好地发挥。雅典的大理石体育场是首届奥运会的主要运动场，一开始就被当做公共集会场所，聚会、观看体育运动或举行哲学座谈等活动风行于此。在莱基亚，运动场建在公园之中；而在埃利斯，环绕体育场所建的花园和天然的森林融为一体。在柏拉图时代，运动场和公园有着密切的联系。雅典的 4 个大体育场都位于郊外，场内均设有大的公园。在公元 3 世纪时，它们被描述得如同花园一般。柏拉图还制定了城市体育设施布局的原则：带有看台的进行体育竞赛的体育场应建在城外河畔的绿地之间；而公共体育锻炼设施则应设在市中心，直接靠近居住区。可见，体育场与公园绿地天然就是统一的。罗马人继承了古希腊的传统并加以改进，他们建造了两种类型的体育场，即赛马场和露天竞技场。

体育公园在西方十分普遍，早期人们只是对一些设有简陋体育设施的场地进行绿化，或将场地建设在大片绿地附近，或直接建在草地上，后来逐渐发展到从建筑稠密的城市中心划出一小块土地设置体育设施供居民户外游憩。大片开阔的林中草地往往成为此类公园的规划中心，同时也成为开展体育活动及民间活动、安静休息的综合区。

20 世纪 90 年代提出了体育公园的概念。美国的体育公园一部分被用作为社区儿童娱乐场，但大部分是为高水平体育比赛而建的体育场。体育公园的设施包括各种比赛场地、运动场、游泳场、体育馆、休闲中心、儿童娱乐场及停车场等。在芬兰里希米亚基市的大众体育公园里,娱乐设施直接造在体育活动区旁,而所有的主要田径设施都位于交通干道上的公园入口旁。园内的体育综合设施包括主赛场和有台层的观众活动场都各具特色,大部分用地组织得像安静休息区一样,有位于绿地之中的林荫路网和林中草地系统。德国的罗伊特林根市体育公园占地约 50hm²,功能分区明确,其中心草地面积达 9hm²,休息区和体育训练场地栽植茂密的花草树木。还有比较著名的法国特拉姆布尔体育公园(图 8.33)。公园位于巴黎市中心,占地 100hm²,整个公园呈辐射状椭圆形盘状,其布局具有法国 17 世纪下半叶公园的特色。公园一半用地是体育设施,建在中心休息区四周的一系列台地上;停车场约 10hm²,其余为人工改造地形的公园休息区,凹形表面的公园可以使游人从园内任意一点观赏公园全景。公园内部道路系统犹如网络般逐渐向外辐射,其路网规划不仅解决了交通问题,还体现出极高的艺术价值。公园的体育设施,如网球场、排球场、溜冰场等建在中心休息区四周的台地上,层层抬高的地形有效地阻挡了相邻运动区的视线干扰和噪音干扰。体育运动场地一般要地势平坦,但特拉姆布尔体育公园台地式的地形处理方式,使人们在不同高度层面上都能运动及观景,增加知觉体验的趣味性。公园在俱乐部附近主入口旁设置了可以临时托管孩子的幼儿园,这为年轻父母增加体育锻炼和运动机会创造了条件,有利于提高体育公园的使用率。具有体育公园典范之称的罗马尼亚布加勒体育公园,在美丽如画的绿地上建有许多游憩小路和林荫道,使主赛场与次要的体育运动设施彼此相融。体育公园在举办大型比赛之余,还可供广大体育爱好者和市民锻炼休息。

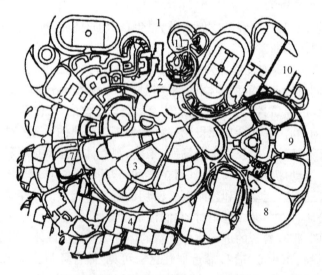

图 8.33 法国特拉姆布尔体育公园

1—入口;2—俱乐部;3—休息场地;4—网球场;5—水上运动综合设施;6—溜冰场;
7—棒球场;8—射箭场;9—骑马场;10—田径综合运动设施;11—幼儿园

在日本,体育公园称为运动公园,是为了满足地区居民各种休闲体育活动而建造的,包括田径运动、足球场、网球场、棒球场、排球场、篮球场、游泳场、运动广场、体育馆等各种体育设施与绿地。这些运动公园为青少年和居民提供保健、修养的场所,也为社区居民的社交、举行正式体育比赛提供必要的场所。如日本山口市体育公园,它集休闲和健身功能于一体,树木葱葱,绿草成茵,有各种花卉景区,深受民众的欢迎。公园中央的大型运动场可容纳 2 万多名观众,在这里举办过全国运动会。公园除利用体育设施举办各种体育比赛外,主要是为民众健身服务。公园管理部门经常聘请专门教练,举办各类群众喜爱的体育培训班。每年有近百万人来公园参加各种活动。

在韩国,体育公园属于都市公园。如汉城的 Dukshem 体育公园,原为赛马场,1992 年赛马场迁走后,市政府把此地转变成城市绿地空间,旨在提高市民的健康和生活质量。随着市民对体育活动多样化要求的提高,公园内还新增了多种体育设施。

(2)国内体育公园的起源与发展。中国古代漫长的封建社会只强调体育活动的娱乐、教育功能,轻视体育运动,因而中国古代的体育活动场所显现出竞技性弱、娱乐性强的形式特征。例如宋代的"瓦市",即在综合游艺场所内为市民与军卒提供体育娱乐活动的场地,也日渐朝着表演化的方向发展。所以中国古代体育大多是自娱性较强的运动,未能产生像古希腊那样的综合性体育设施。

近代,西方体育传入我国,但我国体育设施仍较简陋。陈植先生于 1926 年在《镇江赵声公园设计书》中规划了运动场所:"山后之平地,果能早日收买,则网球场及其他运动器械之设置,并不容缓也。"这是我国最早关于公园中开辟运动场的规划设计。

中华人民共和国成立后,国内体育设施有了很大发展,仅在 20 世纪 50 年代年代就兴建 38 个体育馆,此外还兴建了一批自行车场、射击场、滑冰场以及大量的训练场地。随着我国经济的稳步发展,全民健身运动的普及,体育场场馆的建设有了更大的发展。与之相应,体育公园作为一种独具风格的主题公园在城市景观构成中也起到越来越重要的作用,并日益成为城市生活不可或缺的重要组成部分。

我国现有的体育公园绝大多数建于 2000 年后。在"全民健身计划"的深入推广、北京申奥成功以及公园设计理论的日趋成熟等诸多因素的共同影响下,在 21 世纪掀起了体育公园建设的高潮。北京、上海、广州、深圳等大中城市正在大力建设体育公园,这些公园集健身、休闲、娱乐、环保于一休,以满足市民和游客对绿色运动空间的需求。比较有名的有北京奥林匹克公园、上海闵行体育公园(图 8.34)等。

图 8.34 上海闵行体育公园总平面图

2)体育公园的类型

体育公园中包含的体育活动类型较多,如体育锻炼、体育训练及比赛、体育表演、休闲类体育活动、游憩等,并且体育项目丰富,有各自的运动群体。为使各项活动正常进行,除了可以划分不同的运动区域,还可以设计不同类型的体育公园,为不同运动需求的人提供更有针对性的

服务。有关体育公园类型的划分,国外曾提出了以下几种方法:

(1) 按运动项目来划分的体育公园。如美国加利福尼亚州洛杉矶的高尔夫球场公园。公园基址地形复杂,大量天然障碍物与起伏不平的地形为开展高尔夫运动创造了有利条件。美国利富特湖畔的航空公园,园内设有小型运动飞机的机场,为飞行爱好者提供场地。还有一些以开展极限运动为主的公园,如赛车体育公园等。

(2) 按功能作用不同(如训练、体育表演、体育医疗等)而划分的体育公园。如立陶宛的"德鲁斯基宁凯"疗养地的体育保健公园,公园分儿童区、男区、女区和公共区,人们在医生和教练员的辅导下,用各种体育医疗设备进行康复、疗养及体育锻炼。

(3) 综合性体育公园。综合性体育公园可供运动员进行各种不同项目的体育训练和比赛,又可供游人休息或开展健身运动和娱乐活动。如各国的奥林匹克公园体育中心等。

(4) 按主要服务对象,可以分为供各种年龄组(如少年儿童、青年)使用的体育公园。

(5) 按服务范围划分,可分为地域型体育公园、市域型体育公园、社区型体育公园。

(6) 按是否与大型体育场馆结合,可分为场馆型体育公园与非场馆型体育公园。

8.3.4.2　体育公园规划

我国体育公园的面积从不足 1ha 到大于 100hm² 不等。参照《公园设计规范》CJJ48—92 中公园面积的划分,我国体育公园的面积集中在 5～30hm² 之间,相当于居住区级和综合性公园的规模,其中以 10～30hm² 的所占比例最大。30hm² 以上的体育公园多为市级大型体育场馆所在地,10hm² 以下的一般为小区、村镇级的体育公园。

体育公园因其具备城市公园的基本外貌特征,所以其规划设计的基本原则与城市公园较为相似。如合理确定公园出入口、游人容纳量及用地比例;进行功能分区并设置相应的活动内容;根据造景需要进行地形处理等。但体育公园又不同于一般的公园,运动功能是其核心特征,它具备一般城市公园不可比拟的运动条件;它不是体育场馆与花园的简单组合,而是将体育设施与绿化紧密结合、统一布置,是运动场所"公园化"的尝试。因此,体育公园的规划设计在遵循基本原则的前提下,应突出反映体育主题特征及运动功能,从功能分区、运动项目及运动场地、设施设置等方面充分展现体育公园强大的运动功能。主要从以下几方面体现:

1) 体现体育主题特征

(1) 从体育公园的类型上。国内体育公园中大多以传统活动项目为主,参与人群的组成较为固定。而对于一些特殊的运动群体,如热衷于挑战性运动的青少年,在国外有专门为他们设计的极限运动公园等,但在国内却难以见到。单一的体育公园类型难以满足不同类型运动者的需要。因此,在发展传统体育公园的同时,应该丰富体育公园类型,创造多元化的运动空间形式与运动体验。如根据地形条件设计山地体育公园、水上体育公园等;为喜欢挑战性运动的人群设立滑板体育公园、极限单车(BMX)体育公园、轮滑体育公园等;为弘扬地方体育文化,展示体育历史或民间特色体育项目(象棋、桥牌、太极)为主的体育公园等。

(2) 从体育公园功能分区上。应围绕体育运动项目对全园进行区域划分,而不是一味地照搬普通城市公园功能分区的做法,完全按照主题景观来划分全园,或者景观分区占主导,这样会模糊体育公园"体育"的主题。体育公园功能分区可按照运动类型的不同,采用不同的划分方式:动态运动区—静态运动区、老年人运动区—青少年运动区—幼儿运动区、陆上运动区—山林运动区—水上运动区、休闲运动区—训练运动区。

功能分区的划分方式可以很多,但主要目的都是为了方便使用者找到自己感兴趣的运动场所,寻求不同的运动体验。

(3) 从园林景观细部设计上。可借鉴国内外主题公园(如欢乐谷、世界之窗、迪斯尼乐园等)的成功经验,首先对主题文化进行解读,挖掘能够展现该主题的文化符号,并将这些符号运用景观设计的语言表达出来。

2) 巧妙利用地形

一般情况下,体育运动场地设置在地势平坦的地方,如遇特殊地形,如山体、湖泊等,可充分利用这些地形设置登山自行车道、环湖跑道,或水上运动项目等,丰富体育运动的形式及运动体验。如徐州凤凰山体育公园(图 8.35)、泰山体育公园(图 8.36),就是利用山体的不同高度,针对不同体力的体育爱好者,安排三条不同的登山健身道路。

图 8.35　徐州凤凰山体育公园利用太极拳景墙有效地对人群进行划分

图 8.36　泰山体育公园对健身设施的规划

3）合理设置运动设施

体育公园因其规模大小的不同，所能容纳的体育运动设施也不尽相同，但总体原则是"不求应有尽有，但求相互补充"。也就是说，当人们在这一个体育公园中能够使用到的体育设施，尤其是体育馆，而另一个体育公园不具备时，体育公园之间就实现了体育资源的相互补充。随着体育公园数量的增加，这种合理分配体育资源的做法不仅不会制约人们的运动需要，还大大减少了重复建设的成本。除了一些需要专门运动场地的体育项目外，许多体育项目对场地的要求并不严格，可以是一片阳光充足的开敞地，也可以是树影婆婆的荫庇空间；可以是硬质铺装广场，也可以是柔软的草坪。人们根据自己的喜好选择运动地点，因而出现了同一场地上进行不同运动的场面。在用地充裕的条件下，布置多个相似的活动区域来分散一定的人流，运动的安全性也会更有保障；如果用地有限，则需通过一定的空间分隔，使同一场地中能同时进行多项运动而又互不干扰。

健身器材是增强身体素质的工具，也是现在户外运动最常见的健身设施，其种类分为健身类、保健类、娱乐类、竞技类和综合类，其中以健身类和娱乐类为主。体育公园内设置的健身器材种类应满足不同阶层、不同年龄、不同职业消费者的需求，并符合国家规定的安全性便准。2003年国家强制性标准《健身器材室外健身器材的安全通用要求》正式发布，该标准对室外健身器材作了明确的要求：室外健身器材应符合人体运动规律，并具有安全性、可操作性、舒适性和适应性。

健身器材从健身功能来看，大致可以分为如下几类。

锻炼上肢的健身器材：此类器材以训练上肢肌肉、骨骼、关节与韧带功能为主，如背肌训练器、臂力训练器、上肢牵引器、太极柔推器等。

锻炼下肢的健身器材：此类器材以训练下肢肌肉、骨骼、关节为主，如蹬力训练器等。

锻炼腰部的健身器材：如腰背按摩器包括坐式与立式、扭腰器等，可以增强腰背部、髋部肌肉力的作用，增强腰部关节的灵活性与韧带的柔韧性。

全身性训练的健身器材：此类器材有利于全身肌肉与关节的训练，对人体的平衡功能及协调能力有促进作用，如悬空轮、快乐大转盘、多功能组合训练器等。

4）建立系统的配套服务设施

体育公园的规划设计始终要贯穿人性化原则，建立系统的配套服务设施，以满足人们从运动开始到结束不同阶段的需要，如配备更衣室、医疗室、体育培训班、运动器材租赁室等。对残障人士等特殊人群，不仅要考虑到无障碍通行，还应为他们提供专门的运动环境与设施，如设置体育保健区、芳香疗养区、专业体育器材等。

5）合理栽植植物

体育公园主要是为人们提供运动环境，而非单纯的休憩环境。运动和安静的不同之处在于运动时机体的需氧量大幅度增加，物质代谢和能量代谢大大增加，神经、内分泌、心血管、呼吸等系统的功能发生一系列的变化，而且人在体育运动时对周边环境的空气、光照、温度、湿度、声音、气味等生态因子有特殊的要求。因此，体育公园在植物种类的选择及应用方法上都应特别考虑人体运动健康的需要。另外，可以尝试利用植物某些特殊的形态特征隐喻运动项目特点，并将其种植于相应的运动场所周边，让体育主题可通过植物配植方式来表现，强调公园主题特征。

(1) 植物种类的选择。体育公园中除了重点应用乡土树种外，还应注意对以下几类植物的应用：首先体育公园中忌选用飞毛飞絮、落果、易萌蘖、易生病虫害、树姿不齐的树种，以及有刺、有毒或易引起过敏症的开花植物。其次应慎用芳香类植物。具有芳香气味的植物，其挥发性芳香油中某些单离的成分在人类嗅感之后产生生理和心理反应，以达到防病与保健的目的。如白兰、九里香、红千层等植物中含有的石竹烯、柠檬烯、藻烯对呼吸系统有保健作用。然而不同植物的混种导致的挥发性物质或香气的混杂，对人体是否会产生负面影响，尚需大量的科学论证。所以，在体育公园中应用芳香植物时不能一味地追求所谓的保健功能，大面积种植或不同香味的植物混种，而应少量或分散种植。第三，应适当增加常绿植物和观花、彩叶植物。冬季落叶后，常绿植物不仅可以弥补植物景观的不足，还能继续发挥清洁空气的功能。一些常绿针叶树种还能释放杀菌素，通过茎、叶分泌物杀死空气中的细菌和病毒，使空气变得更加干净，有益人体健康。因此，在体育公园，尤其是北方地区的体育公园中，应适当增加常绿植物。颜色对人大脑中枢神经的刺激会引起大脑的不同反应，从而影响人们的情绪和行为。体育公园中的锻炼者主要以强身健体、保持松弛的状态与平和的心情为目的，喜欢平静、祥和的气氛。这一点与专业运动员需要增强兴奋度以提高运动成绩不同。因此，体育公园中应以绿色为基调色，选择开白、蓝、紫色花的植物；不宜大量使用暖色系的观花植物与彩叶植物。

(2) 植物配植与体育主题的表现。在体育公园种植设计中，应遵循简约原则，应用简洁的线条及纯净、明快的色彩，从平淡中透露出张力，与体育运动的速度感与力量感相呼应。体育运动有内在美和外在美。体育的内在美，可借用植物的隐喻意义来表现。自古以来，园林植物就常常被赋予特有的文化内涵：松、柏隐喻坚强不屈的意志；修竹象征高洁与进取精神；梅花代表雅逸与傲骨等。这些特殊植物语言应用到体育公园中，可以从精神文化层面来展现体育运动的内涵，形成植物文化与体育文化之间的对话。如挺拔、常青的松、柏与坚忍不拔的体育精神，竹与纯洁、公正的体育竞争原则，梅与敢于向逆境挑战的体育拼搏精神等。展现体育的外在美，可借用植物的静态之美和在外力作用（如风、人工修剪）下的动态之美，同样能表现体育运动的节奏感和韵律感。例如，在群体运动广场边可以运用枝条曲折或柔软的树种来表现运动者的姿态——随风摇曳飘舞的枝条成为运动者肢体律动的象征，人工修剪出富有节奏变化的绿篱相互穿插；重复应用对称式种植单元等形式，与体育的灵动与跳跃相呼应。其次，任何体育运动项目的产生都有其历史的根源，自然环境直接决定运动项目的产生，也影响着体育文化的内涵和特征。不同的自然环境也孕育出了不同的植物景观，因此体育公园可以尝试通过模拟运动项目起源地的特殊植物景观，来体现运动项目的特色。例如，在沙滩排球场周边种植棕榈植物，使人犹如置身于海滩一般又如，美国 Badger 体育公园的迷你高尔夫球场中，通过将低矮的灌丛状植物植于石砾之上，使人联想起高尔夫球场可能出现的丘陵景观。

思考题

1. 主题性公园是否属于综合性公园？为什么？
2. 思考植物园规划与动物园规划的异同点。
3. 举例说明综合性公园规划的内容。
4. 设计一个完整的综合性公园规划方案，并完成一份正式图纸。
5. 体育公园规划时功能分区应注意哪些问题？

9 城市湿地公园规划设计

【学习重点】

了解城市湿地公园的定义、类型、与其他公园的区别,掌握城市湿地公园的规划原则、景观规划设计。

湿地、森林、海洋并称为全球三大生态系统,湿地是人类赖以生存和发展的自然资源宝库与生存环境,它广泛分布于世界各个自然地带,全世界的湿地已超过 5 亿 hm^2。联合国环境署 2002 年的权威研究数据显示,$1hm^2$ 湿地生态系统每年创造的价值高达 1.4 万美元,是热带雨林的 7 倍,是农田生态系统的 160 倍。因此,湿地被科学家誉为"地球之肾"。

9.1 城市湿地公园的定义与发展

9.1.1 湿地与城市湿地

9.1.1.1 湿地与湿地公约

1)《湿地的定义》

湿地指天然或人工、长久或暂时性的沼泽地、湿原、泥炭地或水域地带,带有或静止或流动,或为淡水、半咸水或咸水水体,包括低潮时水深不超过 6m 的水域。由于湿地和水域、陆地之间没有明显边界,加上不同学科对湿地的研究重点不同,造成湿地的定义一直存在分歧。湿地在狭义上一般被认为是陆地与水域之间的过渡地带;广义上则被定义为"包括沼泽、滩涂、低潮时水深不超过 6m 的浅海区、河流、湖泊、水库、稻田等"。《国际湿地公约》中对湿地的定义是广义定义。

2)《湿地公约》

《湿地公约》全称为《关于特别是作为水禽栖息地的国际重要湿地公约》(*Convention of Wetlands of International Importance Especially as Waterfowl Habitats*),也称为《拉姆萨尔公约》(*Ramsar Convention*),是为了保护湿地而签署的全球性政府间保护公约。《湿地公约》的宗旨是:通过国家行动和国际合作来保护与合理利用湿地。湿地公约于 1971 年 2 月 2 日在伊朗的拉姆萨尔签署,当时有 18 个缔约国,于 1975 年 12 月 21 日正式生效。至 2011 年

11 月,《湿地公约》总共有 160 个缔约成员。我国于 1992 年加入《湿地公约》,而最新加入的缔约国为老挝,于 2010 年 9 月 28 日加入。为纪念湿地公约的签署,故将每年的 2 月 2 日列为世界湿地日。1999 年 5 月在哥斯达黎加召开的第 7 届缔约方大会上,正式确认世界自然基金会(WWF)、国际鸟盟(BirdLife International)、世界自然保护联盟(IUCN)和湿地国际(WI)为公约的伙伴组织。

3) 湿地的特征、类型及分类

(1) 湿地的特征。湿地作为重要的自然生态系统和自然资源,具有巨大的经济、生态和社会效益,是实现可持续发展的重要基础(图 9.1)。

图 9.1　湿地景观

湿地具有以下特征:

① 湿地以水的存在为特征,无论在地表,还是在植物的根区。

② 湿地的土壤条件通常不同于邻近的高地。

③ 湿地植被以适合于湿润环境的植物组成,但缺乏耐受洪水胁迫的植物。

④ 特殊的界面系统,湿地是水、陆两种界面交互延伸的一定区域,是水域和陆地过渡形态的自然体。

⑤ 特殊的景观特征。湿地生态系统处于陆地生态系统和水生生态系统之间的过渡区域,湿地区域的多种表现形式体现为湿地景观的特殊性。湿地的景观也具有周期性变化的特征。湿地具有明显的植被、土壤、水位和盐度的梯度变化、斑块变化、时间变化的特征。

⑥ 特殊的生物类群。湿地生态系统所处的独特的水文、土壤、气候等环境条件所形成的独特的生态环境为丰富多彩动植物群落提供复杂而完备的特殊生境。由于湿地物种种类异常丰富,又有非常高的生物生产力,所以湿地生物之间形成了复杂的食物链、食物网。

⑦ 特殊的生物地球化学过程。湿地土壤不同于一般的陆地土壤,它是在水分过饱和的厌氧环境条件下形成的,这种环境条件使得湿地有其独特的生物地球化学循环。湿地土壤在淹水时形成强还原区,但在水体—土壤界面上常有氧化薄层,这不仅影响着碳、氢(水)、氧、氮、磷和硫以及各种生命必需元素在湿地生态系统内部的土壤和植物之间进行的各种迁移转化和能量交换过程,也影响着湿地与毗邻生态系统之间进行的化学物质交换过程。

(2) 湿地的类型。湿地包括多种类型,珊瑚礁、滩涂、红树林、湖泊、河流、河口、沼泽、水库、池塘、水稻田等都属于湿地。它们共同的特点是其表面常年或经常覆盖着水或充满了水,是介于陆地和水体之间的过度带。

(3) 湿地的分类。

① 湿地按照基本特征分为五大类：海域、河口、河流和湖泊、沼泽。

② 湿地按照《湿地公约》中的定义，通常分为自然和人工两大类。自然湿地包括沼泽地、泥炭地、湖泊、河流、海滩和盐沼等；人工湿地主要有水稻田、水库、池塘等。据资料统计，全世界共有自然湿地 855.8 万 km^2，占陆地面积的 6.4%。

4）湿地的功能

湿地的功能是多方面的。它可作为直接利用的水源或补充地下水，又能有效控制洪水和防止土壤沙化，还能滞留沉积物、有毒物、营养物质，从而改善环境污染；它能以有机质的形式储存碳元素，减少温室效应，保护海岸不受风浪侵蚀，提供清洁方便的运输方式，等等。正因湿地有如此众多而有益的功能而被称为"地球之肾"。湿地还是众多植物、动物特别是水禽生长的乐园，同时又向人类提供食物（水产品、禽畜产品、谷物）、能源（水能、泥炭、薪柴）、原材料（芦苇、木材、药用植物）和旅游场所，是人类赖以生存和持续发展的重要基础。

（1）物质生产功能。湿地具有强大的物质生产功能，它蕴藏着丰富的动植物资源。例如，我国七里海沼泽湿地是天津沿海地区的重要饵料基地和初级生产力来源。据初步调查，七里海在 20 世纪 70 年代以前，水生、湿生植物群落 100 多种，其中具有生态价值的约 40 种；哺乳动物约 10 种，鱼蟹类 30 余种。芦苇作为七里海湿地最典型的植物，苇田面积达 7186hm²。芦苇具有很高的经济价值和生态价值，不仅是重要的造纸工业原料，又是农业、盐业、渔业、养殖业、编织业的重要生产资料，还能起到防风抗洪、改善环境、改良土壤、净化水质、防治污染、调节生态平衡的作用。另外，七里海可利用水面达 10 000 亩（1 亩＝666.6m²），年产河蟹 2 000t，是著名的河蟹的产地。

（2）大气组分调节功能。湿地内丰富的植物群落，能够吸收大量的二氧化碳，并放出氧气。湿地中的一些植物还具有吸收空气中有害气体的功能，能有效调节大气组分。但同时也必须注意到，湿地生境也会排放出甲烷、氨气等温室气体。如沼泽有很大的生物生产效能，植物在有机质形成过程中，不断吸收二氧化碳和其他气体，特别是一些有害的气体。沼泽地上的氧气则很少消耗于死亡植物残体的分解。沼泽还能吸收空气中粉尘及携带的各种菌，从而起到净化空气的作用。另外，沼泽堆积物具有很大的吸附能力，能吸附污水或含重金属的工业废水中含的金属离子和有害成分。

（3）水分调节功能。湿地在蓄水、调节河川径流、补给地下水和维持区域水平衡中发挥着重要作用，是蓄水防洪的天然"海绵"，在时空上可分配不均的降水，通过湿地的吞吐调节，避免水旱灾害。例如，七里海湿地是天津滨海平原重要的蓄滞洪区，安全蓄洪深度达 3.5～4m。

湿地具有湿润气候、净化环境的功能，是生态系统的重要组成部分。其大部分发育在负地貌类型中，长期积水，生长着茂密的植物，其下根茎交织，残体堆积。潜育沼泽一般也有几十厘米的草根层。草根层疏松多孔，具有很强的持水能力，它能保持大于本身绝对干重 3～15 倍的水量。不仅能储蓄大量水分，还能通过植物蒸腾和水分蒸发，把水分源源不断地送回大气中，从而增加了空气湿度，调节降水，在水的自然循环中起着良好的作用。据实验研究，1hm² 的沼泽在生长季节可蒸发 7 415t 水分，可见其调节气候的巨大功能。

（4）净化功能。湿地能够分解、净化环境物，起到"排毒"、"解毒"的功能，因此被人们喻为"地球之肾"。湿地像天然的过滤器，有助于减缓水流的速度。当含有毒物和杂质（农药、生活污水和工业排放物）的流水经过湿地时，流速减慢有利于毒物和杂质的沉淀和排除。一些湿地植物能有效地吸收水中的有毒物质,净化水质,如氮、磷、钾及其他一些有机物质。他们通过复杂的物理、化学变化被生物体存储起来,或者通过生物的转移(如收割植物、捕鱼等)等途径,永久地脱离湿地,参与更大范围的循环。

沼泽湿地中有相当一部分的水生植物包括挺水性、浮水性和沉水性的植物,具有很强的清除毒物的能力,是毒物的克星。据测定,在湿地植物组织内富集的重金属浓度比周围水中的浓度高出 10 万倍以上。正因为如此,人们常常利用湿地植物的这一生态功能来净化污染物中的病毒,有效地清除了污水中的"毒素",达到净化水质的目的。例如,水葫莲、香蒲和芦苇等被广泛地用来处理污水,吸收污水中浓度很高的重金属镉、铜、锌等。美国佛罗里达州曾进行试验,将废水排入河流之前,先让它流经一片柏树沼泽地(湿地中的一种),经过测定发现,大约有98%的氮和97%的磷被排除了,湿地惊人的清除污染物的能力由此可见一斑。在印度的卡尔库塔市,城内设有一座污水处理场,所有生活污水都排入东郊的湿地,其污水处理费用相当低,成为世界污水处理的典范。

(5)提供动物栖息地功能。湿地复杂多样的植物群落,为野生动物尤其是一些珍稀或濒危野生动物提供了良好的栖息地,是鸟类、两栖类动物的繁殖、栖息、迁徙、越冬的场所。

沼泽湿地特殊的自然环境虽有利于一些植物的生长,却不是哺乳动物种群的理想家园,只是鸟类能在这里获得特殊的享受。因为水草丛生的沼泽环境,为各种鸟类提供了丰富的食物来源和营巢、避敌的良好条件。湿地内常年栖息和出没的鸟类有天鹅、白鹳、鹈鹕、大雁、白鹭、苍鹰、浮鸥、银鸥、燕鸥、苇莺、掠鸟等约 200 种。湿地也是西伯利亚和东北地区鸟类南迁越冬的中途站。

(6)调节局部小气候。湿地水分通过蒸发成为水蒸气,然后又以降水的形式降到周围地区,保持当地的湿度和降雨量,使之成为气候较为湿润的地区之一。

9.1.1.2 城市湿地概述

1)城市湿地的定义与特征

(1)定义。城市湿地是指城市及其周边地区被浅水或暂时性积水所覆盖的低地。城市湿地有周期性的水生植物生长,基质以排水不良的水成土为主,是城市"排毒养颜"的"肾器官"。

(2)特征。城市湿地作为重要的自然生态系统和自然资源,具有巨大的经济、生态和社会效益,是实现可持续发展的重要基础。城市湿地具有以下特征:城市湿地以水的存在为特征,无论在地表,还是在植物的根区;城市湿地的土壤条件通常不同于邻近的高地;城市湿地植被以适合于湿润环境的植物组成,但缺乏耐受洪水胁迫的植物;特殊的界面系统,城市湿地是水、陆两种界面交互延伸的一定区域,是水域和陆地过渡形态的自然体。

2)城市湿地的特征与功能

城市湿地具有一般湿地的典型特征,并具有重要的涵养水源、净化环境、调节气候、保护生物多样性、科普教育等生态功能和服务功能。

3)城市湿地的类型

城市湿地主要类型包括滨海和河口湿地、湖泊湿地、沼泽湿地、河流湿地和各类人工湿地,如运河、水库、养殖塘、农田、盐田以及开采过程中遗留的采石坑、取土坑、采矿池等。

4）城市湿地目前的状况、存在问题及应对策略

从 20 世纪初开始,随着世界经济的飞速增长和城市的高速发展,许多重要城市湿地急剧丧失,引发了严重的环境后果。国际社会从 20 世纪 50 年代起才逐渐意识到城市湿地对人类生存的意义,于 1971 签署了《湿地公约》,旨在通过国际合作,保护重要的湿地系统,特别是作为水禽主要栖息地的湿地。国际重要湿地名录收录了 1960 片总面积超过 183 万 km^2 的重要城市湿地。现在有 1027 处城市湿地被列入《国际重要湿地名录》,总面积 8 000 多万 hm^2。中国目前列入名录的湿地有 21 处,总面积为 318 万 hm^2。

（1）欧美国家。目前,在美国和欧洲的许多国家如瑞典、丹麦、荷兰等,湿地保护已不再局限于现状的维持,而是重点进行退化和受损湿地生态系统的恢复和重建。在美国,根据对湿地生态系统干预程度的不同,恢复与重建分为以下几种:

① 湿地恢复。使生态系统回到一个与受破坏前十分相似的状况,包括重构先前的物理环境,运用化学的方法去调节土壤和水,生物管理（包括引进已消失的动、植物群）。

② 湿地创造是在原来不是湿地的地方构造一块湿地,并且与已存在的湿地没有直接的关系。

③ 湿地改良。是通过调节一个存在的湿地具体结构特征来提升它的一个或几个功能。

④ 湿地转换。是把一个存在的湿地的大部分和全部转换成一个不同类型的湿地。如把一块稻田转换成一块池塘。

⑤ 湿地弥补。指通过保护、创造、改良来补偿可允许的湿地损失。

（2）我国。我国面临对城市湿地盲目的开垦和改造,造成湿地面积的减少,功能的衰退;生物资源的过度利用,造成湿地生态系统结构的破坏和湿地功能的丧失;泥沙淤积,水污染严重,造成湿地环境质量下降;有效湿地面积的丧失,造成海岸侵蚀的加剧和盐水入侵。

根据我国城市湿地的现状,我国保护工作如下:

① 深入开展湿地的基础与应用研究,制定区域保护计划。目前,国内湿地研究工作无论在基础研究还是在应用领域都较为薄弱,湿地保护缺乏适合当地实际的理论和技术的有效支持。必须在基础研究的基础上,制定区域保护计划,在借鉴国外经验的同时,有步骤、有目标地开展湿地保护工作。

② 对湿地生态系统进行有效的恢复和重建,以满足人类生存和可持续发展的需要已成为湿地保护和研究的首要问题。

③ 正确处理湿地开发与保护的关系,以可持续发展思想为指导,将开发与保护有机地结合起来。改变原有的高强度的物质输出、土地开垦为主的开发利用方式,代之以输出生态系统服务价值流为主。

④ 湿地基本保护区的增设和。借鉴生态区保护方法,在已有湿地的基础上合理布局,新设或增设湿地基本保护区域。

⑤ 加强立法、执法和宣传教育工作,强化湿地保护意识。目前我国湿地的立法、执法工作都较为薄弱,公众对湿地的认识较少。必须在湿地研究和保护的基础上,加强宣传教育,提高公众的环保意识,促进湿地保护事业的全面发展。

9.1.2　湿地公园与城市湿地公园

9.1.2.1　湿地公园概述

1) 湿地公园的定义

湿地公园是指保持该湿地区域独特的近自然景观特征,维持系统内部不同动植物物种的生态平衡和种群协调发展,并在不破坏湿地生态系统的基础上建设不同类型的辅助设施,将生态保护、生态旅游和生态教育的功能有机结合,突出主题性、自然性和生态性三大特点,集湿地生态保护、生态观光休闲、生态科普教育、湿地研究等多功能的生态型主题公园。

2) 湿地公园的特点

湿地公园的最大特点在于主题性、自然性和生态性。它的开发必须要保持该区域的独特的自然生态系统并趋近于自然景观状态,维持系统内部不同动植物种的生态平衡和种群协调发展,并在尽量不破坏湿地自然栖息地的基础上建设不同类型的辅助设施,将生态保护、生态旅游和生态环境教育的功能有机结合起来,实现自然资源的合理开发和生态环境的改善,最终体现人与自然和谐共处的境界。

9.1.2.2　城市湿地公园概述

1) 城市湿地公园的定义

城市湿地公园是指利用纳入城市绿地系统规划的适宜作为公园的天然湿地类型,通过合理的保护利用,形成保护、科普、休闲等功能于一体的公园(图9.2)。

图 9.2　湿地公园

2) 城市湿地公园与其他公园的区别

城市湿地公园是一种独特的公园类型,是指纳入城市绿地系统规划的、具有湿地的生态功能和典型特征的,以生态保护、科普教育、自然野趣和休闲游览为主要内容的公园。

(1) 城市湿地公园与其他水景公园的区别。城市湿地公园与其他水景公园的区别在于城市湿地公园是基于城市湿地自然生态系统基础上形成的,具有生态、经济、历史、文化、审美等多重功能,其中生态功能是湿地景观最基本,也是最重要的功能。而城市一般的水景公园则以强调水体景观及休闲娱乐功能为主。

（2）城市湿地公园与湿地自然保护区的区别。城市湿地公园的湿地和自然保护区的湿地有本质上的区别，前者是有人为干预的湿地；而后者是未经人为干预的或干扰较小的湿地。城市湿地公园距离城市较近，与城市关系密切，并保存有丰富的历史文化遗存，充分利用湿地的景观价值和文化属性开展生态旅游活动，丰富居民休闲游憩生活，这些功能是自然湿地不可取代的。

（3）城市湿地公园分类。城市湿地公园按照不同的分类标准可以划分为不同的类别。

①按湿地资源分布状况，可以划分为海滩型、河滨型、湖沼型。

②按湿地成因划分，可以分为人工型和天然型。

③按用途划分，可以分为休憩娱乐型、生态型、种植型、养殖型、废弃地型等。

9.1.3 城市湿地公园的起源发展综述

城市湿地公园从诞生之日起就与旅游业分不开。公园首先要满足人们的游憩需求，然后再是其他需求。游憩价值在这里显得尤为重要。游憩价值是指由游憩资源提供的，集经济、生态、社会和文化效益为一体的综合效益。城市湿地公园游憩价值构成要素是城市湿地公园游憩价值的资源基础，以此开发利用的游憩价值包括景观美学价值、休闲娱乐价值、康体健身价值、生态教育价值。国外对游憩价值的理论研究主要集中于评估方法，如20世纪70年代后期到80年代，旅行费用法（Travel Cost Method，TCM）作为其中一种重要的评估方法，被广泛应用于旅游资源的游憩价值评估中。在此，通过分析研究国内外城市湿地公园的典型案例，为我国城市湿地公园游憩价值开发提供借鉴（图9.3）。

图9.3 湿地公园

9.1.3.1 国外城市湿地公园概况

伦敦湿地中心（London Wet Land Center）位于伦敦市西南部泰晤士河围绕着的一个半岛状地带——巴·艾尔姆（Barn Elms）区中，离市中心5km。湿地中心共占地42.5hm²，是世界上第一个建在大都市中心的湿地公园。中心原来是4个废弃的混凝土水库，经填埋40万方土壤，形成了湖泊、池塘、水塘以及沼泽等水体，种植树木2万7千株，30多万株水生植物，成为现今欧洲最大的城市人工湿地系统（图9.4）。

图 9.4　伦敦湿地中心

1）开发模式

原有水库拥有者泰晤士水务公司与野禽及湿地基金会（The Wildfowl & Wet Lands Trust(WWT)）合作，将水库转换成湿地自然保护中心和环境教育中心。1990 的《城镇和国家计划法令》为湿地重建提供了法律依据。为了解决建造湿地公园的资金问题，野禽及湿地基金会与伯克利房地产公司合作，英国国会允许出售少量土地给这家房地产商在湿地旁边建造房屋。项目运作 10 年来，伦敦湿地中心成为物种保护的胜地，每年栖息鸟类超过 180 种，成为业余乃至职业观鸟者的课堂，累计吸引全世界参观者接近千万人次。不仅泰晤士水务公司、水禽和湿地信托基金因此项目而获得同业的尊敬，甚至连伯克利房地产公司也因此获利不菲，实现了三方都赢的局面。

2）规划设计

伦敦湿地中心的成功还在于湿地项目的规划设计。伦敦湿地中心规划设计有两个主要目的：一为多种湿地生物提供最大限度地饲养、栖息和繁殖机会；二让参观者在不破坏保护湿地价值的情况下，近距离观察野生生物，并在游憩之余学习更多有关湿地的知识。

伦敦湿地中心规划设计理念是以"水"为灵魂。以水为主体贯穿于整个公园，区域中水位高低和涨落频率各不相同，因此每一片水域都需要具有相对的独立性。湿地中心的主体是"人"。公园不得不考虑"人"的因素，如何让这两者之间和谐共存，则是设计中最大的难点。为了实现以上两个目的，湿地公园在设计上针对水体和人流两方面做出精心的处理，按人流活动的密集程度将整个公园分成若干区域和点。

按照物种栖息特点和水文特点，湿地公园被划分为 6 个清晰的栖息地和水文区域，其中包括 3 个开放水域：蓄水泻湖、主湖、保护性泻湖，以及 1 个芦苇沼泽地、1 个季节性浸水牧草区域和 1 个泥地区域。这 6 个水域之间相互独立又彼此联系，在总体布局上以主湖水域为中心，其余水域和陆地围绕主湖错落分布，构成公园的多种湿地地貌。水域和陆地之间均采用自然的斜坡交接。陆地上建立了一个复杂的沟渠网将水引入,沟渠之间是平缓的丘陵和耕地,精致的地形设计使得水位稍微提高一点,就能产生一大片浅浅的湿泥地。

作为一个公共游憩场所,伦敦湿地中心对参观者开放,力求让游客在近距离观测野生生物的同时,不惊扰动物的休养生息,不破坏湿地的价值。

9.1.3.2 国内城市湿地公园概况

香港湿地公园位于天水围新市镇东北隅,濒临深圳,占地 61 hm²(图 9.5)。这座湿地公园是香港环境保护实践和可持续发展相结合的范例,它充分发挥了自然保护旅游、教育和市民休闲娱乐功能。这些截然不同并可能相悖的多种功能正好恰如其分结合在一起,在香港甚至整个亚洲都是独一无二的,它不仅补偿了因为都市发展而失去的湿地,更是分隔了天水围与后海湾拉姆萨尔公约湿地,以及东北面的米埔沼泽区。

图 9.5 香港湿地公园

1) 规划设计目标和生态设计理念

Met Studio 设计公司和英国野生鸟类与湿地基金会(WWT)对该项目制定战略性管理规划,主要用来指导下湿地公园设计的目标及导则。香港湿地公园的规划设计目标主要有以下几点:建设一个世界级的旅游景点,服务市民游客及对野生生物和生态学有专门兴趣的人士;展示香港湿地生态系统的多样性,并强调必须予以保护;提供一个有别于一般观光地方的景点,以扩展游客在香港的旅游体验;切合本港居民的康乐活动需求;提供可与米埔沼泽自然护理区相辅相成的设施;提供教育机会和加强市民对湿地生态系统的认识,成为独具特色的教育、研究和资源中心。

为了实现上述多样化的设计目标,香港政府成立专责小组,并选择资深的景观设计师,确立了 3 个主要的生态设计理念:环保优先的理念、可持续的概念、人物和谐共生理念。

2) 项目的生态设计

湿地公园的设计始终以环保为优先。游客踏足公园便会很容易见到体现环保理念的设计。例如访客中心将空间、天、水连接起来,并在屋顶设有大片草地,游客可以毫无障碍地在缓缓倾斜的草坡屋顶上漫步欣赏周围的湿地风光;通过采用高效的地热系统,使用地面作为热交换的加热系统,避免了排风孔、冷却塔和其他设备的使用;大量采用木制百叶窗,制造遮阴效果;洗手间采用 6L 的低容量盥洗设备,减少水的消耗等(图 9.6)。

可持续的概念在湿地公园各处得以体现,主要包括物料的选用、水系统的设计和能源利用

图 9.6　香港湿地公园中的木制百叶窗

几个方面。例如优先采用可以更新的软木材而不是硬木材；研成粉末的硅酸盐粉煤灰代替一部分水泥掺入到混凝土中以增加其防水性；利用可以获得的天然水资源，重建淡水和咸淡水栖息地；在空调设施中采用地温冷却系统，通过埋设于地下 50m 深的管槽内的聚乙烯管组成的抽送系统，充分利用于地表以下几米几乎保持恒定地温等。在植物景观中，除运用乡土植物材料之外，湿地公园中原有乔木和灌木都被尽可能地保留。建筑变成接待中心和售票室以后，树木或保留在原地，或迁到公园的其他位置。

对于和谐共生的设计理念，设计者主要通过合理的功能布局和湿地生境的创造来实现。整个湿地公园被划分为旅游休闲区和湿地保护区。旅游休闲区主要是为游客提供在不破坏自然的同时，欣赏、研究、了解自然的场所，主要包括室内游客中心和室外展览区等。湿地保护区占地约 60hm²，由不同的生境构成，包括淡水和咸淡水栖息地、淡水湖、淡水沼泽、芦苇床、草地、矮树林、人造泥滩、红树林、林木区等，使游客能够亲身体验湿地自然环境和湿地的生物多样性。

9.1.3.3　经验与启示

通过对国内外具有代表性湿地的研究我们可以总结出一些经验，获得一些启示：

（1）政府有关部门应该采取前瞻性的规划理念及科学的规划措施，对城市中的湿地制定相应的保护政策，让湿地保护做到有法可依，而不因为城市土地的巨大商业价值仅用于商业开发。

（2）城市湿地公园建设是一项公益事业，政府应将其建设纳入城市发展规划和社会经济发展规划，并考虑其基本建设与管理资金。在湿地公园内适当开发旅游项目，并采用多渠道、多元化投资策略，鼓励非政府组织参与。

（3）由政府引导科研、规划部门、房地产开发商、市民的多方合作，合力促进湿地的保护与利用。在保护和改善湿地生态环境的前提下进行合理适度的开发，兼顾经济利益、生态环境和社会效益，实现"以地养地"的经济平衡。开展定期的生态效益评价，建立湿地公园评价体系，确保维护湿地公园的生态特征。

（4）要尊重湿地原有生态环境和地方乡土文化，做到生态优先、最小干预、修旧如旧、注重文化、以人为本、可持续发展。

（5）城市湿地开发要依据湿地所处的立地条件和城市整体游憩体系来规划设计，这样既保留了湿地的自然性特点，又能形成差异化的游憩产品，完善城市游憩体系，最大程度实现湿地的功能价值。

9.1.4　城市湿地公园与旅游开发

城市湿地公园的旅游开发是指以旅游为目的而对湿地资源进行利用的活动，它是一种具有强烈生态环境保护意识的旅游开发模式（图9.7）。城市湿地公园旅游开发包括两方面的含义：一是对城市湿地的适度利用，满足旅游者的求知、尝新、猎奇、消闲、健身等需求，旅游者在旅游过程中欣赏湿地、感受湿地、认识湿地，在满足游客旅游需求的同时，起到普及湿地生态知识、培养游客环保意识的作用。这要求资源具有满足旅游者观光、游览、度假或其他特殊旅游目的的功能；或者说，资源要具有生态旅游吸引力。二是强调湿地生态环境的保护和湿地生态系统的维持。保护湿地旅游资源、保护湿地生物多样性、保护湿地旅游赖以存在的环境质量和物质基础，并根据湿地生态系统演替规律，采取合理的人工生态恢复措施，促进湿地生态系统向平衡稳定的方向发展。

图9.7　城市湿地公园

我国于2000年颁布了《中国湿地保护行动计划》，把保护湿地、发挥湿地功能和效益、保证湿地资源的可持续利用、造福当代惠及子孙定为我国湿地保护和合理利用的总目标。城市湿地公园旅游开发应在这一总目标的指导下强调可持续发展思想，使湿地旅游开发既要满足目前人们的旅游需求，又要对湿地资源和环境进行保护，使后人有同等的旅游机会和权利。这就要求在城市湿地公园的旅游开发过程中，特别注意资源与环境的保护，进行适度开发，使湿地旅游资源得到永续利用。

9.1.4.1　城市湿地公园旅游可持续开发原则

1）保护优先原则

湿地与森林、海洋一起并称为全球三大生态系统类型，对人类的生存至关重要。但湿地生态系统又是脆弱的，极易受到人为的破坏。所以，湿地旅游开发要强调保护优先的原则，以保护湿地生态类型和保护珍稀、濒危动植物及其生存环境为主要目标，在优先划定保护范围的基础上，再于合适的区域适度地开展旅游活动，以达到保护生物多样性、维护湿地生态平衡的目的。

2）适度利用原则

湿地生态系统本身具有动态平衡的能力，对外界的干扰在一定程度和阀值范围内具有自动适应和自动调控能力，但这种能力是有限的，一旦对湿地的利用超过某一限度必然造成其永久性的破坏。对湿地的利用必须控制在合理限度内，要根据湿地自然资源和人文资源的特点，在保护的基础上适度地开展生态旅游活动，使资源在永续利用中产生持续的效益。

3）系统优化原则

湿地生态系统构成复杂，各部分之间按一定规律构成一个有机整体，发挥出整体功能作用。由于自然的干扰和人为的破坏，会造成生态系统结构和功能的失衡，最终导致湿地的破坏，因而在湿地旅游开发中，必须遵循生态学原理，采取适当的生态管理手段进行调控，使湿地生态系统朝着平衡稳定的方向发展。对于已被破坏的湿地，在旅游开发中可通过生态技术或生态工程对其进行修复或重建，再现干扰前的结构和功能，最终恢复湿地生态系统的生物多样性和景观多样性。

4）综合效益原则

可持续发展要求做到生态持续良好，经济稳定发展，社会全面进步。湿地旅游开发既然以可持续发展为目标，就必须以生态效益为主导，使生态、经济和社会三大效益协调统一，以获取最大的综合效益。

9.1.4.2　湿地旅游可持续开发策略

1）确立以保护为主的开发理念，处理好三大效益之间的关系

湿地资源是湿地旅游的基础。湿地的旅游开发应坚持上述 4 项原则，在资源有效保护的基础上适度合理地利用，并在开发利用过程中保持湿地生态系统的良性循环，最后达到生态效益、社会效益和经济效益的全面发展。但是在实践中，资源保护与利用的矛盾往往是最难解决的问题，主要是开发部门为了短期经济利益而忽略了长期综合效益，或者不同的受益部门为了自身的利益，采用掠夺式的开发方式，导致湿地资源的破坏。因此，在实际操作中，要树立保护优先的开发理念，协调好各利益团体的关系，既要反对为了经济效益而破坏生态环境，也不主张因保护生态环境而忽略经济发展，而是以追求综合效益为目标。在湿地旅游开发中，只有用系统的观点处理好三大效益之间的关系，才能保证湿地旅游的可持续发展。

2）科学的规划方法

我国湿地旅游资源非常丰富，类型多样，应在全面开展资源调查的基础上进行科学的旅游

规划,这不仅是湿地资源旅游开发取得成功的保障,也是预防破坏资源和环境的重要措施。科学的规划要高起点、高标准,运用景观生态学原理对旅游项目及环境进行科学合理的布局,能最大限度地发挥湿地资源潜在的生态、社会和经济效益,又把可能发生的环境影响降低到最小限度,不降低或损伤生态系统的功能,或者通过合理经营使受到轻微破坏的生态系统得以恢复。首先要坚持生态保护原则,根据资源调查评价结果,将生态价值高、具有保存意义的区域划为保护范围,并根据需要保护的级别制订适当的保护措施。其次,对可以开展游览活动的区域进行不破坏生态环境的适度建设,科学地配置旅游线路和景点,所有的旅游设施建设均要服从生态保护要求,严格控制设施的规模、地点、数量,并在造型、色彩、材料上与环境协调,尽量不对环境造成大的影响。要避免为了追求旅游经济效益过多地建造人造景观而破坏环境,导致资源的永久性破坏。

3) 合理的管理体制

湿地旅游管理体制的建立对保护湿地生态环境及维持湿地旅游的可持续发展有重要意义。湿地旅游管理涉及的部门广,牵涉到多个利益主体,包括湿地的拥有者、管理者、政府部门、社会团体等各个方面。为了对湿地旅游开发实行有效的管理,就必须协调好各部门、各利益相关体之间的关系,明确各自的权利和责任,建立一个具有决策能力的管理机构,组织各方团结协作,按既定的目标共同参与管理工作。要建立有效的管理体制,避免多头管理,如果旅游管理机构地位低、缺乏权威性,无法协调其他部门的关系,会造成条块分割、各自为政的局面,导致宏观管理失控,资源开发无序的现象,使湿地资源遭到破坏性开发或由于旅游开发中的重复建设而造成浪费。

4) 有效的管理措施

湿地旅游管理就是在统一规划基础上,运用技术、经济、法律、行政、教育等手段,限制自然和人为损坏湿地的活动,达到既满足人类经济发展对湿地资源的需要又不超出湿地生态系统功能阈值的目的。有效的管理措施要求做到以下三点:

(1) 加强旅游开发建设与旅游服务的管理,禁止破坏性开发和非生态化服务。旅游开发需要为旅游者提供衣、食、住、行等服务,因而需要进行基础设施、服务设施的建设。湿地旅游设施建设中,应以清洁生产思想为指导,构建循环经济模式,通过减量化(Reduce)、再利用(Reuse)、再循环(Recycle)的 3R 原则,达到节约资源、减少废物产生、避免环境污染的目的。在服务方面,应为游客提供绿色食品和环保旅游产品,提倡自行车交通或步行游览,尽量减少机动交通。

(2) 进行容量分析,控制游客数量。为了保证湿地旅游的可持续发展,对湿地的利用必须适度合理。因此,要对湿地及其各个分区进行资源分析和旅游生态影响评价,科学确定湿地旅游区的总容量和区内不同地段的容量,根据容量合理控制游客数量和分布,以免造成湿地生态环境的破坏。

(3) 加强游客行为管理。游客的不恰当行为是造成湿地生态环境破坏的重要原因之一。通过制订相关法规并加强执法力度可以有效地制止游客破坏环境的行为发生,而通过宣传教育来提高游客素质,增强他们的环保意识,是更有效也更人性化的管理措施。

5) 积极的公众参与

可持续发展意义下的公众参与,是指公众接受并宣传可持续发展的思想,参加可持续发展战略的实施。湿地旅游可持续发展需要公众积极地参与,它不仅要求公众参与湿地的环境保护工作,更需要公众在湿地利用过程中追求效率与公平。因此,湿地旅游可持续发展的公众参与包括以下四方面的内容:

(1) 通过宣传与教育树立公众爱护湿地资源、保护湿地环境的环保观念,并鼓励已接受教育的公众将这种观念向更多的旅游者传播。在我国,利用"世界湿地日"进行保护湿地的宣传,以及在中小学教材中加入湿地保护的有关内容均取得良好的效果。事实证明,只有建立全民的生态环保意识,才能有效地改善和保护生态旅游环境,真正实现湿地旅游的可持续发展。

(2) 鼓励公众自觉实行有利于湿地旅游可持续发展的旅游行为。让所有管理者和旅游者都能真正理解生态旅游方式的必要性和优越性,在保护湿地资源与生态环境的基础上,进行合理的开发建设与管理,做到清洁生产,提高资源利用效率,并采取文明的生态旅游行为,以维护湿地生物多样性和生态系统稳定性。

(3) 考虑当代各群体的利益及后代的权益,体现湿地旅游开发的公平原则。只有提高旅游地居民的经济效益,并为他们带来生态效益和社会效益才能得到他们的不断支持,同时也只有考虑了后代需求的开发才能可持续地发展下去。

(4) 加强公众的监督作用,及时阻止破坏湿地的各种行为。

6) 健全的法规保障

为了有效地保护湿地,必须用完善的法律和制度来管理湿地旅游开发与建设,做到有法必可依,有法必依,执法必严。目前,我国已制定不少环境保护的法律法规,但还没有专门的关于湿地保护与管理的法律法规,这造成了湿地保护和管理中无法可依的局面。湿地旅游开发涉及的管理部门众多,内容繁杂,在没有专门的法规来规范开发活动和旅游行为的情况下,湿地利用缺乏有效的综合协调机制和可共同遵循的战略规划,极易导致各利益团体为了部门利益和短期利益而破坏环境的行为发生。因此,针对湿地旅游的特点,制定相关的开发、建设和管理规范及对违反者的处罚办法等极为必要。按照《中国湿地保护行动计划》,我国将构建专门的湿地政策、法律体系。另外,以旅游为管理对象的《旅游法》也应尽快制定、颁布和实施。

城市湿地公园的生态环境脆弱,环境变化对其影响较大,因此旅游开发与城市湿地保护必然产生矛盾,不可避免地带来许多文化、生态、社会、环境等问题,导致旅游业的发展与环境保护出现冲突。要解决这一问题就必须引入可持续发展观念,建立文明的生态旅游开发方式,以资源保护为基础,在保持和增强未来发展机会的同时满足目前游客和当地居民的需求,使当代人与后代人享受湿地资源的机会平等。同时,发展应与自然和谐,强调以生态效益为前提,以经济效益为根本,以社会效益为目的,达到三大效益协调统一的综合效益最大化。具体实践中,要坚持湿地旅游开发的可持续发展原则,通过科学的开发规划、有效的旅游管理,以及加强湿地保护立法、积极引导公众参与等开发策略,保护湿地基本的生态过程、生物多样性以及文化和遗产完整性,这是实现湿地可持续旅游开发的必由之路。

9.1.5　城市湿地公园建设前景

保护性地建设城市湿地公园,将城市融入大尺度生态系统中,让大自然继续滋养城市生机。城市湿地公园不是孤立的水体或水域,而是大尺度湿地生态系统的重要组成部分。因此,在设计和规划城市湿地公园时,必须考虑到其在大尺度湿地生态系统中的功能与作用。如流经城市的河流湿地,必须考虑其调节径流、物种迁徙停歇地、河流泥沙动态、航运、旅游等功能。而城中湖、沼泽地或人工湿地的恢复,必须考虑水文因素和与河流湿地的联系,包括其吸纳洪水、提供水源的功能。近年来,我国城市建设突飞猛进,但人们也逐渐发现很多城市的特色正在消失,一些意想不到的共性形成了,如空气污染、水污染、高温天气等。恢复城市湿地,有机地将湿地水景、湿地动植物景观、湿地文化、湿地小气候等与城市功能融为一体,将会大大改善城市环境,提高城市环境容量与生态安全水平。巧妙地融合湿地功能、效益与现代城市功能,建设一个空气清新、鸟语花香的花园城市,是提高城市品位、实现可持续发展的有效途径(图9.8)。

图9.8　城市湿地公园

利用城市湿地公园,珍惜历史、文化、保护文化遗产,让生态文明建设更上一层楼。如果说城市湿地生态系统是一个生命网络,那么,城市便是这个生命网络中人类文明发展的起点。利用城市湿地公园这个载体,充分尊重城市的历史及其与湿地间的关系,从文化遗产的挖掘和再认识出发,增强对自然遗产重要性的认识,同时用对自然遗产的保护来促进文化遗产的传承,使湿地这一日益减少的人类绿洲和天堂能在自然和人文两方面同时得到保护、利用和发展,并在这一过程中相互促进。

建设湿地公园,可以让湿地保护意识渗透到全社会,让市民充分享受湿地的多重效益,同时,也是全国湿地保护的重要的宣传和教育窗口。通过湿地公园向市民生动地介绍湿地知识、湿地功能与效益、国内外湿地保护的成功经验,是激发广大市民的湿地保护意识和参与湿地保护活动的有效途径,对全局性的湿地保护起着至关重要的作用。

9.2　城市湿地公园规划设计

在湿地公园中,城市湿地公园显得尤为重要,它是城市绿地系统的重要组成部分,在改善城市生态环境和提高城市生物多样性方面具有不可替代的作用。当人们对人工化的园林景观司空见惯时,城市湿地公园的出现无疑给人们带来一丝清新感,不仅丰富了城市公园类型,而且其独特景观能让市民切实感受到湿地作为"城市之肾"的无穷魅力(图9.9)。

湿地公园又是一种生态型公园,是人类亲水性在现代生活中的一种表现,是对传统园林水景的继承和拓展,是长期以来人们对湿地环境破坏带来的一种认识和反思,也是在物质生活丰

图 9.9　城市湿地公园

富后，人们向往健康、舒适生活环境的一种愿望。

9.2.1　城市湿地公园规划设计理念与目标

9.2.1.1　规划理念

　　城市湿地公园规划应以湿地的自然修复、恢复湿地的领土特征为指导思想，以形成具有开敞的自然空间和湿地公园、接纳大量的动植物种类、形成新的群落生境为主要目的，同时为游人提供生机盎然的、多样性的游憩空间，最大限度发挥其在改善城市生态环境、美化城市、科学研究、科普教育和休闲娱乐等方面所具有的生态、环境和社会效益，从而保证湿地资源的可持续利用，实现人与自然的和谐发展。因此，规划应加强整个湿地水域及其周边用地的综合治理。其重点内容在于恢复湿地的自然生态系统并促进湿地的生态系统发育，提高其生物多样性水平，实现湿地景观的自然化。规划的核心任务在于提高湿地环境中土壤与水体的质量，协调水与植物的关系。

9.2.1.2　规划目标

　　城市湿地公园规划的总目标在于减少城市发展对湿地环境的干扰和破坏、提高湿地及其周围环境的自然生产力，通过恢复湿地原有的自然能力，使其具备自我更新的能力，并使周围用地的土壤状况得到改善，为植被的恢复创造条件，从而使城市湿地更加富有生命力。同时，还应在城市的各种用地需求之间建立一种平衡，并寻求建立更好的新型共存方式，实现城市湿地环境的可持续发展，在此基础上营造新的城市公园类型，满足市民日益增长的接近自然的需求。

9.2.2　城市湿地公园规划设计方法与措施

9.2.2.1　规划方法

　　为了实现城市湿地公园的规划目标，必须将湿地的整治与景观规划结合起来。首先应开展深入细致的调研工作，从不同层面、不同元素着手，如地下水位、不同层次的土壤结构、不同层面的构成材料等地下状况,及其动植物在地面上形成的痕迹、动物的活动习性、景观要素的变化规律等外貌特征,达到由表及里的规划深度。规划应紧紧围绕"水"的主题,将湿地公园作为生物与能量交换的生态廊道,联系周边的绿地、林地、城市、乡村等各类生态系统,共同形成新的景观整体。

因此,城市湿地公园规划要将构成湿地整个物质循环圈中的各种要素,如水体、农田、土壤、植被、动物、自然气候条件、生态链等作为规划的基本要素,融入形成整体性的景观规划要求之中。尤其是湿地环境中的各种自然元素,无论其状态如何,自然的或经过人工处理的,都应作为规划中的最重要元素,以构成城市湿地公园景观类型及景观特色的框架(图9.10)。

图 9.10　以水为主题的城市湿地公园

9.2.2.2　规划措施

1) 实现水的自然循环

城市湿地公园规划最重要环节之一在于实现水的自然循环。首先,要改善湿地地表水与地下水之间的联系,使地表水与地下水能够相互补充。其次,应采取必要的措施,改善作为湿地水源的河流的活力。

2) 补充地下水

城市湿地公园规划的另一最重要环节是采取适当的方式形成地表水对地下水的有利补充,使湿地周围的土壤结构发生变化,土壤的孔隙度和含水量增加,从而形成多样性的土壤类型。

3) 合理与高效利用湿地水资源

城市湿地公园规划还应从整体的角度出发,对周边地区的排水及引水系统进行调整,确保湿地水资源的合理与高效利用。在可能的情况下,应适当开挖新的水系并采取可渗透的水底处理方式,以利于整个园区地下水位的平衡。

4) 土壤景观规划

土壤作为景观规划的要素之一,在土层剖面上是由不同材料叠加而成的。不同的土壤类型产生不同的地表痕迹和景观类型。城市湿地公园规划必须在科学的分析与评价方法的基础上,利用成熟的技术、材料和经验,发现场地自身所具有的自然演进能力。

9.2.3　城市湿地公园设计原则

城市湿地公园规划设计应遵循系统保护、合理利用与协调建设相结合的原则。在系统保护城市湿地生态系统的完整性和发挥环境效益的同时，合理利用城市湿地具有的各种资源，充分发挥其经济效益、社会效益，以及美化城市环境的作用。

9.2.3.1　系统保护的原则

1）保护湿地的生物多样性

为各种湿地生物的生存提供最大的生息空间；营造适宜生物多样性发展的环境空间，对生境的改变应控制在最小的程度和范围；提高城市湿地生物物种的多样性并防止外来物种入侵造成的灾害。

2）保护湿地生态系统的连贯性

保持城市湿地与周边自然环境的连续性；保证湿地生物生态廊道的畅通，确保动物的避难场所；避免人工设施的大范围覆盖；确保湿地的透水性，保证有机物的良性循环。

3）保护湿地环境的完整性

保持湿地水域环境和陆域环境的完整性，避免湿地环境的过度分割而造成的环境退化；保护湿地生态的循环体系和缓冲保护地带，避免城市发展对湿地环境的过度干扰。

4）保持湿地资源的稳定性

保持湿地水体、生物、矿物等各种资源的平衡与稳定，避免各种资源的贫瘠化，确保城市湿地公园的可持续发展。

9.2.3.2　合理利用的原则

合理利用湿地动植物的经济价值和观赏价值；合理利用湿地提供的水资源、生物资源和矿物资源；合理利用湿地开展休闲与游览活动；合理利用湿地开展科研与科普活动。

9.2.3.3　协调建设原则

（1）城市湿地公园的整体风貌与湿地特征相协调，体现自然野趣。
（2）建筑风格应与城市湿地公园的整体风貌相协调，体现地域特征。
（3）公园建设优先采用有利于保护湿地环境的生态化材料和工艺。
（4）严格限定湿地公园中各类管理服务设施的数量、规模与位置。

9.2.3.4　综合考虑原则

1）区域自身价值分析

结合区域自身价值分析，充分考虑自然生态系统的运行机制和发展规律，在保护原有景观资源的基础上，适当改造、重建规划的目的是丰富城市绿地系统的生态多样性和景观多样性。

2) 整体提高区域生物多样性

在不破坏湿地生态系统的基础上开展一定的生态旅游和生态教育活动,实现资源的可持续利用规划的核心任务在于协调湿地环境营造过程中生物因子和非生物因子之间的关系规划中应遵循以下原则:

(1) 遗留地保护原则。尽可能保留原有水文地质、地形地貌状况,在改变水深、水位时要十分谨慎,避免由于建设而改变水流条件的情况发生。

(2) 异质性原则。各城市根据其拥有的资源进行湿地建设,在植物选择、设施建造时会表现出明显的差异性。例如,上海市有沿江沿海大面积滨海湿地,那么建设滨海湿地景观、湿地自然保护区和风景名胜区、湿地公园和水景等就体现了上海湿地园林的发展方向,塑造了上海园林绿化的特色。

(3) 生态关系协调原则。因地制宜,维护并持续完善以风景河流和景观湿地为核心的、具有乡土特征的多样复合生态系统,保证物种的多样性。

(4) 在规划模式上要超越资源消耗与规模扩张的发展模式,不单纯追求扩大湿地面积和游客规模,而是重点突出精品景观湿地的特征,充分发挥其整体综合效应,符合人与自然和谐发展的生态模式。

(5) 突出区位性与城市环境密切相关、交通便利,城市湿地周边独特的人文环境和社会经济情况对它未来的发展起着至关重要的作用。

9.2.3.5　功能性、科学性与景观性相结合原则

城市湿地系统作为人造的高效的污水处理系统,其功能性与科学性是整体规划的首要考虑原则。对于人工湿地景观而言,在重视景观表现形式的同时,首先应注重其作为一个生态系统应发挥的功能。湿地是个运动着而非静止的生态系统,这个系统涵盖了水文、城市生态学、生态工程学、产业生态学及物种适应等系列复杂的物理、化学、生物过程。因此要建立一个具有自我维持以及自我发展能力的人工湿地生态系统就必须要科学对待湿地的生态构成。在对人工湿地进行景观设计的过程中,依据城市污水特点,科学地进行景观规划、动植物种类选择及配置。

9.2.3.6　以人为本、生态优先原则

湿地公园的生态功能是净化空气、净化污水、涵养水源、改善小气候环境,同时作为城市绿地,湿地公园也为市民提供一个舒适、怡人的亲水、观景、游憩和科普教育的场所,增进人与自然之间、人与人之间的交流。因此,湿地公园景观设计应坚持"以人为本,生态优先"的原则,遵循生命活动的规律,尽量做到合理利用土壤、植被和其他自然资源,对生境的改变控制在最小的程度和范围,注重湿建立与保护地环境完整性、生物多样性;注重材料的循环利用以减少对能源的消耗,科学设计,减少维护的成本;发挥自然的自身能动性,建立和发展良性循环的生态系统等。

9.2.3.7　特色性原则

挖掘地域、人文、植物特色,利用景观手法加以表达。对提高城市湿地公园的活力、趣味、

文化品位等均有十分重要的意义。综合空间布局、植物选择、造景手法等多方面考虑,通过道路规划、空间景观划分与植物造景巧妙而有机地融合,创造出一个环境优雅、景观丰富、适宜持续发展的城市湿地公园。

9.2.3.8　可持续发展原则

湿地是自然界最富生物多样性的生态景观和人类重要的生存环境之一。自然状态下的河岸带常表现为物种丰富、结构复杂的自然群落形式,因此植物种植设计是湿地保持生态性的根本。许多湿地规划后由于长期的人为破坏、管理难度和管理疏失,使得植物生态系统结构受到破坏,湿地失去其应当发挥的作用。为避免此类问题的发生,在规划初期,就应当充分考虑依据景观生态学原理,模拟自然河道生态群落结构。注重乡土植物的运用,坚持"适地适树、生物多样性"的原则,营造稳定的植物群落。增强城市湿地自然生态恢复功能,防止外来物种入侵造成灾害,实现环境的可持续发展。

9.2.4　城市湿地公园规划设计内容

根据湿地区域的自然资源、周边环境、经济社会条件和湿地用地的现状,确定总体规划的指导思想、基本原则以及景观设计手法,划定公园范围和功能分区,确定保护对象与保护措施,测定环境容量和游人容量,规划游览方式、游览路线和科普、游览活动内容,确定管理、服务和科学工作设施规模等内容,提出湿地保护与功能的恢复和增强、科研工作与科普教育、湿地管理与机构建设等方面的措施和建议。

对于有可能对湿地以及周边生态环境造成干扰的、甚至破坏的建设项目,应提交湿地环境影响专题分析报告;对于新建设的项目也要以保护湿地为前提,并严格执行环境影响评价制度。

9.2.4.1　功能分区

功能分区是湿地公园规划过程的一个重要阶段,在贯彻规划指导思想、优化各规划项目、指导后续设计,以及最终实现规划指导目标方面起着重要的作用。功能分区的合理与否直接关系到规划的成败。

1) 我国目前部分城市湿地公园的规划功能分区概况

目前我国的国家城市湿地公园大部分是有长期人类活动而形成的次生湿地,少部分是位于自然保护区内的原生态湿地。在长期的演变过程中,各湿地形成了自己的特色,在用地类型、生态特征、气候特征、水文特征、开发目的、保护等级等各方面都不相同,有浅海滩涂湿地,如香港湿地公园;有河流湿地,如兰州雁滩湿地公园;有人工采沉区形成的湿地,如唐山南湖公园;有长期农业生产形成的人工湿地,如北京翠湖;有位于国家自然保护区内的湖泊湿地,如肇庆星湖湿地公园等,由此各公园的功能分区在分区原则、方法上差别较大,有侧重于保护的,有侧重于修复的,有侧重于科普游览的。

2) 城市湿地公园和生物圈保护区、自然保护区、风景名胜区的比较

一般城市公园的分区主要考虑休闲、游憩、文化教育等功能,分区的原则考虑空间变化丰

富、使用便捷合理、人工痕迹浓。而湿地公园的主要出发点是保护生态,也就是保持该区域独特的自然生态系统并趋近于自然景观状态,维持系统内部不同动植物种的生态平衡和种群协调发展,并在尽量不破坏湿地自然栖息地的基础上建设不同类型的辅助设施,将生态保护、生态旅游和生态环境教育的功能有机结合起来,实现自然资源的合理开发和生态环境的改善,最终体现人与自然和谐共处的境界。湿地公园的最大特点在于主题性、自然性和生态性,其次才是游览、教育等功能,并且很多分区的实现是要按照保护生态的自然规律来确定的,不能因为平面构图或使用便捷而人为地划定。从景观规划的角度看,城市湿地公园的功能分区借鉴了生物圈保护区、自然保护区、国家森林公园等区域的分区模式。生物圈保护区明确划分为核心区、缓冲带、过渡区,这种分区模式被认为是适合于生物多样性保护的模式。湿地公园的主要出发点也是保护生态,因此湿地公园的分区模式也可以遵循该基本思路。实际上尽管国外的国家公园、湿地公园和我国的自然保护区、风景名胜区在功能分区上都不相同,但还是体现了保护生物多样性这个核心的问题,所有区域的划分也基本遵循生物圈保护区的分区模式,如重点保护区、核心保护区、生态保育区、野生保护区、重点资源保护区等即为核心区,而湿地展示区、游憩缓冲区、荒野游憩区、低利用荒野区等可以看做是缓冲带,过渡区则可以安排管理服务、餐饮住宿、交通车辆等内容。

3) 城市湿地公园分区模式及细化分区设想

我国《城市湿地公园规划设计导则(试行)》中确定的规划功能分区与基本保护要求:一般应包括重点保护区、湿地展示区、游览活动区和管理服务区等区域。这种分区方式基本考虑湿地公园生态和社会双重特性,力求达到保护与利用的双赢。但是关于廊道及非人工干涉区是否也可以作为功能分区等没有详细的说明。

(1) 重点保护区。相当于保护区中的核心区,但只是针对重要湿地或湿地生态系统较为完整、生物多样性丰富的区域。对一些面积较小、生态系统不完整的湿地可按照先修复后保护的原则设立恢复栖息地。当然这种保护区的保护等级与湿地公园的具体特性有关。

(2) 湿地展示区。湿地展示区应结合恢复栖息地而设立。城市湿地公园的生态系统和湿地形态相对缺失,因此作为生物多样性的保护战略,在关键性的区域引进乡土栖息地斑块,作为孤立栖息地之间的"跳板",或增加一个适于保护对象的栖息地。这样可以大大增强生物多样性保护的效果,提高景观的美学价值,同时展示湿地生态系统、生物多样性和湿地自然景观,开展湿地科普宣传和教育活动。

(3) 游览活动区、管理服务区 。湿地敏感度相对较低的区域可以理解为保护区中的过渡区。在湿地公园内划出游览活动区,设置管理服务区,开展以湿地为主体的休闲、游览活动,以满足湿地公园的社会功能。

(4) 非人工干涉区和廊道。每个湿地公园都有其特点,在实际规划设计时精确确定各分区的大小和面积难度很大,增加设立非人工干涉区和廊道可以进一步体现保护意义。

非人工干涉区是依附于重点保护区内的一个区域,可以看作重点保护区边缘过渡部分,目的是充分保障生物的生息场所,其意义类似于缓冲带。

对抗景观破碎化的一个重要空间战略是在相对孤立的栖息地斑块之间建立联系,其中最主要的是建立廊道。城市湿地公园中许多因人为活动而形成的破碎斑块规划中应按照完整性的原则联系起来。应该说廊道(或天然或人工设立)是一个功能独特的分区,它的作用是联系各个分区的生态纽带。

4）实现城市湿地公园分区的途径及理论依据

城市湿地公园兼顾了生态保护和游憩、科普的社会功能,其规划分区借鉴了生物圈保护区分区的做法,但实际上这种划分有很多技术上的问题没有解决。如缓冲区的设立,由于边缘效应等生态机理,使得很多发生在缓冲区内的生态过程和自然演替尤其剧烈,特别是安排旅游和娱乐等活动,而由此产生的影响有悖于核心区的保护初衷;廊道的设置缺乏定量的数据,在实际操作中难以把握;重点保护区应如何选择,有什么内容,多大面积是合理的;如何选择才能在保护和利用两方面实现共赢;非人工干涉圈和重点保护区之间的渗透如何定量或定性地评价;游览区、服务区要离开保护区多远是合理的等。

上述问题的存在导致在城市湿地公园的规划实践中往往由于缺乏科学的量化的数据来指导,功能分区存在一定的主观性和不确定性。当然这些问题在国际上也没有完全解决,但以下一些理论可以作为指导,使功能分区更具有操作性。

（1）生物最小面积概念。设置样地收集材料是植物群落研究最基本的方法。为了较全面地统计群落中的植物种类,实际工作中使用了最小面积概念。根据美国学者 Barkman 的群落最小面积理论,最小面积概念有最小面积和生物最小面积。最小面积就是群落调查中使用的最小面积,而生物最小面积是植物群落中全部种类正常生长和繁殖所必需的群落面积(指的是基本上能够表现出群落类型植物种类的面积),强调了植物群落功能。他进一步把生物最小面积划分为三个层次:空间最小面积、抗性最小面积、繁殖最小面积。应用生物最小面积概念,核心区可理解为必须大于保护对象的繁殖最小面积或最小景观;缓冲区是维护繁殖最小面积或最小景观的一个外加部分,缓冲区的宽度(面积)则要根据自然保护区所在区域受外界干扰的类型及强度来确定。保护区的最小面积应不小于最小景观面积。

（2）景观生态安全格局概念。不论景观是均相(同一、单一相位)的还是异相(不同相位)的,景观中的各点对某种生态的重要性都是不一样的,其中有一些局部、点和空间关系对控制景观水平生态过程起着关键性的作用。操作步骤大致为:源的确定,建立阻力面由此进行缓冲区的判别,设置源间联结、辐射道、战略点等。

（3）边缘效应的概念。在群落交错区中,物种的种类和密度趋于增加的现象称为边缘效应。在交错区内常常不仅具有两个相邻群落的物种,而且具有交错区的特有种类,即在交错区可发现不同的物种组成和丰度。边缘效应不仅在理论上有其复杂的产生机制,而且在实践中也有广阔的应用前景。人类活动强烈地改变了自然景观格局,引起栖息地片段化、栖息地的丧失和边缘数量的增加,不少城市湿地公园属于此类情况。在湿地公园的规划分区中可以考虑借助边缘的确定而确定交错区的面积大小和形状,从而进一步划定分区的范围。

9.2.4.2 城市湿地公园景观规划设计

1）景观设计思想和手法

（1）顺应地形、因势利导。"顺应基址的自然条件,减少施工能源物质消耗"是绿地规划的重要基本原则。在具体的景观设计中,由于河道岸线较长,空间跨越大,因此设计规划中根据现状地形、高程特点、征地情况等划分不同的景观功能区域。在局部位置采用微地形处理,以增加竖向视觉的节奏变化。利用蜿蜒的游览步道串联起一个个景观空间,通过虚实、开合的空间变化设计形成多元的游览空间单元,达到"步移景异"的景观效果。

　　在驳岸的处理上,我们力求最大限度地保持原有自然水体本身的美感,设计中可在亲水平台处局部调整河岸线,同时通过水边植被的疏密种植、景石的搭配摆放等多种方式,弱化、柔化局部生硬的河岸线,使其更加自然、柔美。在需要保护土固坡的河滩等滨水地带,尽量不使用传统的混凝土浇筑或砌块方式,而是改用"土工笼"等新型材料,既保护了河滩,又未隔绝与土壤的联系,还可为虾蟹等水族提供觅食繁殖的场所。这样不仅能达到较好的景观效果,而且为保持生物多样性提供了有利的场所。人们将看到的不是一片混凝土框架的水池,而是一幅令人赏心悦目的充满自然野趣的水景(图 9.11)。

图 9.11　城市湿地公园的驳岸

　　(2) 开闭结合、人车分流。

　　① 开敞空间——活动广场、亲水平台。水景对人来说有着与生俱来的吸引力,亲水性设计就是顺应人的这种天性。在河湖沿岸设置不同的亲水活动平台,并在水边设置人性化的警示标志,使人们能够在较为开敞的空间,以较为开阔的视野近距离与水"亲密接触",观赏树影婆娑、碧波荡漾的美景。同时出于安全性的考虑,规划中的亲水性设施以观水、赏水为主,而避免直接接触水的戏水性设施。

　　② 半开敞空间——疏林草地。通过局部种植高大挺拔的特大乔木疏林,实现景观视线的通透感和空间感,不仅能营造具有一定空间围合感、寂静的休憩思考空间,同时也能成为良好的景观节点和活动场所。

　　③ 密闭空间——密林。通过乔、灌、花、草的合理配置组合形成密林,减少人类的活动范围,为野生鸟类、昆虫、小动物提供一个优良的栖息地。而林中布置一些随地形起伏、蜿蜒曲折的汀步。能使游人享受"林间漫步、曲径探幽"的野趣。

　　④ 人车分流、减少污染。城市湿地公园整体设想划分为五大区域,每个区域均设有主入口和停车场及公车站。公交车站与停车场的设置充分保证了公园的可达性,方便游人。园内的交通线路分为主园路(包括抢险道和环湖路)、次园路(即林中小路和汀步)。主园路贯通整个湿地公园景区,可供游人步行或骑自行车游览不同的景区;林间步道蜿蜒曲折。随地势灵活穿梭在湿地景观空间内部,使游人能"零距离"接触和了解湿地景观。

　　(3) 立足乡土、适地适树。植物种植设计是湿地保持生态性的根本。城市湿地公园的植物种植配置应充分考虑植物的生态恢复和保护、景观效果以及水质净化等多重功能的要求。在植物种植设计时应根据不同植物品种对气候、土壤、水分的需求等生态习性特征进行栽植环境的设计。应特别注重乡土植物的运用,减少或避免外来物种,做到"因地制宜、适地适树"。

此外,植物品种的选择除了要具有较高的观赏价值外,还应有适应能力强、抗逆性强、易于管理等特点。

① 丰富植物群落。通过水生、湿生、林地植物群落的组合搭配,乔、灌、草、花多样配置的方式,创造多样化的生境,招引各种昆虫、鸟类、鱼类等,增强景观的观赏性,构建生态结构的完整性,提高抵抗外界破坏和干扰的能力,有利于生态系统的恢复和持续发展。

② 突出地域特色。如城市湿地公园位于南方,属于南亚热带季风气候,光热丰富,雨量充沛,植物资源种类繁多,终年适宜植物生长。绿化树种绝大多数为热带科属种类。在城市湿地公园的植物品种选择上大量选用常绿乔木、棕榈科植物等,以凸显热带风光的南国特色,也有部分秋色叶树种作为特色树种,以营造特色的秋季景观。同时为了兼顾其他季节的景观,合理配置一些观花、观叶、观果、香花、蜜源、招鸟等植物,以形成丰富的季相景观。

③ 植物品种的选择。以乡土树种为主的植物,如扁桃、秋枫、小叶榕、木棉、羊蹄甲、火焰花、凤凰木等;凸显亚热带景观的棕榈科植物,如大王椰、老人葵、霸王棕、糖棕、红刺林投、苏铁等;兼具景观及果树功效的树种,如扁桃、木菠萝、芒果、荔枝、人心果、莲雾、银杏等;秋色叶或变色叶树种,如红叶乌桕、尖叶杜英、大叶杜英、落羽杉等;香花植物,如白兰、广玉兰、四季桂、米仔兰、含笑等;临水、水生植物,如水松、水杉、垂柳、湿地松、香蒲、芦苇、花叶水葱、荷花、伞草等。

2) 景点景观设计

城市湿地公园不仅仅解决的是生态问题,还要将当地的民族文化内涵充分挖掘出来,并精心打造这些浓郁的民族特色景区,使之成为城市湿地公园的一张特别的名片。各个民族的建筑艺术、歌舞技艺、非物质文化遗产都是景点景观设计的好题材,如广西壮族的风雨廊桥、芦笙欢歌、鼓楼踩歌;贵州苗族的铜鼓甬道、隔水对歌……光从这些具有民族特色的称谓上,就可以感觉到一股浓郁的民族风情。特别是"隔水对歌"景点设计的水上舞台,生动地再现了苗族男女对歌的场景。相信这些景点景观设计付诸实施后,不但能为市民提供休闲活动场所,还能创造一个高品质的滨水生态环境,成为真正为人所用的城市人居空间,使之成为该城市湿地公园的一道"靓丽风景"。

城市湿地公园景观的最终形式并不单单只出于对生态因素的考虑。社会、美学和功能需求的因素也是相当重要的,缺乏美感或者不符合社会和大众需求的"纯生态"的景观设计在实践中是难以实现和有长远发展的。因此,景观设计师应该以生态原则为基础,追求景观品质、社会及人文价值等多方面的共同提升,做到"以人为本、生态优先",生态价值与社会价值、人文价值兼顾,才能使自然生态与社会发展相互促进,实现人与自然的和谐和可持续的发展。

3) 城市湿地公园的景观设计元素

城市湿地公园景观设计元素包括水体、土壤、植物、动物、农田、地形地势等,它们是构成湿地公园景观类型及景观特色的框架。加强景观元素设计是城市湿地公园设计的关键。利用原有的景观元素进行设计,是保持湿地系统完整性一个重要手段,这样也能使城市的所有湿地成为一个有机整体,并与周围环境协调。

(1) 土壤。土壤结构对湿地公园的营建起着重要作用,不同的土壤结构产生了不同的地表痕迹和景观类型。由于砂土营养物含量低,植物生长困难,而且容易使水快速渗入地下,所以不宜设在最下层。而黏土有利于防止水快速渗入地下,并可限制植物根系或根茎穿透,故通常采用黏土构筑湿地下层。壤土也可以代替黏土置于底层,但应适当增加厚度。

(2)水体岸线。在水体岸线的处理上采用生态的设计方法。一般是在水陆交接的地方构筑原生态的自然岸线,形成一个缓冲区,用自然升起的湿地基质的土壤砂砾代替人工砌筑。这样的设计不仅可以保护湿地边缘物种的生态环境不被破坏,还可以逐渐复原河滩已被破坏的自然生态,为更多的鸟类和两栖类动物提供栖息地,为更多的水生植物提供生长环境,从而增强湿地的自然调节功能。

(3)景观植物。景观植物设计是湿地公园设计的一个重要环节。在景观植物设计方面,要注意以下两点:一是要考虑植物种类的多样性;二是尽量采用乡土植物。具体地说,景观植物的配置,从层次上考虑,有灌木和草本植物之分,要将不同层次的植物进行合理搭配,形成疏密有致的景观效果。水由深到浅,依次种植挺水植物、浮水植物和沉水植物,既符合各种水生植物的特性,又满足审美的需要。沿岸边缘带一般选用姿态优美的耐水湿植物,如柳树、水杉、水松、木芙蓉、迎春花等,用美学原则组织其色彩、线条、姿态等,创造出丰富的水岸立面景色和水体空间景观效果,同时又能在水中产生一种动人的倒影美。从功能上考虑,可选用发达茎叶类植物以有利于阻挡水流、沉降泥沙,采用发达根系类植物以利于吸收养分。另外,在设计中除了特定情况,应充分利用或恢复原有自然湿地生态系统的植物种类,尽量避免外来种。维持乡土植物种群及其群落结构,构造原有植被系统,是景观生态效益的体现。

4)城市湿地公园植物景观营造

植物景观规划设计时,应根据城市湿地公园现有植被类型和总体布局的要求,在尽可能保留现有植被的前提下,进行湿地植被种植,既考虑保证湿地生境的多样性,又追求营造出不同季相及林相变化的湿地植物景观,使公园湿地生态系统多样性与景观多样性得到充分的展示。植物,是生态系统的基本成分之一,也是景观视觉的重要因素之一,是湿地公园生境创造中最活跃、最关键的因子,它直接影响湿地景观的质量。湿地植物是陆生植物和水生植物之间的过渡类型,具有适应于半水半陆生境的特征(图 9.12)。

图 9.12　城市湿地公园的半水陆生境

(1)植物选择。城市湿地公园植物景观营造应利用或恢复原有的自然湿地生态系统的植物种类,构造原有植被系统,尽量避免外来种。考虑植物的生态习性,如水生植物对重金属的忍受能力大小因植物的生活类型不同而异,一般为挺水植物>漂浮、浮叶植物>沉水植物;如考虑水质净化的功能,研究表明对于污染物的吸收积累能力为沉水植物>漂浮、浮叶植物>

挺水植物;根系发达的植物大于根系不发达的水生植物。

城市湿地公园中常采用去污效果比较好的挺水植物有茭白、芦苇、菖蒲、香蒲、水葱、灯芯草、石菖蒲、慈菇、美人蕉等;漂浮植物主要有满江红、菱、水鳖、浮萍、马来眼子菜等;沉水植物主要有金鱼藻、伊乐藻、轮叶黑藻等;森林沼泽主要树种有水杉、杞柳、枫香、青冈、冬青、石楠、黄连木、黄檀、山合欢、化香、栓皮栎等种类;草本沼泽类较多,如莎草群系、芦苇群系、莲群系、菱群系、浮萍群系、凤眼莲群系等湿地景观植物。如杭州西溪湿地公园的湿地植物观赏区处于烟水渔庄和深潭口之间,这里有大片池塘,生长着形形色色的水生植物,如菖蒲、水茭白、水葱、浮萍、野芹菜等。长长的亲水栈道在塘边环绕,一路走去,幽幽的荷香伴着阵阵水波的清爽,让人乐而忘返。

(2) 植物景观营造。城市湿地公园内的植物主要分为三个部分:水上丛林、人工湿地植物观赏区、休闲森林植被区。水上丛林区主要采用缓坡护岸的方式,植物在种植形式上形成"乔木＋湿地植物"的水路结合配置方式。此外,大型乔木的种植不但可以净化水源,还可以为水生生物提供多样性的生存空间,保持湿地生态系统的完整性。在水生植物观赏区,主要采用观赏效果好的菖蒲、鸢尾、玉簪等耐水湿的植物和芦苇、荷花等净化功能强的植物一起搭配。在湖心小岛上主要种植水杉和鸡爪槭,地被主要种植八角金盘、鸢尾、睡莲等观赏植物。此外,在人工浮岛上种植鸢尾、美人蕉等植物。休闲森林植被区除了以乔木为主的植物群体外,林下可增加玉簪、蝴蝶花、紫萼等耐阴湿的植物;路边或草地中间可布置一些观花的地被植物及自播繁衍能力强的波斯菊、蛇目菊等;滨水低湿地带可以种植水生鸢尾、美人蕉等,并配以成片的开花地被植物,形成突出季相色彩和林面倒影水面的景观效果。

(3) 兼具自然与特色的造景手法。

①构建自然岸线景观。城市湿地公高植砀景观的构建是以乔、灌、草结合,常绿与栈道、桥下、临水榭附近留出水面落叶相结合,在植物种类的选择、数量的确定、位置的安排和方式上采取强调主体、主次分明,以各种植物的高低、姿态、叶形、叶色等不同形态特征,并运用一定的艺术构思手法进行设计,以表现湿地空间景观的特色和风格。通过植物的色彩和线条来烘托水体,利用色叶乔、灌木组合成丰富的植物景观,营造步移景异的视觉效果。将体量、质地各异的植物种类按均衡的原则配植,植物种植在数量、质量、轻重、浓淡方面产生呼应,达到洁而不乱,庄重中有变化的结果。

在湿地植物景观设计的布局中,平面上水边植物配置最忌等距离种植,应有疏有密,有远有近,多株成片。立面上可以有一定起伏,在配置上将水岸和水域景观统一考虑,根据水由深到浅,依次种植水生植物、耐水湿植物,形成高低错落、层次丰富的水岸立面景观和水体空间景观的协调和对比。当然,还可建立各种湿地植物种类分区组团,交叉隔离,随游人视线的转换,构成粗犷和细致的成景组合,在不同空间组成片景、点景、孤景,使湿地植物具有强烈的亲水性。

②营造特色意境景观。每一个城市或地区文化的发生、存在和发展,都与其所处的自然地理环境、文化主体的创造意识、文化创造行为以及民族地区间的文化意识等密切相关。这些因素的共同作用造成了地域文化具有各异的价值观、发展理念和特色,形成独特的地方精神。每个城市湿地公园都应有其特色和个性,在植物景观设计时应根据原有植被现状,结合场地的历史、文化内涵,营造一个真正属于该区域的城市湿地公园,发现、挖掘、选择该城市湿地公园最具地方特色的植物景观作为重点,并通过设计进行强化,进而营造有自然地理、历史人文特

色的湿地景观,形成美的意境景观。

③构造植物群落。城市湿地公园植物群落构建以生态效益为首要目标,既要有较大的改善湿地生态环境的作用,又要满足湿地群落内植物健壮生长的生态要求。植物配置以多样的植物群落,能产生更好的湿地植物生态环境景观为主要目的。在污染较重的地方,应以抗污性强的树种,能吸收污染物质和净化水质的植物群落类型,以减少污染物质对湿地环境的破坏性。城市湿地公园植物群落要以乡土植物为主要植物,并根据该立地条件引入野外不同的植物种类,以丰富湿地植物群落的营造,发挥湿地植物群落的景观功能和生态作用。在营造湿地植物群落时应该表现植物群落的美感,体现群落营造的科学性和艺术性。在构建城市湿地公园植物群落时掌握各种植物的观赏性及造景功能,对植物的配置有整体的把握,根据美学原理和人们对群落的观赏要求进行合理配置,并对所营造的植物群落的动态变化和季相景观具有较强的预见性,使城市湿地公园植物群落在春夏秋冬具有不同的景观,以丰富群落的美感,提高湿地植物群落的景观效果。同时要根据城市湿地不同的环境条件而定,以结构与功能相统一、丰富多样的植物群落来满足城市湿地公园不同的生态景观要求,建设多层次、多结构、多功能的植物群落,满足各种植物的生态要求,从而形成合理的时间结构、空间结构和营养结构,与周围环境组成和谐的统一体(图9.13)。

图9.13　周围环境和谐的湿地公园

(4) 整体景观营造的要点。首先,植被景观营造应突出规模与季相变化:春天,狗牙根、荻等呈现满目嫩绿的颜色,毛茛、碎米荠、堇菜等植物镶嵌其间,形成五颜六色的小斑块,成片的紫云英更是展现一派美丽的田园风光;春夏是大多数湿地植物开花的季节,芦苇和荻花白茫茫的一片显得格外壮观,水蓼的花朵开起来则更像一座座花坛,荷花、凤眼莲的花朵大而美丽,空心莲子草、菱等植物的花朵与水交相辉映、别具一格;秋天,水杉叶开始变黄亦变红,漂浮植物满江红、槐叶萍等又给水面添上一片五彩斑斓的外衣;冬天,禾草呈现出红褐色景观。

营造湿地公园植物景观时,应突出植物群体美,强调远观,成带状或大片栽植,形成一定规模,展现群落整体美。比如在营造水港沿岸的植物景观时,可以采用早园竹和旱柳大面积片植,充分展现其群体美,形成优良的景观。如果过分强调植物种类的丰富,会使景观显得杂乱且没有重点,应注意远、中、近景的协调搭配,避免过多主体,有时只需一种或几种植物,便可形成优美的天际线,构成宜人的景色。

要利用远山、水面、地被等各种处于不同空间层次的景观元素,营造出层次丰富的植物景观。可以想象,以远山为背景,堤岸的柳树为中景,错落栽植勾勒出丰富的天际线;近处水面的柳树倒影,恰如一副优美的水彩画,给人虚实结合的美。

（5）局部景观营造的要点。湿地公园是一个以自然景观为主的休闲场所,不可能在任何时候在任何地方都能引起游客的强烈关注和兴趣。因此,研究在不同季节、不同时间、不同气候条件下适合游客欣赏的景观也是湿地公园景观营造的任务之一。从游客的角度出发,根据不同的季节、气象条件合理安排游览线路,并在适宜的赏景点安排引导游客眺望的设施显得颇为重要。

在设计湿地边缘植物时,可考虑栽植如蔷薇、枸骨等人不易靠近、枝繁叶茂的灌木作为动物栖息场所;或在湿地周围种植可供鸟类等动物食用果实或种子的植物,如梨、山楂及杏等;在生态驳岸上配置生长繁茂的绿树草丛,不仅能为陆上昆虫、鸟类等提供觅食、繁衍的好场所,而且浸在水中的柳枝根系为鱼类产卵、幼鱼避难、觅食等提供了场所。园路两侧可部分留空或适当疏植旱柳、木槿等,以留出透景线,不宜密植灌木绿篱,以遮挡游人视线,从而导致原本优美的景色无法充分展现。

人们在湿地游览时,往往是按照游步道进行的,但事实上许多景色都无法在游步道上直接欣赏到,因此可以适当延长游步道,对游客进行引导。例如设置一些木平台和座椅,既可供游客驻足休憩,又可让他们有机会远眺美景。

（6）地被植物在城市湿地公园景观中的应用。园林绿化中常用的地被植物在湿地景观中的发展潜力相当巨大。地被植物一般是指低矮的植物群体,铺设于空旷场地或适于阴湿林下和林间隙地等各种环境覆盖地面的多年生草本和低矮丛生、紧密的灌木等。地被植物的应用极为广泛,除用以覆盖地面、保持水土外,又具有美观的枝、叶、花、果等,有多样的季相变化和丰富的景观效果,给人们提供优美舒适的环境。野生地被植物应该满足植株低矮、覆盖力强、生长迅速、具有较高的观赏价值、无公害、便于管理和环境适应性强等特点。

9.2.5　关于城市湿地公园规划的建议

9.2.5.1　遵循 3R 设计原则

"3R"即 Reduce（减少）,Reuse（再利用）,Recycle（循环）,遵循"3R"设计原则就是让我们的设计减少能源消耗,使资源利用率提高,让污染物成为对环境有利的物质,从而减轻污染。"Reduce"即减少对自然的不合理设计,使设计更顺应自然发展的过程,实现自然环境的可持续发展。例如,在城市湿地公园的植物选择上选择既具有观赏性又可以净化水质的湿地植物——芦苇,他可以对水体中的物质进行逐步的吸收、降解,并供其他植物生长,同时也净化水质,建立可持续的良性循环。

9.2.5.2　注重城市湿地公园生态系统的保护

保护城市湿地公园的生态系统,确保生物的多样性。为各种湿地生物提供最大的生存空间,营造适宜生物多样性发展的环境空间,尽量减少对生态环境的改变,并应控制在最小的程度和范围。同时,提高湿地生物物种的多样性并防止外来物种入侵造成的灾害;保护城市湿地公园环境的完整性,避免其受到过度分割而造成环境退化;保持城市湿地公园水体、生物、矿物等各种资源的平衡与稳定,防止各种资源的贫瘠化,保证城市湿地公园的可持续发展。

9.2.5.3　注重城市湿地公园的水环境保护与管理

保护城市湿地公园应该首先考虑保护公园内的水资源。地表水和地下水的变化都将影响城市湿地公园的未来，如果没有水，城市湿地公园将不复存在，也就无从谈起保护城市湿地公园的生物和环境。因此，保护城市湿地公园中的水资源，应该成为城市湿地公园保护和管理的主要目标。与此同时，要高度重视城市湿地公园物理、化学过程特别是水文变化等方面的研究。

9.2.5.4　注重突出地域特色

一个城市的地域特色是该地区的一张活的名片。城市湿地公园的规划营建要根据不同的湿地类型和不同的自然、文化、经济技术条件，营建适合于地方自然生态、符合当地人文品味和地方经济技术条件的地域性城市生态休闲湿地，使城市湿地公园兼具自然生态和文化内涵双重性。自然景观是城市的基础，文化内涵是城市的灵魂，两者表里合一，相辅相成，共同塑造了城市美好的生活环境。

9.2.5.5　新技术在城市湿地公园建设等方面的应用

新技术的大量应用，对城市湿地公园的建设起了很大的作用。其中，生物监测就是利用生物个体、种群或群落对环境污染或变化所产生的反应进行定期、定点分析与测定以阐明环境污染状况的环境监测方法；多元分析法，多元分析基础研究多个自变量与因变量相互关系的一组统计理论和方法。又称多变量分析；GIS即地理信息系统（Geographic Information System），是以地理空间数据库为基础，在计算机软硬件的支持下，运用系统工程和信息科学的理论，科学管理和综合分析具有空间内涵的地理数据，以提供管理、决策等所需信息的技术系统；GPS是英文Global Positioning System（全球定位系统）的简称，利用GPS定位卫星，在全球范围内实时进行定位、导航的系统，称为全球卫星定位系统，简称GPS。

综合运用生物监测、多元分析法、GIS、GPS和计算机技术等新方法新技术进行湿地公园保护、监测、管理、模拟、建设与恢复，为科学规划湿地公园提供翔实的数据基础。

9.3　实训案例——成都浣花溪湿地公园

9.3.1　公园概况

浣花溪湿地公园位于成都市西南方的一环路与二环路之间，北接杜甫草堂，东连四川省博物馆，占地32.32 hm²，于2003年建成，建设总投资1.2亿元。浣花溪湿地公园是浣花溪历史文化风景区的核心区域，它以杜甫草堂的历史文化内涵为背景，运用现代园林和建筑设计的前沿理论，将自然景观和城市景观、中国古典园林和现代建筑艺术、民俗文化和时代氛围有机地结合起来，营建了一个自然与人文、功能与艺术相统一的景观复合体，彰显着川西文化醇厚的历史底蕴。浣花溪和干河两条河流穿园而过，中部沧浪湖的湖水自然渗入浣花溪，两条河流像纽带将沧浪湖、白鹭洲、万树山融为一个整体，形成可持续发展的水资源生态系统和独特的人文、自然景观(图9.14)。

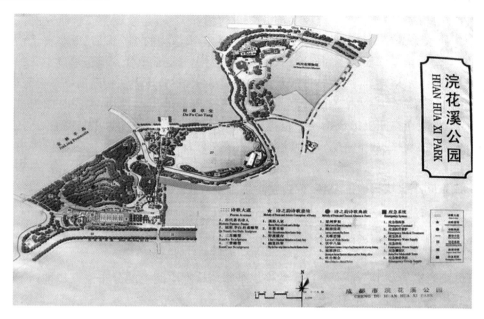

图9.14　成都浣花溪湿地公园

9.3.2　公园水生区生态景观

9.3.1.1　园中的水生植物种类

水生植物是指生长在由于水分充足而周期性缺氧的基质上的植物,按需水性可将其分为水中、湿地及岸边耐阴湿植物。合理的植物配置应达到科学性与艺术性的高度统一,尤其是在景观生态设计中,更强调物种的多样性和空间层次的丰富性,进而创造出稳定的、富有艺术性的植物群落。浣花溪湿地公园选用的水生植物种类较为丰富,在配置上也采用了乔、灌、草结合的方式,层次分明,群落结构较为稳定。然而,沉水植物、浮水植物应用较少,这对浣花溪湿地公园的水质净化带来了很大的影响,有些地方甚至出现了水质发黑、变臭等现象。

9.3.1.2　沧浪湖斑块

斑块是指在外观上不同于周围环境的非线性地表区域,具有相对同质性,是构成景观的基本结构和功能单位。狭义的斑块一般指动植物群落。斑块的大小、数量、形状、类型、格局等对景观结构而言具有重要的生态学意义。

1) 沧浪湖生态景观艺术

沧浪湖是一个大型的人工湖泊,主要由浅滩、溪流、小岛和一座位于岛上的景观建筑"浣花屋"组成,是公园的核心地段。湖面波光粼粼,两岸绿树成荫,枝繁叶茂,垂柳倒影,再加上水鸟飞翔于滨水草丛之上,动静结合的景观元素共同营造了沧浪湖生态景观自然诗画的艺术效果。

2）水景区的景观空间结构

景观的空间结构是指内部功能及各部分之间的相互关系，是景观生态学研究的基本内容之一。理想的水体景观结构是沉水植物、浮水植物和挺水植物的组合配置，既丰富了物种的多样性，又从美学的角度增加了空间层次感，带来了多层次的视觉感受。但沧浪湖中几乎没有种植挺水、浮水及沉水植物，因此很难形成水中的垂直绿化结构，更无法构建出一个很完整的、可自我更新的生态系统。岸边植物配置菖蒲、芦苇，形成幽静的田园景观，也同时成为过渡性的梯地，与岸上景观在空间上形成连接。根据植物的生态习性，岸边配置以马蹄金、蒲公英、麦冬、三叶草、扁竹根组成最下一层；由金叶女贞、杜鹃、南天竹、十大功劳、大花栀子等组成中间的灌木层；由黄葛树、杨树、广玉兰、二乔玉兰、刺槐、龙牙花等组成乔木层。乔、灌、草多层次交错渗透形成不同小斑块镶嵌的整体，成为整个生态系统中不可分割的部分。

3）白鹭洲斑块

白鹭洲是由水体和沼泽组成的湿地，它由大小不同、形态各异的斑块构成了独特的生态系统。

（1）斑块的格局及生态景观。斑块的格局是指斑块在空间上的分布位置和排列情况。白鹭洲包括招引区、观鹭区、隔离区三个部分。

① 招引区。主要功能是引诱水鸟栖息。招引区配置的首选植物是芦苇、旱伞草、肾蕨、狗尾草，还有野稻、野芹。百鸟穿梭于芦苇丛中形成了独特的人与动物和谐相处的景观。

② 观鹭区。景区内有很多孤植树，如香樟、悬铃木、雪松、石榴、银杏、女贞等，充分展示了树的姿态美。水边设有观景步道，山丘上建立了一个川西民居风格的"观鹭轩"，以便游人在此观赏白鹭，体会自然之趣和田园诗意。

③ 隔离区。隔离区以银杏、天竺桂为背景，前置紫薇、红叶李、女贞、海桐等，形成春有杏花浪漫，夏有石榴娇艳，秋有银杏叶黄，冬有桂树苍翠的季节景观，更有海桐、红果点缀其间，形成四季美景，起着相互阻断，隐约借景和透视的景观效果。

（2）白鹭洲水生植物景观生态学意义。水生植物不仅具有观赏性，还具有净化水质的作用。水生植物的根系对氮、磷颗粒具有吸附、截留和促进沉降的作用，在防止水体富营养化和黑臭等方面具有积极作用，特别是挺水、浮水、沉水植物的多层立体搭配效果很好。浣花溪不同种类的水生植物大量吸收水体中的营养物质，为外界输送养分，并提高水体含氧量，改善了其他物种的生存条件，提高水体的透明度，改善了水体的景观效果。白鹭洲大小不同的小岛（斑块）镶嵌于湖中，形成沼泽。随着生境的不同，各斑块的植物配置也有变化，组成了不同的小型群落，如香蒲—芦苇、苔草—荻群落等，他们各自以不同的景观空间结构和净化功能成为天然的过滤器，不仅能够减缓水流速度，还有利于毒物杂质的沉淀和排除。沼泽中的香蒲、芦苇等具有很强的净水能力，能大量吸收重金属镉、钴、锌等，从而有效排除污水中的毒素。

在白鹭洲中，水生植物和水生动物形成了完整的食物链效应。水中养鱼、螺丝、河蚌、龟等，它们在水生生态系统中主要扮演消费者的角色，是维持水生生态系统稳定和发挥其正常生态功能不可缺少的部分。它们以水体中的细菌、藻类、有机氮、磷等为食，有效地减少了水中的悬浮物，提高了水体的透明度，促进了物质和能量循环，达到了净水目的。

4）万树山斑块

万树山位于公园西南部，占地 6.5 万 m^2，遍植各种花木，使浣花溪成为有山有水的特色公园。

（1）景观生态特色。从"风雨廊桥"入口进入公园南门，一眼可见万树山。它是一座人造山，仅填土就达 50 多万 m³。锦水绕行其间，山体形态变化丰富。万树山栽植有银杏、栀子、香樟、楠木、桂花、玉兰、腊梅、梅花、海棠、月季、竹等，依照它们各自不同的生境特点、开花季节进行配置，并按栽植树木的数量以及种类划分为密林、疏林以及林间花带三个区域，营造出鸟鸣万树间的意境。万树山与水中、岸边、陆地、假山的不同植物群落组成了水—山的立体生态结构。

（2）时序季相。万树山众多植物组成的春夏秋冬四季景色：春有玉兰千花万蕊、海棠娇柔红艳；夏到紫薇古朴苍劲，栀子雪魄冰清；秋至银杏古叶金黄，桂花独占山丘，香雾漫山，芙蓉潇洒清丽；冬临梅花、腊梅点缀冰雪。此外，香樟、楠木枝干挺直，四时苍翠。一年四季万树山显示着华丽的季相美。把万树山花木的时序季相变化看做是一张透视图上空间三维视角加上连续的时间轴，那就是植物动态性的四维空间景观效果。而山上植物的叶或花所散发出来的芬芳极大地增添了公园的魅力，营造出第五维的景观空间效果，使公园更富情趣。

5）廊道布置

景观生态学中的廊道（Corridor）是指不同于周围景观基质的线状或带状景观要素，它旨在保证景观的连续性，有通道和隔离的双重效果，用线性廊道加强斑块之间及斑块和种源之间的联系，是现代景观规划的重要方法。就廊道本身而言，可分为三种类型：线状廊道、带状廊道和河流廊道。有些廊道不仅起着运输、保护资源的作用，同时兼具景观美学效果，其本身就极具艺术价值。

（1）文化廊道——诗歌大道。浣花溪公园最突出的特色是诗情画意，从公园的南大门即可进入浪漫抒情的诗歌大道。它汇集中国诗歌的精粹，展示了中国诗歌发展史。从古代诗歌到现代诗歌，其美文佳句都镌刻在大道的大理石上，300 多著名诗人的形象栩栩如生，让人们深感中国诗歌文化的厚重。路旁苍松翠柏中坐落着 25 位历代诗人的塑像，随着道路延伸到河畔和山边；还设有诗歌典故园，内有"屈原涉江"等 8 组雕塑。大道旁有一条新诗小径，展示着当代诗人的诗歌作品，小径中还有一个小小的诗歌广场，供游人写作诗篇，体悟诗歌文化。一首首诗歌，一座座雕塑，一个个广场被文化廊道串联起来，厚重的文化渊源流淌在公园的各个角落，使整个公园充满了厚重的文化底蕴。由此看来，诗歌大道不仅起着运输的功能，其本身就极具艺术价值。

其余的主干道沿着湖畔延伸，道旁依照植物对水分生理的要求种植植物，主要有菖蒲、千屈菜、旱伞草、芦竹、芭茅、木芙蓉、垂柳、枫杨，再配置罗汉松、红枫、紫叶李、山茶、垂丝海棠等，从水生、半水生、湿地、陆地成为绿色的廊道，有机地连接不同地域、不同尺度的绿地。除主干道之外，白鹭洲中几个大小不同的岛屿也以道路连接从而进行物质流、能量流的交换。

（2）河流廊道。河流廊道是水生生态系统，它与陆地生态系统有着紧密的联系。河流廊道不仅包括河流的水面部分，也包括沿河流分布的不同于周围基质的植被带。浣花溪公园中，浣花溪和干河穿园而过，将湖、沼泽、山和建筑有机地联系起来，便于养分、水分、各种沉积物、动植物等在景观中的分布及移动。

浣花溪本身的文化内涵（来源于浣花夫人给衣衫褴褛的和尚洗衣而留下了满天花瓣的传说）更使河流廊道富有人文内涵，而浣花溪河流廊道与陆地生态系统交织构成的生态网络具有更重要的生态意义。

9.3.1.3　思考与总结

整体而言浣花溪湿地公园的景观生态规划格局比较符合美国哈佛大学的 Forman 教授提出的"集中与分散相结合"格局。白鹭洲、沧浪湖、万树山三大斑块构建了浣花溪湿地公园的整体结构,保证了大型植被斑块的完整性,同时又在游人活动的区域沿自然植被和廊道周围地带设计了一些小的斑块,极大地丰富了游人的视觉空间,提高了景观的多样性,从而也达到了保护生物多样性的目的。

城市湿地景观在调节城市生态平衡、改善和美化城市居住环境、促进人与自然的和谐共处和城市可持续发展等方面都彰显出重要的生态价值和特殊的景观价值。将景观生态学理论引入城市湿地景观设计领域,应用其特有的系统与区域,多目标兼顾,自然生态,文脉延续等原则进行设计,同时考虑其景观格局的动态演变,使得城市的湿地景观与其他景观共同形成宜人的都市环境。

面对城市环境的日益恶化,加强园林绿化建设,营建城市湿地公园,可以有效地改善城市环境。对城市湿地公园园林植物的完美配置要求科学性与艺术性的高度统一。在进行园林绿化和植物造景时,我们必须以科学的态度,满足景观设计的要求,充分考虑生态学特性,综合各种因素,合理配置,才能营建出高质量的园林景观,从而为城市居民提供一个安全、舒适、健康的城市湿地公园,实现城市生态系统良性循环发展,推进城市可持续发展。

思考题

1. 湿地以及城市湿地公园的定义分别是什么?
2. 城市湿地公园与其他公园的区别是什么?
3. 城市湿地公园的规划原则有哪些? 如何体现?
4. 举例说明城市湿地公园的规划设计程序。

10 观光农业园规划设计

【学习重点】

了解观光农业园的发展概况,熟悉观光农业园规划设计理论和观光农业园的类型,掌握观光农业园的规划设计步骤、规划原则、分区规划和绿化规划要点。

20世纪末,随着农业结构的调整和招商引资力度的加大,各地市城郊和乡镇结合自己的农业特点、自然资源和文化遗产相继建成了具有一定规模和面积的高新农业科技示范园区。园区除生产之外,还可供人们参观游览,城镇居民面纷纷前来享受"回归大自然"的休闲、体验田园和乡村的朴实生活。农业、园林与旅游很自然地结合了起来,形成了独具特色农业观光园。

10.1 观光农业园概述

观光农业是传统农业与现代旅游业相结合的产物,是具有休闲、娱乐和求知功能的生态、文化旅游场所。进入21世纪,观光农业是重要的娱乐产业,农业观光园作为观光农业的主体必将得到更进一步的发展。观光农业园就是采用生态园模式进行观光园内农业的布局和生产,将农事活动、自然风光、科技示范、休闲娱乐、环境保护等融为一体,实现生态效益、经济效益与社会效益的统一。

10.1.1 观光农业园的概念

10.1.1.1 观光

"观光"一词最早出现在我国古典文献《易经》和《左传》中。《易经》中有"观国之光,利用宾王"一句,《左传》中有"观光上国"一语。在这里"观光"可理解为观看、考察一国的礼乐文物、风俗人情,即旅行游览的意思。现在,观光的意义比较宽泛,泛指一切参观、游览自然景观和人文景观的活动。

10.1.1.2 观光农业园

观光农业园是随着近年来都市生活水平和城市化程度的提高,以及人们环境意识的增强而逐渐出现的集科技示范、观光采摘、休闲度假于一体,经济效益、生态效益和社会效益相结合的综合园区,是一种特殊的农业形态,是与旅游业相结合的一种消遣性农事活动。主要利用当地有利的自然条件开辟而成的观赏空间与活动场所。按照内容不同,观光农业有狭义和广义之分:

从广义上来说,观光农业园是指广泛利用农村空间、农业自然资源和农村人文资源,根据景观规划理论、旅游规划理论、生态学理论等知识进行旅游开发,为游人提供具有农村特色的吃、住、行、玩、购等方面服务和供应的园区,满足他们对自然景观和乡土气息的向往;从狭义上讲,是指以农业资源为基础,把农园观光、农艺展示、农产品提供与农村空间的出让等都赋予旅游的内涵,把农业生产经营活动和发展旅游结合起来,通过优化农业生产结构和品种结构,合理规划布局,达到美化景观,保护环境,提供观光游览、调剂性劳动、学习及享用新鲜食物的一种农业园区。

10.1.1.3　农业观光

"观光农业"与"农业观光"既有区别又有联系,是两个不同侧重的概念。"观光农业"针对于与旅游、观光相结合的农业而言,侧重在农业,而非工业或其他产业,可以是科技农业,也可以是生态农业,例如成都的"五朵金花"、重庆的潼南"油菜花节"等。"农业观光"则为现代生态旅游的一个内容,是基于农业的旅游,是现代人的一种旅游活动。两者都体现了农业与旅游的结合,只是两者的角度不同而已。

10.1.2　观光农业园的发展概况

10.1.2.1　国外观光农业园的发展四阶段

观光农业园在国外已有较长的发展历史。早在 19 世纪中期,在欧洲就已经出现了"乡村旅游"的形式。20 世纪 30 年代,欧洲的观光农业有了较大发展,并逐步扩展到美洲、亚洲等部分国家。20 世纪 70 年代以后,和平与发展成为世界的主题,各主要国家在经济建设方面取得了显著的效果,观光农业也随之得到了迅速发展。观光农业从萌芽阶段发展到成熟阶段,国外先后出现了农业观光园区、度假农场、家庭农园、农业公园、乡村民俗博物馆、生态农业示范区等多种农业观光园类型,并在实际开发过程中,多类型组合形成了多样化的开发形式。

总的来说,国外观光农业的发展大致经历了四个阶段:

1) 萌芽阶段

观光农业作为一种产业,兴起于 20 世纪 30～40 年代的意大利、奥地利等地,随后迅速在欧美国家发展起来。起初阶段既没有明确的观光农业概念,也没有专门的观光农业区,只是作为旅游业的一个观光项目,主要是城市居民到农村去与农民同吃、同住、同劳作,接待地没有特殊的服务设施、建筑以及辅助娱乐设施。游客在农民家中食宿,或在农民的土地上搭起帐篷野营。这一阶段也没有专门的管理行为,农民只收取客人少量的食宿费。

2) 观光阶段

观光农业的真正发展是在 20 世纪中后期。观光不再是观看田园景色,而是出现了专门具有观光职能的观光农业园区,观光内容日益丰富,如粮食作物、经济作物、花、草、林、木、果、家畜、家禽等皆可入园。园区内的活动以观光为主,并结合购、食、游、住等多种方式。这个时期观光农业项目主要以观光农牧场和农业公园为主。

3) 度假阶段

20 世纪 80 年代以来,随着人们旅游需求的转变,观光农业园也相应地改变了其单纯观光的性质,观光农园中建有大量可供娱乐、度假的设施,扩展了度假体验等功能,加强了游客的参与性。

4) 租赁阶段

以观光、体验、度假为目的的观光农业园都有许多成熟的典范。租赁则是一种刚刚出现的新型经营方式,主要产生于土地私有化程度高的发达资本主义国家。租赁目前在日本、法国、瑞士以及我国台湾等地不断出现。租赁即是农场主将一个大农业园划分为若干个小块,分块出租给个人、家庭或团体,平日由农场主负责雇人照顾农业园,假日则交给承租者享用。这种经营方式,既满足了旅游者亲身体验农趣的需求,也增加了经营者的盈利。

10.1.2.2 欧洲国家的观光农业发展

欧洲国家观光农业发展较早,在这些国家中,随着社会平均收入的提高与休闲时间的增多,观光事业渐渐地朝向乡野发展,观光农业已成为欧洲休闲生活趋势之一。意大利的"农业家"鼓吹以农村地区作为周末度假区。爱尔兰的国家观光组织也正在农庄上建造各种适合国民及国际旅社需要的住宿设施。法国第六期发展计划更把观光事业和别墅业(cottage Industries)列为地方建设的优先事务。

1) 德国

德国的市民农园起源于德国的 Klein Garden,是中世纪的德国贵族在自家的大庭院中,划出一小部分作为园艺用地,享受亲手栽植的乐趣。19 世纪后半叶,德国正式建立市民农园的体制。

德国的观光农业园主要是以市民农园的形式出现,即由政府或农民将位于都市或近郊的土地出租给城市居民,以种植花草、蔬菜、果树或经营家庭农艺。

德国市民农园的经营利用方式,既有庭院花园,有花卉、果树、蔬菜混合种植,也有单独种植花卉、草、果树、蔬菜的,还有养殖珍奇鱼类、搞迷宫式的植物栽植,可以说是匠心独运,各显神通,整个农园犹如一座美丽的农业公园。德国市民农园的存在表明农业既能改善城市生态环境,又能为人们观光,休闲、体验、娱乐提供空间,同时也说明城市与农业是可以相互依存,共同发展的,而非决然分割的。

2) 意大利

意大利是世界上旅游业最发达的国家之一,也是观光农业开展较早、发展较成熟的国家。早在 1865 年,意大利就成立了"农业与旅游全国协会",专门介绍城市居民到农村去体验自然野趣,与农民同吃住,同劳作。而意大利的现代意义上的农业观光则始于 20 世纪 70 年代,也被称作"绿色假期"。意大利的有关部门还对农业观光做出过许多详细的规定。到了 20 世纪 90 年代,这种度假型的农业观光项目已经在意大利遍地开花。截至 20 世纪末,意大利全国 20 个行政大区已全部开展农业旅游活动,尤以托斯卡那大区更为突出,每年接待的国内外农业旅游者达 20 万人次。

目前,意大利的农业旅游已与现代化的农业和优美的自然环境、多姿多彩的民风民俗、新型生态环境及其他文化现象融合在一起,成为一个综合性项目,对农村资源的综合开发和利用,改善城乡关系,起着非常重要的纽带作用。

3）西班牙

西班牙的农业观光事业开展得很早。由于西班牙是著名的旅游目的地,所以早在 20 世纪60 年代初,有些西班牙农场就把自家房屋改造为旅馆,接待来自城市和国外的旅游者前往观光度假,而政府也通过给补助金的方式予以鼓励,实现了对乡村风貌及文化遗产保护和利用的良性循环,被认为是现代农业观光的一个起源。

到 20 世纪 90 年代,西班牙的大部分自治省都制定了管理农业观光项目的地方法规,各个省都根据自身的特点,发展具有地方特色的农业观光项目。

4）法国

20 世纪 70 年代法国兴起了城市居民兴建"第二住宅",开辟人工菜园的活动。各地农民适应这一需求,纷纷推出农庄旅游。

法国巴黎大区是高度城市化的地区,但仍然有着非常发达的农业。巴黎的城郊农业除了生产以外,十分强调生态和景观方面的功能、休闲和教育方面的功能。农业逐渐成为一种城市内在的不可或缺的生态、景观和教育的需要。法国郊区农业出现了多种形式。主要包括:

（1）家庭农场。这是巴黎大区农业的主要组织形式。这类农场主要进行生产活动。

（2）教育农场。这是由政府向土地所有者租用土地,然后将一部分作为农业部门所属培训中心的教育农场,或者辟为"自然之家"教育中心。

（3）自然保护区。这类保护区主要是保护环境及文化遗产、自然遗产,还要保护村落和农业。保护区的功能首先是保护,然后才是经济开发,包括开辟游客观光游览的场所。

（4）家庭农园。法国的家庭农园(Jardins Familiaux)类似于德国的市民农园(Kleingarden)。这类农园主要是利用土地让市民休闲地体验劳动,同时作为城市的景观。农园一般设在距市区较近,交通、停车都便利的地方。租种农园的市民需要加入家庭农园协会,家庭农园的土地属于家庭农园协会、国有或私有。

10.1.2.3　美国的观光农业

第二次世界大战期间,由于食物需求量大,美国许多平原上的草地被开发进行农业生产。战后又因食物生产过剩,政府在经费及技术上协助农民转移农地为非农业使用,其中有一部分即转移为野生动物栖息地及观光游憩用地。美国的农业观光可以追溯到 1941 年,当时有许多美国人驾车到乡间,向农夫租马来消磨时间。在 1962 年以后,由于政府政策上的鼓励,观光农业迅速成长,其中最主要的是形式"度假农庄"及观光牧场(Vacation Farm & Rude Ranches)。

10.1.2.4　亚洲的观光农业

东南亚一些国家和地区充分利用热带农业的资源优势,开发热带观光农业,吸引了大量国外游客,成为各国产业结构的重要组成部分和创汇大项,并开创了农业公园这种农业观光园的新模式。

1）新加坡

新加坡是一个城市国家,国土狭小。为了对有限的土地进行综合开发、高效利用,他们把高科技引入农业并与旅游事业相结合。向高科技、高产值发展是新加坡观光农业的特点。从20世纪80年代起,新加坡政府拨出一些土地设立农业科技园(Agrotechnology),经过几十年的建设,形成了具有观赏、休闲和出口创汇等多功能的10大高新科技农业开发区,建成了50个兼具旅游特点和提供鲜活农产品的农业生态走廊,形成了多功能的都市农业体系,既创立了一流的花园城市生态环境,又提供大量优势农产品及其制成品,每年还吸引500万～600万国际旅游者,年创汇超过50亿美元,成为享誉世界的“绿色旅游王国”。

新加坡的10个农业科技公园总共占地264hm²。公园内不仅合理地安排作物种植,而且精心布置一些展览花卉、观赏鱼、珍稀动物、名贵蔬菜和水果生产,还相应地建有一些娱乐场所。这里视野开阔、景色宜人、设计科学、四季协调、鸟语花香、令人陶醉。

2）马来西亚

马来西亚素有“锡和橡胶之国”的美称。马来西亚光热资源丰富,热带雨林广阔,植物资源中有近1500种的各种树木和花卉,马来西亚政府十分注意观光农业的开发,因地制宜地利用当地的有利条件,建设富有热带特色的少数民族居住地,以其美丽的海滩、热带雨林、果园、商业区的风光吸引游客。

1986年,马来西亚国家农业部投资创办了世界上第一座国家级农业园——Taman Pertanian Malaysia(Malaysia Agriculture Park)。这是马来西亚作为科技示范和生态保护的样板,并以此发展农林业观光旅游。这座占地1295hm²的农业园坐落在丰富多彩的原始森林中,展示农业生产的方式和形式,以提高全民重视农业生产的意识。国家农业部门还要求有关农业企业在农业园设立永久展览中心,展出其产品,同时还决定每年国庆进行园艺比赛,以鼓励人民对生态环境的保护,让一些种果业者也在农业园内开设花园式的小果园,供公众参观,以推动城乡的美化工作。农业园也为各方面的农业生产提供借鉴和研究的场所,除了供国内外游客观光浏览之外,也启发和推动着农业的发展和进步。

随着经济飞速发展,政府十分重视农业新技术的引进和消化吸收。并将开发观光农业与宣传推介花卉等经济作物产业结合起来,以农业观光园区为载体,通过花卉节等形式进一步扩大直接和间接的经济效益。

3）日本

东亚的日本,城市化进程起步早,程度高,农业较早发生转型,因而农业观光开展得也比较早,积累了不少经验。日本各地观光农业经营者们成立了协会,各地农场结合生产独辟蹊径,用富有诗情画意的田园风光和各种具有特色的服务设施吸引了大批国内外游客。

依据日本学者藤井信雄的划分,日本观光农业经营主要有以下类型:果实采收园、观光渔业园、自然休养林、观光草莓园、观光牧场、挖掘园、森林公园、山地狩猎园、观光植物园(农业公园)。其“农业”的范围包括农、林、渔、牧,根据农业园利用农业资源的方式不同,又分为产物利用型、农作过程利用型、农业环境利用型及综合利用型四种利用方式:

(1)产物利用型。除了我们常见的直接利用农产品可食可用部分,还有一些新颖的间接利用方式,满足更高层次的需求。如特定分收林:出售园区内的杉、松、槐等农业植物的一半所有权,对于购买者发给证明,当其来此村度假时,可享受产物的赠送及折扣。30年后开发的利益由村民及契约者平分。

（2）农作过程利用型。对农园进行租赁经营，即如英、美的分区园（Allotments），将农园分成若干块，出租给城市居民亲自栽培。这就是生产过程的利用型，此外还有加工过程利用型。

（3）农业环境利用型。此类利用方式灵活多样，主旨都是满足城市居民对乡村清新质朴环境的追求。如故乡运动：为会员制，只要交纳会费即成为"荣誉"村民，住在村民家中，称为故乡之家，会员和农民有亲戚式的交往。休闲学校：利用乡间旧式私塾（建筑物），供小学生过团体生活，活动包括坐禅、扫除及自然观察等活动。青少年之岛：采取"不建设施"的开发方式，让青年住在偏僻乡村的空房内，体验无水、无电等的原始生活。农家"别墅"：将农家的旧屋便宜出租，租用者单独起居，体验乡村生活。

（4）综合利用型。主要是采用上述几种类型进行综合利用。

10.1.3　我国观光农业园的发展

10.1.3.1　我国观光农业园的发展概况

我国农业观光园普遍始于20世纪80年代末90年代初，20世纪90年代中期以来发展极为迅速，全国各地广为兴建。现已建成或正在建设的观光农园很多，形式多样、内容各异，如农业高新技术示范园、观光果园、观光茶园、休闲农场、农业公园等。

1）台湾的农业观光园

自20世纪60年代，台湾地区整个产业结构逐渐由农业转型为制造业和服务业，农业开始快速萎缩。台湾的农业部门在20世纪80年代末期即积极改善农业结构，寻求新的农业经营方式，突破农业发展瓶颈，提高农民收入及繁荣农村社会，开始探索农业观光园的建设。台湾农业观光园的发展大体经历了四个时期。

（1）观光农园时期。台北市首先于1970年在木栅区指南里组织了53户茶农，推出木栅观光茶园，开启了观光农园的先河。1982年台湾实行《发展观光农业示范计划》，开展观光农园的辅导，此后便陆续出现了各种观光农园，面积超过1 000hm²，范围包括14县、42乡镇。1985年正式开放提供体验农业的农场，提供健康的户外休闲游憩场所，为台湾休闲农业发展奠定了基础。

（2）休闲农业时期。1989年4月，开过"发展休闲新农业研讨会"后才确定了"休闲农业"这个名称。同时，台湾"农委会"开始实施"发展休闲农业计划"，积极辅导、推动休闲农业区的规划及建设工作。1989～1994年，台湾农政单位成立发展休闲农业策划咨询小组，1992年12月公布实施休闲农业的相关法规，加强宣传、培训休闲农业的经营人才，在一些高校，开设休闲农业课程，从事休闲农业教学研究，建立休闲农业理论基础。

（3）调整时期。1994～1999年，台湾休闲农业虽然快速发展，但出现了法令规章不能适应休闲农业快速发展的需要，一些农村地区的观光旅游业借休闲农场之名，经营与休闲农业毫无相关的业务，也有一些休闲农场为追求利润，经营方向偏离了休闲农业的范畴。为此，台湾农政部门修订了《休闲农业区设置管理办法》等相关法规对休闲农业区与休闲农场进行重新界定，编印指导教材，成立相关团体，确保了休闲农业在台湾的顺利发展。

（4）全面发展时期。目前台湾休闲农业进入全面发展期，把休闲农业列入产业规划，划定休闲农业区，成立休闲农业审查小组，规定从事休闲农场经营的必须向农政主管提出申请，农委会进行审核。台湾农业观光园的主要形式包括观光农园、市民农园、农业公园、教育农园、休闲农场、森林旅游区等。台湾休闲农场每年旅游人数达 100 万人，约占台湾人口的 4.7%。

2）北京的农业观光园

1993 年，北京市农业与农村资源区划办公室编制的《北京市农业区域开发总体规划》中第一次提出了"观光农业"的概念。1994 年，北京市农业与农村资源区划办公室又编制了《大兴、房山永定河沙地观光农业项目规划》。1996 年，北京市农村工作会议提出发展观光农业。1997 年，市政府召开了"北京市观光农业发展研讨会"。1998 年 5 月，《北京市观光农业发展总体规划》经市农委、计委、区划委联合行文正式出台。1998 年 8 月，北京市市政府召开了第一次"北京市观光农业工作会议"，成立了北京市观光农业领导小组及其办公室，还制定了相应的政策措施。从此，北京地区的观光农业越来越受到各级政府、投资人、旅游观光者以及农民的关注和欢迎，观光农业项目也如雨后春笋般迅速发展起来。

北京郊区观光农业从 20 世纪 80 年代后期开始起步，自昌平县十三陵旅游区出现首家观光采摘果园以来，各郊区县对发展观光农业都表现出较高的热情，开发和形成了一些观光农业项目和景点，并取得了一定的经济效益。据北京市农业与农村资源区划办调查，1996 年京郊拥有 119 个观光农业景区（点），共接待了近 300 万人次的游客，获得经营性收入（不完全统计）3.2 亿元。而近十年来，北京郊区观光农业继续发展，内容更加丰富，取得了良好的社会效益、经济效益和生态效益。到 2005 年初，京郊各类农业观光园数量超过 2 000 个，其中市级观光农业示范园 50 个，从事民俗旅游和观光农业的农民近 10 万人，观光农业年收入突破 30 亿元。观光农业的发展，为农村经济带来了新的活力，极大地促进了京郊农村产业结构的调整与优化，直接拉动了农民的增收致富，推动了农村基础设施的建设，推进了首都生态环境的改善。

10.1.3.2　我国观光农业园开发存在的问题

我国的观光农业发展速度在不断加快，面积在不断扩大，开发的潜力在不断挖掘，但与发达国家相比，我国观光农业还比较落后，存在着许多不容忽视的问题。

1）服务滞后

观光农业服务滞后，已成为我国休闲农业发展的限制因素，如食宿卫生欠佳、交通不便、缺乏休闲设施、活动单调、导游缺乏农业知识等。

2）管理不善

观光农业集农业、园林和旅游业于一体，是综合性、多功能性、开放性的经济实体，对管理水平的要求远高于单纯的农业和旅游业。目前许多农业园区管理层的人员素质高，主要问题在于知识结构不完善，管理经验不足。

3）盲目开发

尽管各地对观光农业有一定的市场需求，然而并不是什么地方都可以发展观光农业。不少地区往往没有进行科学论证和投资规划就盲目上马观光农业项目，建成后不能吸引游人。不量力而行，量需而择，简单地搬用观光农业的经营模式，使观光农业失去了自然本色。

4）品位不高

许多观光农业园区缺少特色的文化品位,缺乏自然景观、人文景观和农业科技等,而且还缺乏对植物资源和动物资源的应用,园区要么有作物,而没有树木花草;要么有家禽家畜,却没有玩赏动物。总的来说,目前我国观光农业缺少品牌园区,存在品位不高的问题。

5）生物资源贫乏

游客到观光农业园区不仅是为了看人、看建筑、看厅堂、看饭店,凡到这里来都是对农作物、果树、花草等比较有兴趣。所以动植物资源是否丰富,是吸引游人的关键因素。没有丰富多样的动植物支撑,也就无观光农业可谈。然而,各地在农业观光项目建设中急功近利,没有把丰富多样的动植物资源引入园区,而是单一的一种果树、几块农田,不足以吸引游人前往。

6）特色不浓

观光农业的真正价值在于与名城旅游、工业旅游、商贸旅游、探险旅游、文化旅游等有着显著不同的特色,如有开阔的田园风光、有地方土特产品、有参与的农事活动、有鲜美的农家小吃、有独特的乡村风情、有直感的返反璞归真。然而,目前我国现有的观光农业园区,没有充分展现各地或各园区的特色,或是因模仿城市公园而没有体现乡村韵味;或因地域不阔而不能展现田园风光;或木屋茅舍被钢筋混凝土结构所取代;或无法展现民族、民俗的风韵;或是农事活动安排不当而无法使游客满足体验的愿望。

7）缺乏文化底蕴

观光农业必须挖掘民族文化中丰富的内涵。我国是一个农业文明古国,有着丰富的农业文化遗产,其中农耕文化、餐饮文化、服饰文化和传统工艺等,这些都大量蕴藏在民间,可供休闲农业的开发和利用。但这方面的研究和挖掘工作滞后,没有纳入到发展休闲农业的规划建设中。

8）环境受损

生态环境是观光农业生命力所在,如果没有良好的生态环境,观光农业也就失去了它的价值。目前,我国农业园的环境受损主要来自于农业土地的破坏、化肥过度使用造成的农田土壤、水源的污染和游人食、宿、行、游产生的垃圾污染。

10.2　观光农业园的基本特征与类型

10.2.1　观光农业园的基本特征与景观特性

10.2.1.1　观光农业园的基本特征

观光农业园作为休闲农业的形态之一,除了具有农业的一般特点外,还具有以下几个基本特征:

1）距城市较近,交通便捷

观光农业园一般位于城市近郊或风景点附近,乘公交车可以方便到达。观光农园的服务对象主要是长期生活在都市中的城市人,尤其是对农作一无所知的年轻一代,所以在景观方面要突出有别于城市绿地的乡土气息,使市民花不多的时间就可以尽情享受自然风光。

2) 规模不求大,但可集中连片

观光农业园一般利用原有的种植地改造而成,不求规模宏大,只在原来单纯生产经营的基础上因地制宜增加一些休闲设施,如停车场、观景平台、休息亭、坐椅等。多个距离比较近,观赏内容不同的观光农园可以集中形成观光农园旅游区,以综合优势吸引旅客。

3) 特色突出,类型多样

根据观赏内容的不同,观光农业园有多种,名称各异,如观光果园(草莓园、葡萄园、橘园等)、观光菜园、观光竹园、观光茶园等。各种农业园均有其特色,在植物配置和景观规划方面应以一两种有特色植物为主,再搭配以其他观赏植物,并结合游客采摘、品尝、休憩、等活动来进行规划设计。这种以观赏内容为主,并相应加以深化形成的主题性景观和活动项目是观光农业园立足之本。

10.2.1.2　观光农业园的景观特性

1) 景观本质特性

观光农业园以农业为重点和核心,具有明显的农业产业的特点。其景观展示,着重以农业生产为依托,而且园区必须有一个良好的、个性鲜明的主题,才能保证观光农业富有生命力。由于农作物生产具有明显的区域性,不同地域有着不同的自然条件和不同农事习俗与传统,从而导致观光农业景象也呈现出较强的地域差异性。另外,观光农业园区内因季节不同,其展示内容也会呈现出不同的色彩和形象。

由于观光农业园是以农林产业景观和软质景观为主体,硬质景观为辅,因此景区内不宜开发大量的人工游乐设施,要在保证观光农业产业发展的前提下,建造富有特色、具有农林氛围和生态意境的农林景观。

园区内的产品不仅可供人欣赏,还具有实用功能。园区内的蔬菜等绿色食品、新一代水果、特种药材、经济作物、绿化苗木以及具有观赏性和商品价值的各类动物品种,能给园区带来可观的经济效益。

2) 景观表达特性

(1) 文化特性。观光农业园的景观往往意蕴着它特有的历史和文化内涵。农业园通过农业产品、产业生产设施、农业耕作方式和园林景观的构成要素表达当地的历史文化、农耕文化和地域特色。文化特性的表达方式比较多,可以直接通过宣传图片、物件传达文化,也可以通过参与一些农事活动让游客感受当地的文化习俗,文化特性是观光农业园能否持续发展的重要因素,没有文化内涵的农业园很难给旅游参观者留下深刻的印象。

(2) 美学特性。观光农业园区内与众不同的、新鲜奇特的产品或景致是吸引游人的主要原因之一。比如苏州西山现代化农业开发区珍奇瓜果园,园内有体量巨大、色彩绚丽的大南瓜和长长的瓠瓜,吸引了大量游客远道而来参观。

观光农业园区的景观能使游客透过眼前具有审美价值的感性形象,或者在农作实践过程中,直观或间接地领悟到较为深刻的意蕴,获得了审美享受和情感升华,从而进入到欢快喜悦的状态。比如在观光农业园中,春季的繁花绿叶转而到秋季的层林尽染,游人的神志伴随着愉快的心境在时空中纵横驰骋；当游人在农家亲手制作无污染、新鲜干净的绿色蔬菜和美味的鸡鱼等佳肴时，一切尘嚣、烦忧也都烟消云散。

观光农园景区在景观构成上，把人们熟悉的常见事物或带有典型意义的符号作为原型，经过概括、提炼、抽象，成为造型语言，从而使人联想并领悟到某种含义，以增加感染力。如八卦农田、基因塔、美利奴羊商铺、菠萝餐厅等都是一些具有典型意义的符号，它向人们传达和谐、安宁和悠闲自乐的田园牧歌式的生活情趣。

10.2.2　观光农业园的类型

10.2.2.1　按开发功能分类

1）大规模景区型

大规模观光农业园一般规模面积较大，园区成片分布，赏花赏果的吸引力都比较大，容易形成大尺度的园林景观。大规模景区型的农业观光园可成片开发，形成区域特色和优势，规划要求功能多样、旅游项目多样、景观优美、设施齐全、管理规范。例如，成都的"三圣花乡"（图10.1）由江家菜地、东篱菊园、荷塘月色、幸福梅林几大功能区组合成一个 AAAA 级风景区。

图10.1　成都"三圣花乡"平面

2）休闲度假型

休闲度假型农业观光园具有良好的自然景观，例如山水相依、气候宜人、田园风光秀丽，并且距离中心城区或者各个区县城区中心有一定的距离。例如，北京朝阳区蟹岛绿色生态度假村。

3）科研科普型

科研科普型农业观光园区一般具有良好的科研基础优势和科技示范推广价值，种质资源丰富，科研力量比较雄厚，设备先进，其功能定位可发挥"一个带动、三种基地、一个中心"的作用：成为带动郊区农业产业结构调整，开展产业化经营的示范园区；成为果品高新技术、新优品种研发、示范、推广的基地；成为提高果农经营管理水平的技术培训基地；成为观光、休闲和科普教育的基地；成为果品储藏、销售、信息服务的中心。

4）名特果品采摘园

名特果品采摘园主要栽培该地区的传统名果、特优新品种，开展名果的观光采摘旅游活动，如浙江余姚的杨梅采摘园。

5）田园风光型

田园风光型农业观光园位于大都市的近郊区，其土地利用属性复杂，变化快，是城市扩张的首要空间，在城市的地域扩散中呈现出城市景观与乡村景观交错的特殊性，具有以农业生产为主的生产景观和粗放的土地利用景观以及特有的田园文化特征和田园生活方式。这种类型的农业观光园可以按照田园风光的类型来发展，即以果园特色、果品品质来吸引游客，又以现代景观设施、游憩设施来满足游客需要。

6）景区依托型

景区依托型农业观光园毗邻风景区，依托景区的客源来开展旅游活动，它本身单独的吸引力不大，不必有太多的旅游服务设施及景观改造。这类园区与其他景区之间的旅游吸引产生互补，互相提供客源，协同发展。

7）农事体验型

农事体验型农业观光园是利用田舍、果品以及田园风光，吸引众多城市游客来吃农家饭、品农家菜、住农家屋、娱农家乐、购农家品，丰富市民们民俗体验需求。

10.2.2.2　按开发内容分类

1）观光种植业

这是具有观光功能的现代化种植业。它利用现代农业技术，开发具有较高观赏价值的作物品种，或利用现代农业栽培技术，向游客展示农业生产过程和最新农业成果，还可供人采摘品尝，如农业采摘园、观光果园、农俗园等。

2）观光林业

这是指具有观光功能的人工林场、天然林地、森林公园等，利用森林所具有的观光和旅游价值，为游客提供观光露营、避暑、康疗、科考、探险等旅游项目。

3）观光牧业

这是指具有观光性质的牧场、养殖场、狩猎场、森林动物园等，游人可以观摩或参与牧业生活，领略其中的风情和乐趣。

4）观光渔业

这是指利用水库、池塘、河流、滩涂、湖面等水体资源，开展具有观光、参与功能的旅游项目，如垂钓、驾船、织网、划艇、食水鲜、参与捕捞等水上活动，还可以观赏珍稀独特的水生动物，学习养殖技术等。

5）观光副业

观光副业借助具有地方独特的民俗、特产和工艺品等，进行观光副业项目开发，游人可以观赏艺人精湛的产品制作技术，还可以参与制作加工活动，也可通过乡村特殊地域文化或风俗习惯等的展示,使游人感受浓郁的乡村风情。如成都锦里的糖画、米上刻字、自贡的龚扇等非物质文化遗产,都可作为观光副业的开发项目。

6)观光生态农业

观光生态农业指通过构建良好的生态环境,形成农林牧副渔综合开发的生态模式,生产丰富的绿色食品,为游人提供观赏和体验良好生态环境的场所。如成都崇州市利用区域内的果树资源和千亩灌木林、松林打造的"花果山生态观光农业园"。

10.2.2.3 按观光园的旅游模式分类

1)观赏型旅游模式

这种模式主要以满足游客"眼观"为主,通过参观具有当地特色的农业生产景观、农业生产模式、乡村建筑、民风民俗或先进的现代农业技术等,了解当地的风俗民情、乡村文化及农业生产过程,达到旅游的目的。有游客将之戏称为"洗眼睛"。比如民俗文化园、生态观光园、农业科技园等。

2)实践型旅游模式

这种模式主要以"亲手"体验为主,强调游客在景区的参与性。这类农业观光园根据游客的参与程度分为三种类型。

(1)品尝型。以游客亲自动手采摘尝鲜为主,既让游客感受收获的喜悦,也能获得最新鲜的农产品,很受人们欢迎,如重庆白市驿的草莓采摘园、永川的黄瓜山梨采摘园等。

(2)操作型。游客除了亲自动手采摘农产品外,还可以亲手制作加工,提供游客更多的实践机会。如现在很多观光园的渔场除提供游客垂钓服务外,还提供加工条件,让游客自己动手加工鱼产品,品尝劳动成果。

(3)学习型。游客通过参与更多的农事实践活动,学习到一定的农业生产知识,体验乡村生活,从中获得乐趣。如有的园区实行租赁制,游客租赁一块地或其他农业要素,定期参加各种各样的农事活动,学习农业种植技术及农产品加工工艺等,使游客获得更深层次的乐趣。

3)综合型旅游模式

这种模式是把上面两种模式结合起来,使游客能获得更全面的乡村生活体验,即"干农家活、吃农家饭、住农家房、赏农家景、享农家乐",从而获得更多的乐趣。

10.3 观光农业园规划设计

10.3.1 观光农业园规划设计的理论基础

观光农业园规划设计的理论涉及生态学规划理论、旅游规划理论、园林规划设计理论等。

10.3.1.1 生态学规划理论

生态学规划理论是观光农业园规划设计的基础。观光农业园的规划要以尊重原有的生态系统、减弱或恢复破坏的生态系统为出发点,严格按照生态学理论的指导进行。生态规划理论主要有植物群落学理论、景观生态学理论、环境规划学理论等。

1）植物群落学理论

植被是观光农业存在的首要条件，因此植物群落学理论是景观设计人员必须掌握的基本知识。就农业观光园规划而言，设计师应对植被的分布、组成结构以及演替理论有相当的了解。

（1）植被分布。不同地理位置和海拔有不同的植被类型。对观光农业园而言，不同植被类型就意味着不同的地域、不同的劳作和不同的特色。观光农业园需要依据不同的地域选用相应的地域性植被进行规划。

（2）群落组成。一定植物群落有一定植物组成，而不同的植物组成，特别是优势种的组成决定了群落的外貌，也就决定了园区植物的观赏特征。观光农业园的植物群落包括主要植被群落和种植物群落两大部分。

（3）群落结构。自然群落适应一定的气候条件形成不同的垂直结构，如乔本层、灌木层、草本层等，有的复杂，有的简单。而人工群落（特别是按一定功能抚育的农作物群落）要简单得多。在农业观光园内，植被往往会担负起生产、娱乐、观赏、生态等诸多功能，因此不同结构层次的植物群落可能会共同存在，这需要对群落结构有所研究以适当运用。

2）景观生态学理论

景观生态学是研究景观的结构、功能和动态的学科。由于人类活动影响，使区域景观具有不同的空间格局，直接影响物质、能量的流动及物种的多样性。目前，在土地利用管理、自然资源开发利用、环境保护及区域发展规划中，都涉及改变景观的结构、功能的决策，在观光农业园的景观建设中也涉及改变原有的生态系统的行为，景观生态学的一些理论和应用原理对解决观光农业园规划设计中存在的农业生态系统的保护、发展和景观建设中存在的矛盾具有重要的指导实践意义。

3）环境规划学理论

环境规划的目的在于有目的地预先调控人类自身的活动，减少资源浪费与破坏、预防与减缓污染和生态退化的发生，从而更好地保护人类生存、经济和社会持续稳定发展所依赖的基础——环境。环境规划是实行环境目标管理的科学依据和准绳，是环境保护战略和政策的具体体现，也是国民经济和社会发展规划体系的重要组成部分。观光农业园的规划要结合农业大环境中考虑，运用环境规划学的相关理论来定位、评估农业园的发展方向，更有利于将观光农业园与当地农业环境规划发展相协调与衔接。

10.3.1.2 旅游规划理论

1）旅游心理学理论

旅游心理学是心理学的分支应用学科，它的理论基础主要是借助于心理学的研究成果。旅游心理学认为旅游动机是直接推动一个人进行旅游活动的内部动因或动力。旅游动机的产生和人类的其他行为动机一样，都来自人的需要。规划农业观光园的主要目的是为了让人们来旅游，那么只有清楚地把握旅游者的心理需求，才能使设计建造的园区适合游人的需要，满足他们的喜好，从而受到游人的欢迎和赞赏。反之，如果忽视对游人心理的分析，不考虑游客的心理特征、喜好和需求,只凭设计者个人的兴趣和偏爱来规划,这样不会达到预期的效果,从而农业观光园的经济效益也会大打折扣。由此可见,旅游心理学的理论对农业观光园营造的成败具有十分重要的指导作用。

2) 旅游人类学理论

旅游人类学是一种试图使旅游地的居民、当地政府和前来投资的开发商之间,使当地居民与来自世界各地的旅游者之间,当地社区与旅游业发生不同密切程度的关系的人群之间,以及使来自不同国家和地区的旅游者之间,能够找到和谐共处的机会,并且能在出现不可能避免的冲突时寻找到合乎大多数人的意愿的解决途径的理论。旅游人类学的意义在于提供一种"以人为本"的规划哲学,这与农业观光园为城乡居民服务、协调城乡共同发展的功能和目标是一致的,为农业和旅游业两者的结合提供了理论支撑。

10.3.1.3 园林规划设计理论

建造园林的目的是在一定的地域,运用工程技术和艺术手段,通过整地、理水、植物栽植和建筑布置等途径,创造出一个供人们观赏、游憩的美丽环境。观光农业园是农业与园林的有机结合,园林艺术与园林布局形式、园林空间艺术与植物造景、公园规划设计和风景区规划设计等理论对观光农业园的园林规划设计具有重要的指导意义。

1) 园林艺术与园林布局形式

园林的使用功能和审美功能是园林功能的两个主要组成部分。使用功能是基础,是根本,园林在满足使用功能的前提下也必须完成其审美功能。园林艺术中的美学特性在观光农业园的规划设计中同样具有重要作用,规则式、自然式和混合式的园林布局形式在观光农业园的设计中同样适用。根据观光农业园的自然条件下,结合园林绿地的功能要求,选择合适的园林布局形式是观光园规划设计的重要内容。

2) 园林空间艺术

园林中的静态空间布置的一些法则如比例与尺度、对比与调和、节奏与韵律、比拟与联想和色彩的应用等可以丰富观光农业园的园林景观变化,把一些园林中的灌木色带用农作物大尺度表现出来,可以实现意想不到的效果。科学合理地组织一些动态空间使游客能体会到不同的空间特性,不至于产生单调、乏味的感觉。

3) 园林造景

观光农业园规划设计需要确定主景和配景,主景是全园的重点,是核心,它是空间构图中心,往往体现观光园的功能和主题。合理地运用借景、对景、框景等造景手法,将会提高园区的观赏性,充分调动游客的游览兴趣。

10.3.1.4 可持续发展理论

可持续发展是指既满足现代人的需求以不损害后代人满足需求的能力。具体来说,就是谋求经济、社会与自然环境的协调发展,维持新的平衡,制衡出现的环境恶化和环境污染,控制重大自然灾害的发生。

观光农业园的规划设计遵循应生态规划的方式,绝不能以牺牲资源、破坏环境为代价来。

其规划设计应通过协调而非改造的方式重建人与自然的关系,采取多目标而非单目标的途径解决环境问题,从时间而非空间上的安排景观资源的充分利用;从生态状况而非视觉质量上构建景观元素的思想品质,最终目标是建立一个健康、自然、能永续利用、具有文化特质的农业景观。要实现这一规划目标,必须以可持续发展理论为指导思想,充分尊重和利用当地的自然环境,使自然景观与人文景观有机结合,兼顾当前与长远利益,协调生产、发展和生态环境的关系,走可持续发展之路。

10.3.2   观光农业园的规划原则

10.3.2.1   生态的原则

一方面旅游业的发展会带来环境污染的问题,另一方面园区自身的生产生活也需要注意生态方面的要求,不要对自身和周边产生不良的影响。观光农业园规划的生态原则是创造恬静、适宜、自然的生产生活环境,这是提高园区景观环境质量的基本依据。

10.3.2.2   经济性原则

建造园林和开展旅游观光是为了带来更大的经济效益,因此规划设计要把经济生产融合到园区建设中来。尤其对于各类采摘园来说,采摘的经济效益很高,规划设计要能够使采摘活动开展得更好,同时注重在非采摘季节也能吸引游人以提高经济效益。

10.3.2.3   参与性原则

亲身直接参与体验、自娱自乐已成为当前的旅游时尚。观光农业园的空间广阔,内容丰富,极富有参与性特点。城市游客只有广泛参与到园区生产、生活的方方面面,才能更多层面地体验到农村生活的情趣,才能使游客享受到原汁原味的乡村文化氛围。

10.3.2.4   突出特色的原则

特色是旅游发展的生命之所在,愈有特色其竞争力和发展潜力就会愈强。城市居民去城郊观光、休闲、度假,其目的是要观新赏异,体验清新、洁净的乡村生态环境和新奇的农耕文化,感受淳朴的乡情乡味。因而规划设计要与园区的实际相结合,明确资源特色,选准突破口,使整个园区的特色更加鲜明,使景观规划更直接地为旅游服务,为园区服务。要充分发挥当地的区域优势,尽量展示当地独特的农业景观,同时注重对传统民间风俗活动与有时代特色的项目,尤其是与农业活动及地方特色相关的旅游项目的开发和乡村环境的营造,形成鲜明的主题,确立"人无我有,人有我新、我精、我特"的垄断性地位。尽最大可能保持旅游地历史地理环境及其景观的原始风貌特质,树立产品的独特形象,独享垄断地位,是观光农业园规划布局的又一重要思想。

10.3.2.5   文化的原则

通常我们谈及农业,首先想到的是其生产功能,很少想到其中的文化内涵,很容易忽视农业也是一种文化的体现,所以在园区的景观设计中应深入挖掘出其内在的文化资源,并加以开发利用,提升园区的文化品位,以实现景观资源的可持续发展。

10.3.2.6　多样性原则

不论是观光旅游还是专题旅游,不论是团队旅游还是散客旅游,都要为旅游者提供多种自由选择的机会。从经济效益角度分析,延长旅游者的停留时间是提高旅游经济效益的有效途径。一个观光农业园只要能设计出多种多样的旅游项目,便会产生多方面的吸引效果,满足不同层次和不同心理需求的旅游者的需要,即可达到延长停留时间、提高旅游经济效益的目的。这也决定了园区的经营应以满足消费者的需求为导向,并注重突出多样化的发展思路。园区设计时应全面考虑,设置丰富的功能,将各项功能与园区内的风景资源相整合,合理分区,使整个农业园呈现出多样的空间变化。同时,对于具体场所的设计,不能拘泥于固定模式,应通过灵活的设计,为人们提供多种活动的选择,并且在旅游产品开发、旅游线路、游览方式、时间选取、消费水平的确定上有多种方案以供选择,在品种选择、景观资源的配置上突出其丰富性、多样性的特点,满足游客多层次需求。

10.3.3　观光农业园规划的步骤

10.3.3.1　基础资料的收集和分析

作为规划设计的首要任务应清楚掌握当地的各种资源,包括自然资源、人文环境,然后立足于这些基础资料进行分析评价,提出积极利用和开发各项资源的措施,并结合当地的实际,制定合理的规划目标和发展构想。因此规划时首先应对各种基础资料进行收集,从而为观光农业资源的合理开发利用和规划建设提供可靠依据,增强资源开发利用的科学性。基础资料的收集与整理主要包括:

1) 自然条件的收集与分析

观光农业因受自然条件影响而具有强烈的地域性和季节性,因此其所在地区的综合自然条件在一定程度上决定了其开发类型和发展方向。自然条件包括气候、日照、水文、降雨量、土壤条件、地形地貌、环境污染程度、不同地块的肥沃程度等。观光农业园应具备优越的自然条件,一般说来具有选择优美的景观、温暖湿润的气候、优良的水文状况、丘陵和平原相间的地貌、肥沃的土壤、较少灾害性天气、较小的环境污染程度等条件的地域开发观光农业园。

2) 区位条件的收集与分析

区位可分为宏观区位和微观区位。宏观区位是指观光农业区所依托的城市的区位条件。微观区位是指观光农业与所依托的城市的联系。区位条件主要是指拟开发的观光农业园与主要客源地及中心城市的距离,交通可达性以及与相邻旅游区的关系。

游客的出游在很大程度上要取决于目的地的区位条件,也就是说,区位条件对旅游资源的吸引力(或者是游客的数量)有着直接影响,必须认真分析并做出恰当评价。城郊观光农业园在区位条件上往往占据先天优势,由于离城近,且在城市快速发展的过程中交通状况日益改善,城郊区域的观光农业园一般都有便捷的交通联系主要客源市场。

3) 社会经济条件的收集与分析

城市的社会经济条件决定着观光农业园的生存与发展,观光农业开发以前必须对其所依托地区的社会经济条件进行细致而深入的分析。分析的内容主要包括以下几个方面：

（1）区域总体发展水平。一个地区社会经济的发展程度和总体水平决定了观光农业的开发规模和程度，也决定了周围居民的出游水平。因此，开发者应该对该地区的总国民收入、人均国民收入、国民经济及工农业总产值进行认真而细致的分析，判断该地区对观光农业的需求程度，从而确定开发的投入方式及投入程度。

（2）物产和物质供应情况。观光农业所依托区域的物产和物质供应状况与观光农业的开发建设和经营情况呈正相关。开发者应对与旅游有关的物产、物质和农副产品生产供应的种类、数量和保障程度进行重点考查，具体包括粮食、禽蛋、水产、蔬菜以及建材等基本生产、生活资料的种类、产量、自给程度、外销率、供应潜力等基本情况，还包括特色旅游商品、土特产品的生产和供应情况等。

（3）区域基础设施情况。区域内的水、电、能源、交通、通信等基础设施是观光农业开发，特别是观光农业技术建设中不可缺少的条件和因素。观光农业所依托地区的基础设施及其配套状况、规模、能力以及布局会直接影响到开发的利用速度和投资效益，应着重对其进行分析、论证。

4）客源市场条件的收集与分析

观光农业客源市场研究的主要任务是确定客源市场的特点及潜在市场的规模，常用的方法是按照人口属性对市场进行分析，如年龄、收入、文化程度、职业等。观光农业客源市场研究内容包括：根据逗留目的（如娱乐、公务等）、地理来源、社会经济水平、人们的旅游嗜好等来确定客源市场；从季节因素、其他旅游点的存在（竞争性经营、互补性经营）两方面来分析客源市场的限制因素；从客人的需要和爱好、最能满足市场需要的设施（规模、数量、质量）两方面来对客源市场进行评估；从可获信息来了解客源市场。客源市场分析准确与否，直接关系到观光农业开发项目的生命力和投资资金的可行性与安全性，是项目开发成功与失败的分水岭。客源市场分析主要解决以下两个问题：第一，客源市场定位；第二，客源市场预测。

5）农业资源条件的收集与分析

观光农业所在地区的农业资源条件对观光农业的开发有一定的影响。农业资源的种类、产量、商品率等与观光农业的开发呈正相关。丰富的农业资源的种类、较多的观光农业可开发素材、较高的农业资源的产量和商品率是观光农业开发的强有力保证。此外，农副产品如禽蛋、水产、蔬菜等生产供应的种类、数量和保障程度对观光农业的开发也有较大的影响。因此开发者在观光农业项目规划之前应对依托地区的农业资源进行仔细的分析和研究。

10.3.3.2 目标定位

目标定位是项目规划的基本出发点，是规划的目标，也是项目规划的发展方向。通过详细分析项目区位条件、自然条件、农业资源条件、依托城市的社会经济条件、客源市场条件、旅游资源条件，对观光农业园进行总体定位，应从以下几个方面考虑：

1）市场定位

市场定位是指在资源综合评价的基础上，分析客源市场，结合当前的市场需求，确定发展目标与建设程序。根据对客源构成、客源流向、消费结构、消费水平的分析评估，科学地确定观光农业园的发展目标和建设规模，让其保持一个恰当的水准，既有一定的超前性，又有相当的可行性。规划不仅要分析目前的市场状况,更要研究未来市场的变化,合理划分发展阶段,并选择适应不同阶段需求的建设项目,追求社会效益、经济效益、环境效益三者的统一。

2）发展模式定位

依据项目所在地的综合现状条件确立适当的农业观光园发展模式,对于整个规划设计过程至关重要。应根据园区所在地的实际条件和发展需求,选择适当的发展模式,开发更加全面的功能。发展模式不是一成不变的,需根据当地实际情况的变化做出灵活的调整,甚至可能立足于地区特殊情况,经过科学的分析,创造性地建立新的农业观光发展模式。

3）发展目标定位

根据确立的项目发展模式,结合本地区的物质条件,对项目发展前景做出预判,制定切实可行的发展目标,以检验规划设计的效果,并确保项目建设的正确方向。

10.3.3.3　园区发展战略

在调查—分析—综合的基础上,对园区自身的特点做出正确的评估后,提出园区发展战略,确定实现园区发展目标的途径,挖掘出提高观光农业休闲的市场潜力。

10.3.3.4　园区产业布局

确定农业产业在园区中的基础地位,在围绕农作物良种繁育、生物高新技术、蔬菜与花卉种植、畜禽水产养殖、农产品加工等产业规划的同时,提高观光旅游、休闲度假等第三产业在园区景观规划中的决定作用。园区产业布局必须符合农业生产和旅游服务的要求。

10.3.3.5　园区功能布局

园区功能布局要与产业布局结合,充分考虑游客观光休闲的要求,确定功能区,划定接待服务区、农产品示范区、观光采摘区、生产区的范围,完成园区功能布局图。

10.3.3.6　园区土地利用规划

合理确定园区绿地、建筑、道路、广场、农业生产用地等各项用地的布局,确定各项用地的大小与范围,并绘制用地平衡表。对不同土地类型的各个地块做出适宜性评价,达到土地利用的最合理化,取得最大的经济效益。

10.3.3.7　景观系统规划设计

景观系统规划设计更强调对园区土地利用的叠加和综合,通过对物质环境的布局,构思园区景观空间结构的变化和重要节点的景观意境。景观系统规划设计包括基础服务设施规划、游憩空间规划、植物景观配置规划、道路系统规划、水电设施规划。

10.3.3.8　解说系统规划设计

解说系统规划设计内容包括软件部分(导游员、解说员、咨询服务等具有能动性的解说)和硬件部分(导游图、导游画册、牌示、录像带、幻灯片、语音解说、资料展示栏柜等多种表现形式)两部分,其中牌示是最主要的表达方式。完善解说系统规划设计,向旅游者进行科普教育,增加游客对悠久的农耕文化和丰富的自然资源等知识,如生态系统、农作物品种、文化景观以及与其相关的人类活动的了解。

10.3.3.9 景观规划与设计的实施

景观规划与设计的实施是景观系统规划设计的进一步细化,是对总体方案的进一步修改和补充,并对重要景观进行详细设计,内容包括完成园路、广场、水池、树林、灌木丛、花卉、山石、园林小品等景观要素的平面布局图。在完成重要景点详细设计的基础上,着手进行施工设计。

10.3.3.10 评价

结合园区原有现状的分析,对景观规划设计的过程和实施做出评价,主要包括规划设计方案的适用性评价、客源市场分析与预测、投资与风险评价、环境影响分析与评价、经济效益分析与评价、社会效益分析与评价。

10.3.3.11 管理

建立职能完善、灵活高效的管理机制,以保证各项工作的顺利进行。建立符合现代化企业运营的体制,例如可采取"公司＋农户＋经济合作组织"的经营管理模式。

10.3.3.12 规划成果

规划成果在形式上包括:可行性研究报告、文本(含汇报演示文本)、图集、基础资料汇编;在内容上有:园区社会及自然条件现状分析,园区发展战略与目标定位,项目建设指导思想及原则,园区空间布局,园区土地利用,园区功能分区及景观意向,园区环境保障机制,园区游憩系统布置,景观规划与设计的实施方案,园区经济效益、社会效益、生态效益评价、组织与经营管理。

10.3.4 观光农业园的分区规划

观光农业园的分区规划主要指功能区域的划分。观光农业园的功能分区是突出主体,协调各分区的手段,在规划时要注意动态游览与静态观赏的结合,保护农业环境。

虽然目前由于观光农业园的设计创意、表现形式各不相同,但其功能分区却大体相似,即遵循农业的三种内在功能联系来分区:提供乡村景观,即利用园区自然的环境或者人工营造的自然环境向游人提供游览场所。按园区尺度分为大尺度的田园风景观光、中尺度的农业公园、小尺度的乡村休闲度假地。通过具有参与性的乡村生活形式及特有的娱乐活动,实现城乡居民的交流,表现为乡村传统庆典和文娱活动、农业实习旅游、乡村会员制俱乐部。提供农产品生产、交易的场所,向游客提供当地农副产品,主要形式有农产品生产、产品销售(可采摘瓜果、农产品直销、乡村集市)、食宿服务。

典型观光农业园主要包括六大分区:生产区、示范区、销售区、观赏区和休闲区、园务管理区,见表10.1。

表 10.1   观光农业园的分区与布局

分　区	占规划面积/%	用地要求	构成系统	功能导向
产品生产区	40～50	土壤、气候条件较好,有灌溉、排水设施	农作物生产;果树、蔬菜、花卉园艺生产;畜牧业;森林经营区;渔业生产区	让游人认识农业生产的全过程,参与农事活动、体验农业生产的乐趣
科技示范区	15～25	土壤、气候条件较好,有灌溉、排水设施	农业科技示范;生态农业示范;科普示范	以浓缩的典型农业或高科技模式,传授系统的农业知识,让游客体验劳动过程
产品营销区	1～5	临园区外主干道	乡村集市;采摘、直销;民间工艺作坊	
农业观光区	30～40	地形多变	观赏型农田瓜果园;珍稀动物饲养;花卉苗圃	身临其境感受田园风光和自然生机
娱乐休闲区	10～15	地形多变	农村居所;乡村活动场所	营造游人深入其中的乡村生活空间,参与体验,实现交流
综合服务管理区	1～3	地形平坦,方便运输	员工休息;设施、商品存放	与其他区有所隔离,游客不得入内

在具体规划时,应根据不同立地条件和资源特色合理划分功能区,充分发挥各区资源优势,如土壤、气候、水资源,光照等条件良好,有排水、灌溉等基础农业生产设施的地域比较适合设立农业生产区;在景观资源丰富、自然环境良好、易于景观营造与组织的地区则应设置农业观光区。还应根据观光农业园类型的不同合理分配各区比例,如产业型观光农业园的生产区面积可增加到 40%～50%,科技型观光农业园的农业科技示范区可增加到 25%～35% 左右,其他区域作出适当调整。

10.3.5　观光农业园的绿化规划

首先要按植物的生物学特性,从观光农业园的功能、环境质量、游人活动、庇荫等要求出发来全面考虑,同时也要注意植物布局的艺术性。观光农业园的绿化规划以不影响园内生态农业运作和园内区域功能需求出发来考虑,结合植物造景、游人活动、全园景观布局等要求进行合理规划。全园建筑周围、平地及山坡(农业种植区域除外)绿化均采用多年生花卉和草坪;主干道和生态公园等辅助性场所(餐厅、科普馆等)周围绿化则采用观花、观叶树为主。全园常绿树占总绿化树木的 70%～80%,落叶树占 20%～30%,保证园内四季常青。总之,园内植物布局既要达到各功能区中农作物与绿化植物的协调统一,又要避免产生消极影响(如绿化植物与农作物争夺外界自然条件等)。

观光农业园中不同的分区对绿化种植的要求也不一样。

10.3.5.1 生产区

为体现观光特色,提高土地利用率和丰富园景,生产区的植物选择应注意经济价值、观赏性、趣味性的结合,通过精心的园林设计和园艺栽培技术,展示丰富多彩的植物种类,同时也提高视觉质量,避免此区的景观过于单调。

生产区主要种植的植物视园区需求决定,道路两侧原则上不用高大乔木树种作为道路主干绿化树种,一般以落叶小乔木为主调树种,常绿灌木为基调树种形成道路两侧的绿带,再适当配以地被草花,总体上形成与生产区内农作物四季变化的景观季相的互补效应。

生产区以生产农作物为主,需考虑采光、通风问题,因此,区内主要以体现农作物生产景观为主,只在农作物种植片区的边缘选用其他种类的植物形成空间限定。如成都三圣乡"五朵金花"的花卉生产区,在其边缘选择了一颗孤植树,形成该区的一个独特景观(图10.2)。

图 10.2 成都"五朵金花"花卉生产区

以水产养殖为主要生产目的的园区,可以在鱼塘岸边以垂柳、碧桃相互间植,形成"桃红柳绿"的景观。鱼塘间土堤上的廊架栽植葡萄,夏日绿荫匝地,成熟后的累累葡萄煞是惹人喜爱(图10.3)。

图 10.3 成都"五朵金花"养殖生产区

10.3.5.2　生态农业示范区

生态农业示范区是观光农业园的核心部分,是观光农业园生存和发展的基础区域,是观光农业园最主要的效益来源和示范区域。示范区内的树木种类相对生产区内可以丰富些,原则上根据示范区总体景观构思选取植物,形成自己的绿化风格,总体上体现彩化、香化并富有季相变化特色。例如在永记生态园的新规划中,果园生态区采用"立体种植业"式的生态农业类型,采用果园结合养殖的模式;鱼塘生态区采用"食物链、加工链式生态农业"类型,因此在绿化规划方面应多考虑生态循环因素。

另外,示范区中主要的示范植物采用大规模产业化的生产模式,不仅有生产效益高、产业带动性强和集中性统一的优点,还可以对其他企业起到示范和参考的作用。

10.3.5.3　观光区

观光区可根据园区主题营造不同意境的绿化景观效果,总体上形成绿色生态为基调而又活泼多姿且季相变化丰富的植被景观。

在大量游人活动较集中的地段,可设开阔的大草坪,留有足够的活动空间,以种植高大的乔木为宜,取得点缀、遮阴等效果。由于游人较多,因此,园区内的景观建筑也多设在这个区,这时要注意建筑物与周边环境的结合。此外,应该种植高大乔木,以便引来鸟类。例如,重庆潼南油菜花农业观光园观光区植物景观丰富,层次错落,自然风光优美(图 10.4)。

图 10.4　潼南"油菜花"观光农园

10.3.5.4　管理服务区

管理服务区内包括管理、经营、培训、咨询、会议、车库、产品处理厂、生活用房等,因此建筑相对较多,可以高大乔木作为基调树种,与花灌木和地被植物结合,一般采用规则式种植,形成前后层次丰富、色块对比强烈、绚丽多姿的植被景观。利用植物景观淡化建筑的突兀和隐藏边缘强硬的线条,将建筑物与外部环境完美地结合起来。

10.3.5.5　休闲配套区

休闲配套区可片植一些观花小乔木并搭配一些秋色叶树和常绿灌木,以自由式种植为主,地被四时花卉、草坪,力求形成春夏有花、秋有红叶、冬有常绿的四季景观特色。也可在一些游人较多的地方,规划建造一些花、果、菜、鱼和大花篮等不同造型和意境的景点,既与观光农业区主题相符合,又增加了园区的观赏效果。

如接待中心由于接待参观者较多,绿化规划应当以人为本,建筑周围配植景观效果好的大乔木,其中配植适当观花树种,让建筑掩映在树林中,使接待中心形成相对独立、幽静的空间。例如,成都"五朵金花"接待区的建筑与环境的结合就很好(图10.5)。

图10.5　成都"五朵金花"接待区周围植物景观

再如,休闲区设计的疏林草地及大片随地形微微起伏的草坪,草坪中成片栽植观花灌木以烘托渲染色彩;上层由自然散植的大乔木形成绿色基调。

10.3.6　观光农业园的交通规划

观光农业园的交通道路规划包括对外交通、入内交通、内部交通、停车场地和交通附属用地等方面:

(1) 对外交通是指由其他地区向园区主要入口集中的外部交通,通常包括公路、桥梁、汽车站点的设置等。

(2) 入内交通则指园区主要入口处向园区的接待中心集中的交通。入内交通可以是一条长长的廊架,给人自然、古朴的气息(图10.6)。

图10.6　重庆"美丽嘉年华"入内交通

（3）内部交通主要包括车行道、步行道等。一般园区的内部交通道可根据其宽度及其在园区中的导游作用分为主要道路、次要道路和游憩道路。

① 主要道路以连接园区内主要区域及景点，在平面上构成园路系统的骨架。在园路规划时应尽量避免让游客走回头路，路面宽度一般为4～7m，道路纵坡一般要小于8％。

② 次要道路要伸进各景区，路面宽度为2～4m，地形起伏可较主要道路大些，坡度大时可作平台、踏步等处理形式。

③ 游憩道路为各景区内的游玩、散步小路。游憩道路布置比较灵活、自由，形式也较为多样，对于丰富园区内的景观起着很大作用。

内部交通道在规划时，不仅要考虑它对景观序列的组织作用，更要考虑其生态功能，比如廊道效应。特别是农田群落系统往往比较脆弱，稳定性不强，在规划时应注意其廊道的分隔、连接功能，考虑其高位与低位的不同。

10.4　实训案例——重庆歇马镇小湾村生态观光农业园规划

小湾村生态观光农业园位于重庆北碚区歇马镇小湾村境内，距歇马镇约5km、北碚城区约10km。园区东与小湾村工业园区相接，南同沙坪坝区相邻，西为缙云山，北与农村紧密相连。

10.4.1　现状概况

10.4.1.1　自然特征

重庆北碚区属四川盆地东部平行岭谷区，地形地貌受东南弧形构造带的华蓥山帚状褶皱束控制，山脉走向与构造方向一致。北碚小湾村处于北碚向斜与观音峡背斜之间，处于山地与丘陵谷地之间的过渡地带，土壤由侏罗系中下层厚砂岩、泥岩、薄层灰岩、泥灰岩等岩层经侵蚀、剥蚀而成。山坡冲刷强烈，水土流失严重，土层浅薄，坡下为暗紫泥土，坡上为黄泥土，适合多种植物生长。

园区所在地气候属亚热带湿润季风气候，气候温和、日照较多，光热雨量资源充足。年平均气温17.6℃，年积温6 387℃，其中1月平均气温7.4℃，7月平均气温27.4℃，极端最低温－3.1℃，极端最高温43℃；年降雨量1 105.4mm以上，无雨期334天，全年平均日照时数为1 276.7小时。

园区用地总面积为35.8hm²，东西950多米，南北长650多米，紧邻缙云山风景林，用地范围内主要是荒山、坡耕地、马尾松残次林（图10.7、图10.8、图10.9），主要经济果作物有柑橘、樱桃、桃、枇杷、杏等，植物有马尾松、竹、青冈栎、葛藤、火棘等。

10.4.1.2　交通条件

北碚至青木关的一级干道公路离本园区仅1.5km，目前村级混凝土公路已修进园区；规划中的重庆主城区的二环路高速路将从小湾村穿过，并有一个道路接口；距即将动工的西南最大铁路编组站——回龙坝仅3km；小湾村工业园区有1条干道直通观光农业园区；北碚至小磨滩、北碚至青木关的公交车、中巴车都经过该村，为小湾村的观光农业园区提供了便利的交通条件。

图10.7　"小湾村观光农业园"原有地貌(一)

图10.8　"小湾村观光农业园"原有地貌(二)

图10.9　"小湾村观光农业园"原有地貌(三)

10.4.1.3　基础设施条件

小湾村有较好的基础设施条件:

(1) 电力。有较好的供电条件,户户通电,且扩容不会受限。

(2) 电信。小湾村每社开通程控电话,通往园区有 60 对;移动通信可覆盖全园不受限制。

(3) 供水。在园区内有小型水库一座,在王家沟有一泉水,流量大,且终年不断。

(4) 排水。在规划范围内以沟、渠、河自然形成排水系统。

10.4.2　规划指导思想

10.4.2.1　农业生态化的指导思想

生态农业在本规划中主要是指将农业各个环节中生产的废料进行再利用,形成整个园区资源循环利用、综合开发、变废为宝、全面增值的生态经营模式。运用 EM 生物技术、沼气技术、食物链技术、生态循环技术、人工组装技术和产品深加工技术,使农庄内没有污染和废物,不用从外部购买肥料、饲料、燃料，以最少的投入来生产最多的产品，且都是无污染的绿色食品。

10.4.2.2　农业现代化的指导思想

农业现代化就是将传统农业变为现代农业，其基本内涵是农业生产经营的现代化，包括物质装备现代化、科学技术现代化、经营管理现代化和资源环境优良化等四方面的内容。即用现代工业技术装备农业，用现代农业科技代替传统农业技术，用现代经营管理方法取代自给半自给的生产方式，用资源永续利用和环境优化来替代掠夺式的破坏性农业，以实现高产优质高效的目标，走中国式集约持续发展的道路，使传统农业走向现代化农业。

10.4.2.3　现代农业园区的指导思想

现代农业园区实际上是现代农业的示范区。由于我国农村地域广大，经济发展程度和农业生产水平差距悬殊，选择自然条件较好、经济和科技水平较发达的地区，划定一个地域范围，按照农业现代化的要求，形成由公司出资、农户经营管理的产业链，率先建成一个现代农业示范基地，对我国实施农业现代化起到探索、示范和引导作用，这就是现代农业园区。现代农业园区建设标准有以下几个方面：

（1）符合现代化要求的基本建设和装备系统，包括科学的沟、渠、田、林、路体系，现代保护栽培设施，机械化和电气化设备，现代化的生产用房和生活配套设施等。

（2）建立起依靠科技进步，能不断生产出满足人民生活需要的品质优、种类多、产量高的农产品，以提高经济效益为中心有综合效益的农业生产体系。

（3）建立有效的技术创新机制和有力的支持系统，使农业科技成果和新技术不断应用于农业生产，实现产业化，转化为生产力，建立包括农业科研、农技推广、农副产品加工贮藏运输、销售的运行系统，和良种、化肥、农药、农机以及信息、教育、金融、保险等在内的服务体系，以及以政府投入为引导的多方投入体系。

10.4.3　规划原则

10.4.3.1　整体性原则

一方面，园区的规划建设应与北碚区的城市总体规划以及周边环境相协调，构成有机的整体；另一方面，园区内部规划应整体考虑，在功能分区、道路联系等多方面协调进行。

10.4.3.2　特色性原则

园区特色主要体现在以下三方面：

1）特色的农业文化

特色的农业文化包括以下几个方面：最新农业科技成果的展示和应用，如无土栽培技术（图10.10）、节水灌溉技术等现代农业科技成果展示。特色农业植物种植，包括特色花卉种植和特色果蔬种植（图10.11）。特色农艺活动，如农艺手工绝活表演、农艺竞技等。特色农业珍禽、畜牧养殖，如珍珠鸡、野猪、雪儿猪等珍禽野兽的养殖，给游人提供狩猎的趣味活动。

图 10.10　无土栽培蔬菜

图 10.11　巨人南瓜

2）特色的建筑风貌

特色的建筑风貌包括以下几个方面：特色的大门建筑造型，体现"农业"观光特色；特色的城市风貌建筑，如茶楼、别墅群及综合管理楼的建筑风貌与北碚区流行的坡屋顶建筑风貌一致，体现城市特色建筑风貌；特色的农业建筑小品，如石磨（图 10.12）、传统农具小品等。

图 10.12　石磨豆花工具

3）特色的乡村景观营造

农家风情的小院、农家别墅、农家温泉让你尽享乡村特色。梯田状的奇花异卉种植，各种果树满山遍野，不时还有野兔窜过，乡村景观尽现眼帘。

10.4.3.3　生态性原则

一方面，园区规划建设以绿色植物为主体，保证城市良好的生态环境。园区植物种类的选择、布局、搭配等均应遵循植物群落演替和植物生理、生态特性需求等基本规律，形成健康、有序、稳定的植物景观。

另一方面，园区农业生产方式采用科学的生态循环体系，将园区的废物进行再利用，变废为宝，减少对环境的污染，体现了可持续发展的思想。同时，园区不从外部购买肥料等会环境污染的产品，采用自给自足的方式。

10.4.4　总体构思

规划方案确定围绕都市休闲农业这一主线,按照旅游业发展的吃、住、行、游、购、娱六大要素,突出森林、山地、溪流等现有景观,以森林探险、果蔬种植、赏花垂钓、温泉度假和其他娱乐设施为载体,有计划、有步骤、高起点地把北碚区歇马生态农业园建设成为融自然风光、休闲娱乐、健身疗养、科普教育、农业生产为一体,服务设施完善、旅游环境质量高,突出体现重庆北部旅游特色的大型现代化农业旅游观光园和科研成果示范园。

整个园区的建设以农业生态学为基础,运用 EM 生物技术、沼气技术、食物链技术、生态循环技术、人工组装技术,以园区主干道为连接体,沿线布置休闲娱乐区、优质花卉种植区、优质果蔬种植区、特种畜禽水产养殖区、森林探险娱乐区。

10.4.5　园区总体规划

10.4.5.1　总体用地布局及功能分区

园区总体规划布局分为五个片区,即休闲娱乐区、优质花卉种植片区、优质果蔬种植片区、森林探险娱乐区、特种畜禽水产养殖区(图 10.13)。其中,休闲娱乐区作为整个农业园的管理、接待、休闲、娱乐中心,定性为集生态休闲、旅游、观光、科教及管理为一体的观光农业模式;奇花异卉种植片区、特色果蔬种植片区和特种畜禽水产养殖区作为整个农业园的科技推广和生产示范区,定性为集农业生产、示范、农业科技推广为一体的科技农业模式,森林探险娱乐区作为整个园区与自然的切合点,定性为旅游观光模式。

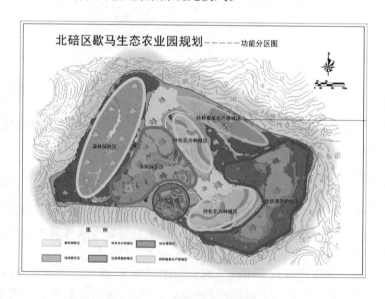

图 10.13　北碚歇马生态农业园功能分区

1）综合管理区

综合管理区位于生态农业园最北端,靠近新建的天台寺一边,面积1.7万 m²,有入口内广场、假山瀑布景区和综合服务大楼三个功能单元,主要承担整个农业园的接待、管理任务,是现代农业园的接待管理和服务中心。综合管理区具体功能包括园务管理、餐饮、住宿、部分旅游设施的出租和出售等。

2）休闲娱乐区

休闲娱乐区位于生态农业园最北端,靠近新建的天台寺一边,面积4.3万 m²。该区又细分为农业博览区、娱乐活动区、高山流水景区、趣味垂钓景区4个小区,包括娱乐活动中心、康体洗浴中心、观景台、葡萄走廊、别墅群、博览馆、高山流水瀑布、垂钓等功能单元。

娱乐活动中心主要满足游人卡拉OK、举办舞会、宴会等活动。观景台在原来帽儿坡的山顶,利用地理优势,设置了观景台、休息设施等,可以远眺北碚城。葡萄走廊利用山坡设置廊架,种植葡萄攀爬其上,葡萄成熟时可以举办篝火晚会等活动。康体洗浴中心主要是利用缙云山自然纯净的泉水,配以各类花卉、药材等材料,形成多种多样的温泉池,为游人提供花卉浴、药材浴等。别墅群主要是针对部分高消费人群,提供单幢别墅住宿。博览馆主要是以多媒体、图片、标本、实物的形式集中展示农业文化、农业发展历史等农业知识。高山流水瀑布主要引缙云山天然泉水,辅以山石、水车,塑造自然野趣,供游人驻足观赏、嬉戏。趣味垂钓主要是开展小型钓鱼游戏,配以座凳等设施,创造一个游憩的空间。

3）优质花卉种植片区

优质花卉种植片区位于现代农业园中部,围绕整个帽儿坡,面积7.7万 m²。该区主要分为香花圃、宿根花卉圃、奇花异卉圃、康体植物圃四个小区,包括山顶观光建筑、景观亭廊等建筑功能单元。优质花卉种植片区不仅是园区的一道风景,而且是园区周边可以远眺的花坡,春天百花盛开之时可以开展野花诗酒会等各类活动。

香花圃主要是集中展示各种香花植物,游人也可以采摘花瓣制作各类花卉制品。宿根花卉圃主要集中展示各种特色宿根花卉,在特定的季节可以开展花卉博览会等。奇花异卉圃主要展示各种奇特的花卉,如猪笼草、曼陀罗、露美玉、舞草、时钟花等重庆范围内不能观赏到的奇特花卉。康体植物圃主要栽植各种康体植物,按照其康体效果分区栽植,不同的人群可以选择不同的分区,满足不同的康体要求。

4）特色果蔬种植片区

特色果蔬种植片区位于帽儿坡的东部,面积6.2万 m²,包括特色果林种植区、纪念林、游客自由采摘区和精品蔬菜种植区,主要承担整个生态农业园的蔬菜瓜果的生产、展示。

特色果林种植区主要种植奇、大、丰的果树品种,通过对这些奇特水果的展示,达到农业科技推广和创收的目的。纪念林主要是开辟一块土地,游人可以为了纪念某一事件种植特殊的树木,如爱情树、常青树等;也可以让游人认领果树,以吸引游客的光顾。游客自由采摘区主要以满足游客与农业生产紧密接触及自己动手、丰衣足食的目的。精品蔬菜种植区主要种植奇特的蔬菜品种,如巨型南瓜、大葫芦等,满足游客观赏和生态农业园生产。

5）特种畜禽水产养殖区

特种畜禽水产养殖区位于现代农业园北部，面积 4.5 万 m^2，主要分为畜禽养殖区和特种水产养殖池、狩猎区，包括生产管理房、沼气池、特种水产养殖区、畜禽笼舍等功能单元，主要承担整个生态农业园野生动物和特种水产养殖，是园区动物养殖中心，主要满足游客狩猎、垂钓的娱乐活动，也是园区特色食品的生产地。

特种水产养殖池主要养殖除四大家鱼以外的特色鱼类，可以让游人观赏和垂钓。狩猎区主要是供游人进行野外狩猎活动的场所。

6）森林探险娱乐区

森林探险娱乐区位于园区的西部，面积 6 万 m^2，主要以园区西部的森林为依托，通过挖掘山体本身奇特的路线和造型，创造变化多端的空间。该区主要分为反恐精英区、森林迷宫区、攀岩探险区、野外露营烧烤区四个小区，主要为游客提供刺激的游戏活动，满足游客室外探险和狩猎的要求。

反恐精英区主要是模拟网络游戏的场景进行实战，让现代人体验枪林弹雨的感受。森林迷宫区主要利用现状山体良好的植被，加以人工的修饰，使其扑朔迷离。攀岩探险区主要是利用现状岩石，借助工程技术手段，营造一段人工的岩石攀登区，可以开展室外攀岩竞赛等活动。野外露营烧烤区主要是利用林地优美的环境，夏天开展野外露营活动；烧烤区主要是为垂钓和狩猎的游人提供品尝自己猎获的猎物的机会，也是体验古老民族生活的方式。

10.4.5.2　景观总体创意

1）特色农业景观

（1）特色生态农业景观。园区以农业生物技术和农业信息技术为主导展示，应用现代农业科技成果，使园区成为生态农业参观、试验的基地。在这里将展示 EM 生物技术、沼气技术、食物链技术、人工组装技术和产品深加工技术、生物肥料等现代农业科技成果，形成特色的生态农业科技景观。

（2）特色农作物景观。以蔬菜瓜果作物、香花植物、特色果林等作为栽培对象，形成利用现代农业设施、现代生物科技和自然生态原理，并整合园林艺术、农艺技术的一种既有生产功能又有观赏价值的栽培模式。把一些通常作为食用、观赏和其他经济用途的植物赋予新的功能，使其具有观赏美学价值，成为一大景观和特色。

（3）特色农艺、狩猎活动景观。诸如农艺手工绝活表演、农艺竞技、农艺运动会、狩猎活动等，为北碚区的居民和青少年提供自然、优美的休闲游览场所。利用乡村自然生态环境、人文景观、民俗风情、农业生产活动、农产品经营等，经过整合、设计、建设和完善，创造适宜于人们观光、休闲、游乐、参与的乡村旅游景点和观光农业园。

2）结合城市地方风貌及文化

（1）地方特色的城市风貌建筑。综合服务管理楼、娱乐活动中心和各个区域的服务建筑与北碚区流行的坡屋顶建筑风貌一致，体现城市特色建筑风貌。

（2）地方特色的地方农业建筑小品。户外的地方农业观光建筑小品，如石磨、传统农具小品、现代农具小品等，展示巴渝地方农耕文化特色（图 10.14）。

图 10.14　石磨工具小品景观

10.4.6　绿化规划

10.4.6.1　规划原则

1）生态学原则

绿化规划要符合植物自身生理生态需求及植物群落演替规律。

2）多样性原则

在保证植物健康生长的条件下,在人为干扰小的地方要力求植物的多样性,做到乔、灌、藤、草相结合,形成多样稳定的植物群落。

3）乡土性原则

力求体现地方乡土植被特色,选用大量乡土植物作为主栽品种。

4）美观性原则

力求体现植物随时间变化而变化的生命景观特色,力求体现植物的季相、物候、层次、生命周期变化以及空间韵律、节奏变化特色,植物的个体美与群体美结合。

5）以人为本的原则

在保证植物生长的条件下,力求为游人提供多种享受服务,如遮阴蔽阳等,使之可游、可赏、可嗅、可玩,充分满足游客多方面的需要。

6）整体性原则

植物造景规划要与园区周边环境形成一个在景观、生态、功能等方面完善统一的有机整体,同时全园要有明确的基调树种。

10.4.6.2　植物选择

植物选择一方面应当考虑植物本身的生理、生态习性,另一方面应当考虑各种景观功能需求(如遮阴、观赏等)(图 10.15)。

1）基调树种

基调树种以常绿阔叶树为主,以达到四季常青的绿化效果,体现园区良好的生态环境。基

图 10.15 歇马镇小湾村生态农业园植物规划

调树种的应用数量较大,但种类不宜过多,以便色调的统一。具体参考树种有香樟、天竺桂、杜英、重阳木、乐昌含笑。

2) 综合服务管理区

由于综合服务管理区接待参观者较多,绿化规划应当以人为本,充分调集人的多种感官享受(如视觉上的观花享受、嗅觉上的闻香享受、听觉上的雨打芭蕉声等),并满足青少年在植物学科普方面的需求(如植物观察、识别等)。此区植物选择要努力营造四季花开不断、季相变化万千的景色。具体绿化植物种类有:

(1) 乔木层:香樟、桂花、大榕树、银杏、樱花、碧桃、羊蹄甲、复羽叶栾树、蓝花楹、芭蕉、楠竹。

(2) 灌木层:木槿、芙蓉、红叶李、金丝桃、蜡梅、栀子、含笑、龟甲冬青、红千层、苏铁、棕竹。

(3) 地被层:九重葛、三叶草、天门冬、美人蕉、地瓜藤、迎春、一叶兰、文殊兰、马蹄金、吉祥草、八角金盘、结缕草。

3) 优质花卉种植片区

此区花卉种植多,绿化植物主要以乔木和灌木为主,而且多选择色彩淡雅的植物,与奇花异卉形成对比。可供参考的植物有:

(1) 乔木层:白兰花、樱花、桃花、蓝花楹、银杏、桂花、棕榈。

(2) 灌木层:紫薇、黄槐、海棠、梅花、蜡梅、栀子、含笑、毛竹。

（3）地被层：小海桐、八角金盘、常春藤、马蹄金、结缕草。

4）特色果蔬种植区

此区绿化应当考虑各种蔬菜、果树的采光问题，因此应当尽量选用落叶小乔木和花灌木，营造简洁大方的绿化效果。具体参考种类有：

（1）乔木层：樱花、桃花、紫荆、玉兰、桂花、蒲葵、棕榈。

（2）灌木层：杜鹃、山茶、栀子、含笑、小叶女贞、龟甲冬青、小叶黄杨、海桐。

（3）地被层：葱兰、杜鹃、石竹、铺地柏、地瓜藤、文殊兰、一串红、马蹄金、八角金盘、结缕草。

5）特种畜禽水产养殖区

此区应尽量结合特种水产鱼类的生活习性及参观者的观光需求，创造简洁大方的绿化效果。具体参考种类有：

（1）乔木层：樱花、桃花、垂柳、金丝柳、紫荆、桂花、楠竹。

（2）灌木层：杜鹃、山茶、栀子、含笑、茶梅、迎春。

（3）地被层：三叶草、天门冬、鸢尾、水鬼焦、一串红、马蹄金、结缕草、水葱、浮萍、睡莲。

6）森林探险娱乐区

森林探险娱乐区以原有植被为主，保留植物自然的生长特色，保护生态环境。部分地区植物配置应以创造茂密高大的丛林为主，选择的植物种类有：

（1）乔木层：马尾松、栲树、米饭花、琴叶榕、四川大头茶、楠竹。

（2）灌木层：杜鹃、栀子、含笑、金叶假连翘。

（3）地被层：麦冬草、扁竹根、酢浆草。

10.4.6.3　植物配置

按植物造景配置的自身特点，植物配置分为以下几种形式：

1）植物群落式

植物群落式即以园林植物群体美为主体的形式，包括以下两种情况：

（1）平面构图的群体美形式。以植物造景的色彩和图案美为表现主题，主要指种植于地势较低或斜坡处观赏面和观赏角度较好的地方。

（2）立面构图的群体美形式。以植物高低层次的搭配为主，表现植物群体高低错落的层次美以及色彩、肌理的对比和谐美为观赏对象，主要种植在较开阔的场地或者坡度不大的场地。小溪旁种植了水杉、樱花、红枫三种高低不等、颜色各异的乔木，错落搭配形成有层次的植物景观（图10.16）。

2）标本植物式

以观赏单株园林植物（标本植物）个体美为主的种植形式，主要种植在出入口、道路两侧、道路节点、休息场地等游人驻足停留，观赏距离较近的地方，可以采用挂牌、解说的形式，让游人了解园林植物生理特点、功用等方面的知识。

入口及广场绿化选用树种包括雪松、苏铁、棕榈、蒲葵、黄葛树、重阳木、大榕树等标本树。

道路绿化选用观花、观叶、闻香的落叶小乔木为骨干树种，夏季绿荫环抱，冬季阳光普照，

图 10.16　小溪旁的植物群落式景观

花艳叶丽,芳香四溢,形成诸如梅影道、樱花径、紫薇弄、杜鹃路等专项特色观光游览道路,情景交融,引人入胜。根据道路的性质和功能,确定园林植物的种类与配置方式,如小道可绿化为山花烂漫、鸟语蝉鸣、野趣横生的乡间小路;园区主干道则以季节性花卉为主,辟建花卉走廊大道等,绿化植物可选用紫薇、樱花、桃花、海棠、梅花、红叶李、茶花、杜鹃、黄槐、含笑、栀子、茉莉、月季、腊梅以及一二年草花等。

3) 生物绿篱式

以藤本园林植物为素材,通过攀扎、修剪等人工整形形式,造型出绿墙、各种物像型等形象,园区中主要指藤蔓园的绿化形式,即通过园林植物与园林小品相结合,共同组成的景观形式,如种植池划分、棚架攀援、岩石缝种植等形式。

绿篱式植物种类有凌霄、木通、南蛇藤、扶芳藤、羽叶鸟罗、小葫芦、爬壁虎、何首乌、使君子、菝葜、五味子、络石、葡萄、紫藤、九重葛等。

10.4.7　主要建筑风貌及道路系统规划

10.4.7.1　建筑规划

园区主要建筑有大门、综合管理楼、娱乐活动中心、别墅、各个功能区的服务建筑及景观小品设施。

大门采用古典的牌坊式建筑。综合管理大楼、娱乐活动中心外观上采用川渝地区的传统建筑结构——北碚流行的坡屋顶。别墅(图 10.17)采用坡屋顶形式,在接地方式上可以有所

图 10.17　农业观光园区中的度假别墅

变化,部分别墅采用传统建筑——吊脚楼的形式,丰富建筑内部空间。各个功能区的服务建筑采用坡屋顶的形式,围合成四合院。景观小品设施采用砖木结构,使其富有亲和力合古典性。

10.4.7.2 道路规划

园区道路规划分为三级标准:

1)一级道路

单向车行道,宽 4.0m,混凝土路面拉毛防滑,混凝土路沿石高 10cm 或卵石嵌边(粒径 15cm 左右)。一级道路贯穿整个园区,主要起交通疏散、物资运输的作用,两旁栽种行道树,体现基地现代气势和形象。

2)二级道路

宽 2.0~3.0m,贯穿园区内各个特色分区,并和主干道相连,主要起生产物资运输、步行交通作用,采用混凝土硬化标准。

3)三级道路

为游步道,宽 1.0~1.5m,贯穿园区内各个特色分区内部,与田间各种农艺生产、展示区直接相连,属于趣味性乡土小道,采用乡土青石材铺砌,增加乡土自然气息。

4)其他

还可设置汀步、脚底按摩步道(采用细粒卵石铺装,人行其上,可对脚底各种穴位进行保健按摩)等趣味、保健道路,增加道路的形式变化和功能使用,满足游人的不同需求。

思考题

1. 我国观光农业园规划的发展情况?
2. 观光农业园的景观特点?
3. 观光农业园规划的原则?
4. 观光农业园的分区规划应注意什么?
5. 观光农业园的绿化规划应注意什么?
6. 观光农业园的旅游规划包括什么内容?

参 考 文 献

[1] 唐学山. 园林设计[M]. 北京:中国林业出版社,1997.

[2] 胡长龙. 园林规划设计(上)[M]. 北京:中国农业出版社,2002.

[3] 王浩. 园林规划设计[M]. 南京:东南大学出版社,2009.

[4] 王晓俊. 西方现代园林设计[M]. 南京:东南大学出版社,2000.

[5] 王晓俊. 风景园林设计[M]. 南京:江苏科学技术出版社,2000.

[6] 张家骥. 中国造园论[M]. 太原:山西人民出版社,2003.

[7] 房世宝. 园林规划设计[M]. 北京:化学工业出版社,2007.

[8] 卢新海,等. 园林规划设计[M]. 北京:化学工业出版社,2005.

[9] 贾建中. 城市绿地规划设计[M]. 北京:中国林业出版社,2001.

[10] 褚天骄. 城市带状公园设计研究[D]. 北京:北京林业大学,2010.

[11] 刘开明. 城市线型滨水区空间环境研究[D]. 上海:同济大学,2007.

[12] 李铮生. 城市园林绿地规划与设计[M]. 北京:中国建筑工业出版社,2009.

[13] 阎晓云,段广德,等. 人的亲水性分析及其与水景设计关系的研究[J]. 内蒙古农业大学学报,2001(4):
97-100.

[14] 陶郅,陈子坚. 人文素质的回归—南京河海大学江宁校区建筑与环境设计随笔[J]. 新建筑,2002(4):
29-32.

[15] 俞孔坚. 追求场所性:景观设计的几个途径及比较研究[J]. 建筑学报,2000(2):45-48.

[16] 刁锡荫. 用园林环境景观创造价值——谈住宅小区的环境设计[J]. 中国园林,2000(4):57-58.

[17] 朱钧珍. 园林理水艺术[M]. 北京:中国林业出版社,1998,8.

[18] 杨向青. 园林规划设计[M]. 南京:东南大学出版社,2004.

[19] 杜德鱼,董三孝,等. 园林建设法规[M]. 北京:化学工业出版社,2007.

[20] 陈熳莎. "市民广场"设计的"形象"与"场所"——兼评广场的适用性[J]. 规划师,2006(22):81-84.

[21] 李昊,冯伟,陈景衡. 意蕴的生成—广场环境的艺术性初探[J]. 新建筑,2005(2):91-93.

[22] 唐星焕. 浅论齐白石文化广场设计的艺术性[J]. 艺术与设计(理论),2009(3):101-103.

[23] 单霁,郭嵘,卢军. 开放空间景观设计[M]. 吉林:辽宁科学技术出版社,2000.

[24] 王珂,夏健,杨新海. 城市广场设计[M]. 南京:东南大学出版社,1999.

[25] 姜虹,张伟. 城市下沉式广场景观设计中存在的问题[J]. 安徽农学通报,2010(11):188-189.

[26] 陈晓明. 城市广场的空间分析[J]. 中小企业管理与科技,2011(3):184.

[27] 顾沁. 浅论广场中水景观的设计原则和要求[J]. 中国城市经济,2011(6):316.

[28] 韦笑飞,王林. 浅议城市广场照明设计[J]. 河南省土木建筑学会 2008 年学术大会论文集. 2008.

[29] 朱观海. 中国优秀园林设计集[M]. 天津大学出版社,2003.

[30] 王艺林. 综合医院外部空间环境景观艺术研究[D]. 西安:西安建筑科技大学,2009.

[31] 朱建宁. 以生态为主规划城市湿地公园[J]. 中国建设报,2005:11-14.

[32] 秦佩,韩慧丽,等. 论城市湿地公园建设[J]. 河南科学,2009(3).

[33] 张毅川,乔丽芳,陈亮明. 城市湿地公园景观建设研究[J]. 重庆建筑大学学报,2006,28(6):18-23.

[34] 国家建设部. 城市湿地公园规划设计导则(试行)(建城[2005] 16 号)[EB/OL]. 2005.

[35] 王其超. 当前城市湿地公园存在的问题与对策[J]. 现代园林,2007(11):1-4.

[36] 赵芬. 湿地与城市湿地公园规划设计初探[J]. 有色冶金设计与研究,2011(2):42-44.

[37] 王浩. 城市湿地公园规划[M]. 南京:南京东南大学出版社,2008.

[38] 杜波,范少华,等. 城市湿地公园中的植物景观营造[J]. 中国花卉园艺,2009(8):110-113.

[39] 李文英. 我国湿地公园建设管理现状与展望[J]. 中国城市林业,2010(3):50-52.

[40] 黄成才,杨芳. 湿地公园规划设计的探讨[J]. 中南林业调查规划,2004,23(3):26—29.

[41] 陈江妹,陈仇英,等. 国内外城市湿地公园游憩价值开发典型案例分析[J]. 中国园艺文摘,2011,4.

[42] 林晓,栾春风. 城市湿地公园功能分区模式的探讨[J]. 安徽农业科学,2009(36):18244-18246.

[43] 宋晋斌. 城市湿地公园建设[J]. 山西建筑,2010(31):347.

[44] 王浩,等. 农业观光园规划与经营[M]. 北京:中国林业出版社,2003.

[45] 李谦,熊丙全. 观光农业园规划与经营指南[M]. 成都:西南交通大学出版社,2008.

[46] 王显明. 城郊型观光农业园规划初探[D]. 成都:西南大学,2009.

[47] 刘嘉. 农业观光园规划设计初探[D]. 北京:北京林业大学,2007.

[48] 郭焕成,郑健雄. 海峡两岸观光休闲农业与乡村旅游发展[M]. 北京:中国矿业大学出版社,2004.

[49] 吴忆明,吕明伟. 观光采摘园景观规划设计[M]. 北京:中国建筑工业出版社,2005.

[50] 秦华,易小林. 农业公园景观规划的理论与方法探析——以重庆市黔江生态农业观光园规划为例[J]. 中国农学通报,2005(8):282-287.

[51] 吕明伟. 园林艺术中的植物景观配置[J]. 山东绿化,2000(2):31-32.

[52] 吴人韦,杨建辉. 农业园区规划思路与方法研究[J]. 城市规划汇刊,2004(1):(53-56).

[53] 俞孔坚. 生物保护的景观安全格局,生态学报[J]. 1999,19(1):8-15.

[54] 郭焕成,吕明伟,任国柱. 休闲农业园区规划设计[M]. 北京:中国建筑工业出处社,2007.

[55] 肖笃宁. 景观生态学,理论、方法及应用[M]. 北京:中国林业出版社,1991.

[56] 钟国庆. 北京市休闲果业发展研究[D]. 北京:北京林业大学,2005.

[57] 龙岳林. 论中国观光农业型园林的发展前景[J]. 中国园林,2001(6):32-34.

[58] 卢云亭,刘军萍. 观光农业[M]. 北京:北京出版社,1995.

[59] 李保印,周秀梅. 农业观光园:21 世纪的新型生态园林形式[J],中国林业,2001(8):32-33.

[60] 林秀琴. 台湾观光农业的发展与启示[J]. 农业科技,2002(2):32-33.

[61] 王向春. 北京市观光农业发展研究[D]. 北京:中国农业大学,2005.

[62] 北京景观园林设计有限公司. 观光采摘园景观规划设计[M]. 北京:中国建筑工业出版社,2005.

[63] (英)埃比尼泽·霍华德著,金经元译. 明日的田园城市[M]. 北京:商务印书馆,2002.

[64] 裴晓阳. 儿童医院户外环境设计研究[D]. 昆明:昆明理工大学,2009.

[65] 赵彦杰. 景观绿化空间设计[M]. 北京:化学工业出版社,2009.

[66] 韩笑. 我国园林法规体系初探[D]. 北京:北京林业大学,2004.

[67] 赵一飞,杨少伟. 高速公路设计[M]. 北京:人民交通出版社,2006.

[68] 王巍. 城市园林绿地效益及其规划设计[J]. 辽宁农业职业技术学院学报,2008(6):29-31.

[69] 张浪. 特大型城市绿地系统布局结构及其构建研究[M]. 北京:中国建筑工业出版社,2009.

[70] 全国城市规划执业制度管理委员会编. 城市规划原理(试用版)[M]. 北京:中国计划出版社,2008.